装配式建筑智能化系统
综合技术及工程案例

尹伯悦　等编著

中国建筑工业出版社

图书在版编目（CIP）数据

装配式建筑智能化系统综合技术及工程案例/尹伯悦等编著. —北京：中国建筑工业出版社，2022.6
ISBN 978-7-112-27439-0

Ⅰ.①装… Ⅱ.①尹… Ⅲ.①智能化建筑 — 装配式构件 — 研究 Ⅳ.① TU855

中国版本图书馆 CIP 数据核字（2022）第 094849 号

责任编辑：张礼庆
责任校对：李欣慰

装配式建筑智能化系统综合技术及工程案例
尹伯悦 等编著
*
中国建筑工业出版社出版、发行（北京海淀三里河路9号）
各地新华书店、建筑书店经销
北京点击世代文化传媒有限公司制版
北京云浩印刷有限责任公司印刷
*
开本：787毫米×1092毫米 1/16 印张：23 字数：476千字
2022年7月第一版 2022年7月第一次印刷
定价：**128.00** 元
ISBN 978-7-112-27439-0
（39069）

本书组织委员会

主要编写单位： 中国城市科学研究会

中铁建设集团有限公司

中建三局第一建设工程有限责任公司

联通数字科技有限公司

广联达科技股份有限公司

参与编写单位： 北京圙晖科技有限公司

汉尔姆建筑科技有限公司

河北雪龙机械制造有限公司

江苏尧一集成模块住宅有限公司

北京建谊投资发展（集团）有限公司

阳地钢（上海）装配式建筑设计研究院有限公司

北京谱福溯码信息技术开发有限公司

浙江星月安防科技有限公司

烟台飞龙集团有限公司

北京茅金声振科技有限公司

浙江格普光能科技有限公司

苏州虎鲸数字科技有限公司

中国建材工业经济研究会·新型工业化和智能化建筑产业分会

北京清大博创科技有限公司

中国铁工投资建设集团有限公司

中国建筑第三工程局有限公司

贝壳找房（北京）科技有限公司

河南艾欧电子科技有限公司

北京德威特电气科技股份有限公司

北京都成咨询有限公司

广州都市圈网络科技有限公司

英之杰建设工程有限公司

中建科工集团有限公司

浙江亚厦装饰股份有限公司

浙江东南网架股份有限公司

湖南中民筑友绿建投资有限公司

浙江精工钢结构集团有限公司

远大可建科技有限公司

山东冠晔磁业科技有限公司

海鑫建工发展集团有限公司

中品智汇（北京）科技有限公司

本书编委会

顾　问：赖　明　全国政协常委、副秘书长、提案委员会副主任委员、九三学
　　　　　　　　社中央委员会专职副主席

　　　　姚　兵　原中纪委驻建设部纪检组组长、原建设部总工程师、同济大
　　　　　　　　学博士生导师

　　　　张晓刚　国际标准化组织（ISO）原主席、鞍钢集团公司原董事长

　　　　江欢成　中国工程院院士、中国勘察设计大师、上海东方明珠广播电
　　　　　　　　视塔设计总负责人

　　　　高德利　中国科学院院士、中国石油大学（北京）教授、博士生导师

　　　　陈祥福　中国建筑工程总公司科协副主任兼秘书长、学术委员会主席、
　　　　　　　　第九第十届全国政协委员、中组部直接联系专家、同济大学
　　　　　　　　博士生导师和博士后导师、美国马里兰大学名誉教授、国际
　　　　　　　　生态生命安全科学院院士

　　　　黄正明　国际生态生命安全科学院院士、博士生导师

　　　　张　跃　远大可建科技有限公司董事长

主　任：尹伯悦　国际标准化组织（ISO）装配式建筑分委员会主席、国际生
　　　　　　　　态生命安全科学院院士、中国城市科学研究会秘书长助理、
　　　　　　　　九三学社中央委员会人口资源环境专门委员会委员、清华大
　　　　　　　　学建筑设计研究院有限公司技术顾问、国家林业和草原局竹
　　　　　　　　缠绕复合材料工程技术研究中心建筑领域首席专家

副主任：孙玉龙　中铁建设集团智能化研究所所长、国家注册一级建造师

　　　　张　鸣　北京建谊投资发展（集团）有限公司董事长

　　　　王晓冬　汉尔姆建筑科技有限公司总经理

V

前 言 | PREFACE

2016年9月27日,国务院办公厅颁发《关于大力发展装配式建筑的指导意见》指出:发展装配式建筑是建造方式的重大变革,是推进供给侧结构性改革和新型城镇化发展的重要举措,有利于节约资源能源、减少施工污染、提升劳动生产效率和质量安全水平,有利于促进建筑业与信息化工业化深度融合、培育新产业新动能、推动化解过剩产能。随后,各地方相继出台了相关的奖励激励政策,有效地推动了我国装配式建筑技术快速发展。

2016年7月27日中共中央办公厅、国务院办公厅印发《国家信息化发展战略纲要》指出:没有信息化就没有现代化。以信息化驱动现代化,建设网络强国,是落实"四个全面"战略布局的重要举措,是实现"两个一百年"奋斗目标和中华民族伟大复兴中国梦的必然选择。强调了信息化发展的重要性。2022年1月25日住房和城乡建设部印发《"十四五"建筑业发展规划》,同时强调了信息化与新型建筑工业化的重要性,指出:"十四五"时期,智能建造与新型建筑工业化协同发展的政策体系和产业体系基本建立,打造一批建筑产业互联网平台,形成一批建筑机器人标志性产品,培育一批智能建造和装配式建筑产业基地。为我国"十四五"期间建筑业的发展指明了方向。

虽然近年来装配式建筑数量及技术在全国得到了一定的提升和发展,但仍存在区域性发展不均衡、成本过高、技术和质量有待进一步提高等系列问题,要实现装配式建筑高效、低碳发展,关键在于装配式建筑与数字化和智能化有机结合,建筑的数字化和智能化不仅能解决技术的不均等、优化产业链,同时通过数字信息化和智能化也能有效提高装配式建筑市场占有率。

为帮助从事装配式建筑科研及技术人员、政府工作人员、企业管理者、学生等相关从业者解决工作与学习之急需,了解装配式建筑信息化建设工程技术、政策法规与应用实例,本书系统地介绍了装配式建筑的结构分类、常见部品部件,智慧化应用技术及基础系统,装配式建筑与智能化之间的相互关系,依托智慧化信息技术分析了装配式建筑在设计、制造、安装、物业管理的智能化,同时强调国内外装配式建筑标准编制的重要意义,还总结了国家和地方近年来装配式与智能化方面的相关政策,通过多个不同项目的智能化案例,展示了装配式建筑信息化应用情况。特别是以装配式建筑国际、国内标准的编制为桥梁,连接国内外装配式建筑和建筑材料市场；同时充分发挥我国基建及建材优势，以信息化和智能化为中心，形成产、学、研、用为一体的国际产业链平台，推动我国装配式建筑及建材在全世界范围的推广应用。

本书在编写过程中得到了诸多装配式建筑相关政府部门、研究机构、高校、企业及其他社会组织的大力支持，在此表示诚挚的感谢，通过交流装配式建筑智能化的技术和经验，促进装配式建筑智能化的发展，为相关机构和从业人员的学习提供帮助。

由于时间仓促，各方面条件所限，本书可能存在许多不当甚至谬误之处，还望各位读者不吝批评指正。

目　录 | CONTENTS

第1章　装配式建筑概论

　　装配式建筑是指把传统建造方式的大量现场作业工作转移到工厂进行，在工厂加工制作完成建筑用构件和部品，如楼板、墙板、楼梯、阳台、模块单元、整体房屋等，运输到建筑施工现场，通过可靠连接方式在现场装配安装而成的建筑。主要包括预制装配式混凝土结构、钢结构、现代木结构建筑等。

　　装配式建筑采用现代化科学技术手段，以先进的、集中的、大工业生产方式代替过去分散的、落后的手工业建筑生产方式，以国际和国内建筑市场需求为导向，依托建材、轻工业、建筑机械、信息化、培训业、金融业等行业，依靠科学技术、现代管理方法、人才、物流、信息等，以工业化方式生产各种部品、构配件，然后在施工现场进行部品、构配件的组装，或在工厂成套生产整体小房屋及模块化房屋，同时实施全装修一体化，最终投入市场。这样建筑生产的全过程就形成一个完整的产业系统，从而实现建筑生产、销售、服务、金融等一体化的生产经营模式。

　　装配式建筑倡导建筑节能、减排、健康保障与科技化，是建筑工业化的具体体现，用预制部品部件或模块化单元式部品在工地装配而成的建筑，具有设计标准化、生产工厂化、施工装配化、装修一体化、管理信息化、应用智能化等特征，体现了技术创新、管理创新、制度创新和产品创新。装配式建筑产业链覆盖较长，包括原材料生产加工到交钥匙居住和维修全过程的部品、材料及技术体系，同时也将全产业链的相关部门、研究设计机构和企业整合形成一个有机整体。

　　大力发展装配式建筑可促进传统产业升级、转变新型城镇化建设模式、全面提升建筑品质、提高劳动生产效率。推行工业化建筑是建筑产业转变发展方式的重要举措，也是推动信息化和工业化深度融合、工业化和城镇化良性互动的有效途径。装配式建筑的主要特点如图1-1所示。

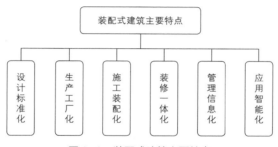

图1-1　装配式建筑主要特点

1.1 装配式建筑结构分类

从建筑结构上分，装配式建筑有多种结构类型，主要有装配式混凝土结构建筑、装配式钢结构建筑、装配式木结构建筑、装配式竹结构建筑、混合结构建筑。主体结构由混凝土构件构成的称为装配式混凝土结构建筑，主体结构由钢构件构成的称为装配式钢结构建筑，主体结构由木结构构成的称为装配式木结构建筑，而主体结构由上述两种以上构件构成的则称为混合结构建筑。装配式建筑结构技术体系如表 1-1 所示。

装配式建筑结构技术体系表　　　　　　　　　表 1-1

技术体系名称	主要分类	建筑结构特点
装配式混凝土结构建筑技术体系	剪力墙结构	适用于高层、多层。主要采用现浇和预制相结合的方式，是我国高层装配式混凝土结构建筑的主要体系
	框架结构	适用于多层。建筑采用预制柱或现浇柱，水平构件中的梁采用叠合梁，楼板采用带桁架钢筋的叠合楼板
	框架—剪力墙结构 框架—核心筒结构	适用于高层、超高层。建筑预制框架—现浇剪力墙结构、预制框架—现浇核心筒结构、预制框架—预制剪力墙结构
装配式钢结构建筑技术体系	轻钢龙骨结构体系	主要用于 1~3 层的低层建筑
	钢框架结构体系	主要用于 6 层以下的多层建筑
	钢框架—支撑体系	主要用于高层建筑结构，经济性好
	钢框架—剪力墙结构体系	主要适用于高层。将钢与混凝土特性相结合，但现场安装比较困难，制作比较复杂
	钢框架—核心筒结构体系	主要适用于高层、超高层。由外侧的钢框架和混凝土核心筒构成
	错列桁架结构体系	适用于 15~20 层建筑
	模块化体系	适用于应急医院、酒店、学校、学生公寓、军用营房等
	不锈钢芯板体系	可制作成建筑用的梁、板、柱、外墙、模块化等建筑用部品部件
装配式木结构建筑技术体系	井干式木结构体系	适用于森林资源比较丰富的地区
	轻型木结构体系	用于低层和多层建筑建筑和小型办公建筑等
	梁柱—剪力墙木结构体系	用于低层和多、高层木结构建筑
	梁柱—支撑木结构体系 CLT 剪力墙木结构体系 框架—核心筒木结构体系	用于多、高层木结构建筑
装配式竹结构建筑技术体系	圆竹结构建筑	主要适用于 3 层以下建筑
	梁、板、柱复合竹结构建筑	适用多层建筑

1.1.1 装配式混凝土建筑技术体系

装配式混凝土结构建筑的主要结构体系包括剪力墙结构、框架结构、框架—剪力墙结构、框架—核心筒结构等。当装配式混凝土结构中承重预制构件连接节点采用强度等级高于构件的后浇混凝土、灌浆料或坐浆材料，竖向承重预制构件受力钢筋采用套筒灌浆、浆锚搭接等可靠的连接接头，使整个结构的力学性能等同或者接近于现浇结构，可称其为装配式混凝土结构，此时可参照现浇混凝土结构的力学模型对其进行结构分析。承重预制构件采用干式连接的装配式混凝土结构，安装简单方便，但对于其在地震区，特别是在高烈度地震区的高层建筑应用技术，还有待进一步探索和研究。表 1-2 和表 1-3 分别为装配整体式混凝土结构房屋的最大适用高度和装配式混凝土结构适用的最大高宽比（表格出自《装配式混凝土建筑技术标准》GB/T 51231—2016）。

装配整体式混凝土结构房屋的最大适用高度（m） 表 1-2

结构类型	抗震设防烈度			
	6 度	7 度	8 度（0.2g）	8 度（0.3g）
装配整体式框架结构	60	50	40	30
装配整体式框架—现浇剪力墙结构	130	120	100	80
装配整体式框架—现浇核心筒结构	150	130	100	90
装配整体式剪力墙结构	130（120）	110（100）	90（80）	70（60）
装配整体式部分框支剪力墙结构	110（100）	90（80）	70（60）	40（30）

注：
1. 房屋高度指室外地面到主要屋面的高度，不包括局部突出屋顶部分；
2. 部分框支剪力墙结构指地面以上有部分框支剪力墙的剪力墙结构，不包括仅个别框支墙的情况。

高层装配整体式混凝土结构适用的最大高宽比 表 1-3

结构类型	抗震设防烈度	
	6 度、7 度	8 度
装配整体式框架结构	4	3
装配整体式框架—现浇剪力墙结构	6	5
装配整体式剪力墙结构	6	5
装配整体式框架—现浇核心筒结构	7	6

1. 预制混凝土构件设计要点

预制混凝土构件在工厂采用钢模具生产，考虑到经济性原则，设计过程中需注意以下几点：

（1）模数协调设计

预制混凝土构件的工厂化率很高，钢模板规格数量、利用率直接影响装配式混凝土建筑的生产成本。因此，应按照模数化、标准化原则进行设计，并尽量在构件的设计中统筹考虑相似构件的统一性，如外墙门窗洞口的统一，梁、柱截面的统一，阳台构件外观尺寸的统一等。

（2）各专业精细化协同设计

预制混凝土构件作为定型成品与结构主体组装，与此相关的各专业预留洞口、预埋管线等与构件同步生产，所以要求土建、设备各专业进行精细化、一体化协同设计。各专业设计图纸要表达精细、准确，既互为条件，又互相制约。

比如一个预制构件与栏杆、空调板、百叶、雨篷等构件相连时，以及一些设备管道的预留洞口、管线吊点埋件等，在预制构件上都需要精确定位，防止跟此预制构件相连的构件定位冲突。

2. 装配式混凝土剪力墙结构体系

装配式混凝土剪力墙结构（图 1-2）是目前我国高层装配式混凝土结构的主要体系，除底部加强区以外，根据结构抗震等级不同，其竖向承重构件可部分采用预制剪力墙（如外墙），或全部采用预制剪力墙。我国当前技术水平发展现状，能同时满足结构力学性能和建筑防水、保温等物理功能要求。目前已建高层装配式居住建筑，大多数采用现浇和预制相结合的方式，即外墙采用预制夹心保温外墙板，内墙和楼电梯间墙体采用现浇剪力墙，楼板采用带桁架钢筋的叠合楼板。通过节点区域以及叠合楼板的后浇混凝土，将整个结构连接成为具有良好整体性、稳定性和抗震性能的结构体系。

装配式混凝土剪力墙结构体系的工法应首先根据已设计好的施工图进行预制构件设计。设计过程中重点考虑构件连接构造、水电管线预埋、门窗吊装件的预埋件，以及制作、运输、施工必需的预埋件、预留孔洞等，按照建筑结构特点和

图 1-2　装配式混凝土剪力墙结构

预制构件生产工艺要求，将传统意义上现浇剪力墙结构分为带装饰面及保温层的预制混凝土墙板，带管线应用功能的内墙板、叠合梁、叠合板，带装饰面及保温层的阳台等部件，同时考虑便于模具加工、提高构件生产效率、物流运输、现场施工吊运能力限制等因素。

3. 装配式混凝土框架结构技术体系

装配式混凝土框架结构已在我国得到越来越广泛的应用。目前，大多数已建装配式混凝土框架结构中的柱采用了预制柱或现浇柱，装配式混凝土柱及安装如图 1-3 和图 1-4 所示，水平构件中的梁采用叠合梁，楼板采用带脚架钢筋的叠合楼板。梁柱节点区域以及叠合楼板的后浇混凝土将整个结构连接成为具有良好整体性、稳定性和抗震性的结构体系。随着我国装配式混凝土建筑各种技术和配套设备的发展，以及对大跨度框架结构需求的增加，大跨度的预应力水平构件也将会得到推广应用。

图 1-3　装配式混凝土柱　　　　　图 1-4　装配式混凝土柱安装

4. 装配式混凝土框架—剪力墙结构技术体系

装配式混凝土框架—剪力墙体系根据预制构件部位的不同，可以分为预制框架—现浇剪力墙结构、预制框架—现浇核心筒结构、预制框架—预制剪力墙结构三种结构形式。该体系兼有框架结构和剪力墙结构的特点，其中剪力墙和框架布置灵活，易实现大空间，适用高度较高。框架结构建筑布置比较灵活，可以形成较大的空间，但抵抗水平荷载的能力较差，而剪力墙结构则相反，框架—剪力墙结构结合了两者优势。在框架的某些柱间布置剪力墙，从而形成承载能力较大、建筑布置又较灵活的结构体系。在这种结构中，框架和剪力墙能够协同工作，框架主要承受垂直荷载，剪力墙主要承受水平荷载。

5. 混凝土框架—核心筒结构技术体系

混凝土框架—核心筒结构是指由外围梁柱组成的框架体系与中心筒体共同组成的结构体系。核心筒承受主要侧向力，外围框架承担次要抗侧力，二者形成了双重抗侧力体系，协同工作抵抗地震作用以充分发挥两道抗震防线的作用。

此种结构十分有利于结构受力，并具有极优的抗震性，是国际上超高层建筑广泛采用的主要结构形式。与此同时可争取尽量宽敞的使用空间，使各种辅助服务性空间向平面的中央集中，使主功能空间占据最佳的采光位置，并达到视线良好、内部交通便捷的效果。

1.1.2 装配式钢结构建筑技术体系

装配式钢结构住宅是钢结构建筑的重要类别，其具有钢结构建筑的一系列特性，同时又具备一般住宅建筑的共性，图 1-5 和图 1-6 均为装配式钢结构住宅技术体系示意图。装配式钢结构住宅建筑常用的结构体系主要包括为轻钢龙骨体系、钢框架体系、钢框架—支撑体系、钢框架—剪力墙体系、钢框架—核心筒体系、错列桁架体系等。不同的结构体系有不同的适用范围，虽然有些结构体系应用范围较广，但通常会受到技术经济等因素的限制。

装配式钢结构建筑技术优点：

（1）抗震性能好，增强了安全可靠性；

（2）建设周期短，缩短至原工期三分之一左右；

（3）施工质量高，精准度高；

（4）综合投资省，和混凝土相比自重减轻三分之一左右，基础造价降低 30%左右，能够加快资金周转。

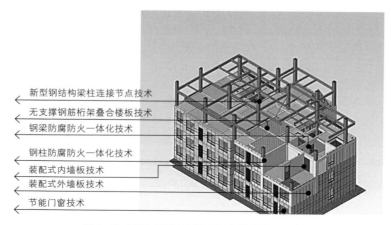

新型钢结构梁柱连接节点技术
无支撑钢筋桁架叠合楼板技术
钢梁防腐防火一体化技术
钢柱防腐防火一体化技术
装配式内墙板技术
装配式外墙板技术
节能门窗技术

图 1-5 装配式钢结构低层住宅技术体系示意图

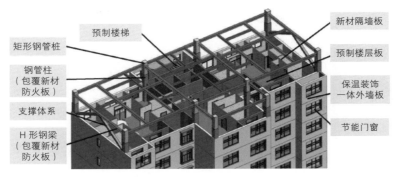

图 1-6　装配式钢结构多层住宅技术体系示意图

1. 轻钢龙骨结构体系

我国在 20 世纪 80 年代末开始引进欧美及日本的轻型装配式小住宅。此类住宅以镀锌轻钢龙骨作为承重体系，板材起到围护结构和分隔空间作用。在不降低结构可靠性及安全度的前提下，可以节约 30% 左右的钢材用量。该体系构件尺寸较小，可将其隐藏在墙体内部，有利于建筑布置和室内美观；结构自重轻，地基费用较为节省；梁柱均为铰接，省却了现场焊接及高强螺栓的费用；受力墙体可在工厂进行整体拼装，易于实现工厂化生产；易于装卸，加快了施工进度；楼板采用楼面轻钢龙骨体系，上覆刨花板及楼面面层，下部设置石膏板吊顶，既便于管线的穿行，又满足了隔声要求等优点。但该体系梁柱之间由于是铰接，所以抗震性能不好，抗侧能力也较差，同时国内冷弯型钢品种相对较少，与国外冷弯轻钢骨架材料性能差异较大。该体系适用于 1~3 层低层住宅，不适用于强震区的高层住宅。如图 1-7 为轻钢龙骨结构体系示意图。

2. 钢框架结构体系

钢框架体系受力特点与混凝土框架体系的相似，竖向承载体系与水平承载体系均由钢构件组成。钢框架结构体系是一种典型的柔性结构体系，其抗侧移刚度仅由框架提供。该体系开间大、使用灵活，充分满足建筑布置上的要求；受力明确，建筑物整体刚度及抗震性能较好；框架杆件类型少，可以大量采用型材，具有制作安装简单，施工速度较快等优点。但该体系在强震作用下，抵抗侧向力所需梁柱截面较大，导致其用钢量大，相对于围护结构梁柱截面较大，易导致室内出现柱楞，影响美观和建筑功能。因此，该体系一般适用于 6 层以下的多层住宅，不适用于强震区的高层住宅，并且用于高层住宅时经济性相对较差。图 1-8 为钢框架结构建筑施工实景图。

图 1-7 轻钢龙骨结构体系示意图　　　　图 1-8 钢框架结构建筑施工实景图

3. 钢框架—支撑体系

在钢框架支撑体系中设置支撑构件以加强结构的抗侧移刚度,形成钢框架—支撑结构。支撑形式分为中心支撑和偏心支撑。中心支撑根据斜杆的布置形式可分为十字交叉斜杆、单斜杆、人字形斜杆、K 形斜杆体系。与框架体系相比,框架—中心支撑体系在弹性变形阶段具有较大的刚度,但在水平地震作用下,中心支撑容易产生侧向屈曲。偏心支撑中每一根支撑斜杆的两端,至少有一端与梁相交(不在柱节点处),另一端可在梁与柱交点处进行连接,或偏离另一根支撑斜杆一段长度与梁连接,并在支撑斜杆杆端与柱子之间构成耗能梁段,或在两根支撑斜杆的杆端之间构成一耗能梁段。达到同样的刚度时,偏心支撑框架比剪力墙结构重量要小,用于高层住宅结构时更为经济。但该体系结构层高较低,构件节间尺寸较小,导致支撑构件及节点数量均较多,传力路线较长,抗侧力效果较差。

4. 钢框架—剪力墙结构体系

钢框架—剪力墙结构体系可细分为框架—混凝土剪力墙体系、框架—带竖缝混凝土剪力墙体系、框架—钢板剪力墙体系及框架—带缝钢板剪力墙体系等。楼梯间或其他适当部位(如分户墙)常采用框架—混凝土剪力墙体系中的现浇钢筋混凝土剪力墙作为结构主要抗侧力体系,由于钢筋混凝土剪力墙抗侧移刚度较强,可以减少钢柱的截面尺寸,降低用钢量,并能够在一定程度上解决钢结构建筑室内空间的露梁露柱问题。

该体系将钢材强度高、重量轻、施工速度快与混凝土的抗压强度高、防火性能好、抗侧刚度大等特点有机地结合起来,但现场安装比较困难,制作比较复杂。

5. 钢框架—核心筒结构体系

钢框架—核心筒结构体系由外侧的钢框架和混凝土核心筒构成。钢框架与核心筒之间的跨度一般为 8～12m 并采用两端铰接的钢梁,或采用一端与钢框架柱刚接相连，另一端与核心筒铰接相连的钢梁。核心筒的内部应尽可能布置电梯间、楼梯间等公用设施用房，以扩大核心筒的平面尺寸，减小核心筒的高宽比，增大核心筒的侧向刚度。体系中的柱子可采用箱形截面柱或焊接的 H 形钢，钢梁可采用热轧 H 形钢或焊接 H 形钢，如图 1-9 所示。

钢框架—核心筒体系的主要优点：

（1）侧向刚度大于钢框架结构；

（2）结构造价介于钢结构和钢筋混凝土结构之间；

（3）施工速度比钢筋混凝土结构有所加快，结构面积小于钢筋混凝土结构。

图 1-9　核心筒加框架结构示意图

6. 错列桁架结构体系

错列桁架结构体系在钢框架结构的基础上演变而来，该体系在建筑功能和力学特性上都有着胜过普通钢框架的优点。其基本组成为柱、钢桁架梁和楼面板，主要适用于 15～20 层住宅。

交错桁架体系是以高度为层高、跨度为建筑全宽的桁架，两端支承撑在房屋外围纵列钢柱上，所组成的框架承重结构不设中间柱，这些桁架在房屋横向的每列柱的轴线上隔一层设置一个，而在相邻柱轴线则交错布置。在相邻桁架间，楼板的一端支承在相邻桁架的下弦杆。垂直荷载则由楼板传到桁架的上下弦，再传到外围的柱子。该体系利用柱子、平面桁架和楼面板组成空间抗侧力体系，具有住宅布置灵活、楼板跨度小、结构自重轻的优点。

（1）该体系的优点：

1）腹杆可结合斜杆体系和华伦式空腹桁架，便于设置走廊，房间在纵向必要时也可连通；

2）交错桁架体系可采用小柱距获得大空间；

3）桁架与柱连接均为铰接连接，进一步简化了节点的构造；

4）该体系的构件主要承受轴力，可以使结构材料的强度得到充分利用，经济性好。

（2）该体系的缺点：

在大的地震作用下，交错桁架体系结构的抗震性能很差，桁架腹杆提前屈曲或较早进入非弹性变形，造成刚度和承载力的急剧下降。

7. 模块化体系

根据模块化建筑集成度的不同，可分为板装箱式、集装箱式、板拼式、墙骨结合式。墙骨结合式运用较多，安装速度快。板拼式是运用形如"L""T"与"十"的高集成墙板进行组装，多应用于别墅建筑。集装箱式是对箱体进行改造，通过开门开窗和装修，将其改造成集装箱建筑，广泛应用于住宅、餐厅、售楼处等建筑。板装箱式集成度最高，安装拆卸方便，运输快捷，多运用于小型住宅。

模块化这种预制化的建造方式具有标准化、易运输、适应性强、可替换等优点，根据使用寿命的长短不同模块化建筑可分为永久性模块化建筑与非永久性模块化建筑。非永久性（NPMC）是指使用模块化技术来创建可移动的建筑物和结构，例如移动教室、展示厅或临时医疗诊所。

模块化设计是以建筑空间单元为单位进行整体空间构建的方法，是一种空间组织的方式。建筑由多个模块化单体通过设计组合而成，因此不同的设计方法、不同的排列方式，便可产生不同的效果。模块化建筑需要遵循"适用、经济、绿色、美观"的原则。模块化建筑本身的特性，已在一定程度上满足了"经济"与"绿色"的原则，在"适用"方面，需要通过设计将模块进行排列组合，创造出实用的功能空间，给人们带来丰富的空间体验，而"美观"要求在变化较小的模块单元组合之间进行创新，创造出有特点的空间环境，并通过对模块单元的灵活处理，组合出独特的视觉效果和美观感受。

8. 不锈钢芯板技术体系

不锈钢由于其防腐蚀能力、对于极端环境耐久性、高强度要求、易成型、易焊接性等优良的性能，所以不锈钢结构在建筑中的应用越来越广泛，图1-10为不锈钢在建筑结构中应用的典型案例。

克莱斯勒大厦　　　　　　　　　　静冈县游泳馆

图1-10　不锈钢在建筑结构中应用的典型案例

不锈钢芯板结构是一种新型的建筑结构体系，类似于蜂窝夹层结构，由不锈钢面板中间密布不锈钢薄壁芯管组成，采用铜钎焊将芯管和面板焊接成一个牢固的整体，空隙处填充岩棉隔热隔声。其中不锈钢芯板中芯管之间是间隔的，而不是像蜂窝芯那样连接成一片，这样为不锈钢芯板加工制作过程提供了方便，尤其利于不锈钢芯管和面板之间的铜钎焊的顺利进行。图 1-11 为不锈钢芯板结构图。

不锈钢芯板是一种绿色新型结构材料，两块不锈钢板夹极薄的芯管阵列，通过 1100℃热风铜钎焊将芯管和面板焊接形成一个整体的结构材料。不锈钢芯板结合了不锈钢和夹芯结构两者的优点，具有超轻、超强、耐腐蚀、低碳环保、可回收的特点，可制作成建筑用的梁、板、柱、外墙等建筑用部品部件。生产易实现自动化和智能化，产品易实现系列化。图 1-12 为不锈钢芯板 T 形柱。

图 1-11　不锈钢芯板结构图　　　　图 1-12　不锈钢芯板 T 形柱

与传统钢结构构件相比，不锈钢芯板结构具有以下显著优势：

（1）不锈钢芯板结构有芯管支持不易失稳，同时其面板可以很薄，与实心材料相比要轻得多且刚度大，减重效果极为显著，可减少基础造价；

（2）不锈钢芯板结构表面平整度极好，高温稳定性好，不易变形，有优良的耐腐蚀性、保温性，可适应湿度大、温差变化大的使用环境；

（3）不锈钢芯板构件可以根据建筑需要，采用表面喷漆、粘贴隔声材料等措施达到美观和隔声需求；

（4）不锈钢芯板构件由工厂预制，构件尺寸可实现标准化、通用化，具有良好的一致性，工业化制作质量有保障，节省材料，环境友好。且该构件可适用于多种钢结构建筑体系，可实现标准化设计、生产、运输、安装。由此可见，不锈钢芯板及不锈钢芯板建筑结构体系是非常符合装配式建筑"适用、经济、安全、绿色、美观"及绿色建造"绿色化、信息化、产业化、工业化、集约化"的发展要求的。

1.1.3　装配式木结构建筑技术体系

现代木结构建筑在建筑的生命期内能最大限度地节约资源、保护环境和减少污染，为人们提供健康、适用和高效的使用空间，是一种与自然和谐共生的建筑。现代木结构系统可以分为轻型木结构和重型木结构。此两种类型的结构具有较大区别，所采用的结构类型取决于建筑物大小和用途。建筑物通常按住户数、建筑物高度和面积进行分类，木结构最常见的运用是在房屋建造中，包括从独户木屋到 3~5 层的现代化房屋（可作住宅、商业设施、工业设施使用）。图 1-13 为装配式木结构建筑施工实景图。

图 1-13　装配式木结构建筑施工实景图

其中常用的装配式木结构体系包括：井干式木结构体系、轻型木结构体系、梁柱—剪力墙木结构体系、梁柱—支撑木结构体系、CLT（正交胶合木）—剪力墙木结构体系和框架—核心筒木结构体系。表 1-4 为不同建筑类型常用木结构体系表。

不同建筑类型常用木结构体系表　　　　　　　　　表 1-4

建筑类型	结构体系
低层建筑	井干式木结构、轻型木结构、梁柱—支撑结构
多层建筑	轻型木结构、梁柱—支撑、梁柱—剪力墙、CLT 剪力墙
高层建筑	梁柱—支撑、梁柱—剪力墙、CLT 剪力墙、核心筒—木结构
大跨建筑	网壳结构、张弦结构、拱结构及桁架结构等

1. 井干式木结构体系

井干式木结构体系（木刻楞）采用原木、方木或胶合原木等实体木料，逐层累叠、纵横叠垛而构成。该结构体系的特点包括连接部位采用榫卯切口相互咬合、木材加工量大、木材利用率不高等。该体系在国内外均有应用，一般常见于森林资源比较丰富的国家或地区，比如在我国东北地区和俄罗斯就大量采用该结构形式。

2. 轻型木结构体系

轻型木结构体系是由规格材、木基结构板材及石膏板等制作的木构架墙体、楼板和屋盖系统构成的单层或多层建筑结构。该结构体系具有安全可靠、保温节能、设计灵活、建造快速、建造成本低等特点。该体系一般用于低层和多层住宅建筑和小型办公建筑等。

3. 梁柱—剪力墙木结构体系

梁柱—剪力墙木结构体系是在胶合木框架中内嵌木剪力墙的一种结构体系，既改善了胶合木框架结构的抗侧力性能，又比剪力墙结构有更高的性价比和灵活性。该体系可用于低层和多层、高层木结构建筑。

4. 梁柱—支撑木结构体系

梁柱—支撑木结构体系是在胶合木梁柱框架中设置（耗能）支撑的结构体系，其体系简洁、传力明确、用料经济、性价比较高。该体系可用于多层、高层木结构建筑。

5. CLT—剪力墙木结构体系

CLT（Cross-Laminated Timber，正交胶合木）——剪力墙木结构体系以正交胶合木作为剪力墙的结构体系，主要通过 CLT 木质墙体承受竖向和水平荷载作用，该体系保温节能、隔声及防火性能好，结构刚度较大，但用料不经济，可用于多层、高层木结构建筑。

6. 框架—核心筒木结构体系

框架—核心筒木结构体系以钢筋混凝土或 CLT 核心筒为主要抗侧力构件加外围梁柱框架。该体系中木梁柱为主要竖向受力构件，结构体系分工明确，但需注意两种结构之间的协调性。主要用于多层、高层木结构建筑。

7. 其他结构

现代木结构建筑结构体系还包括网架木结构、张弦结构、拱结构和桁架结构体系等不常用大跨木结构体系，表 1-5 为大跨木结构体系应用表。

大跨木结构体系应用表 表 1-5

结构体系	主要应用领域
网架木结构	大跨木结构公共建筑
张弦结构	大跨木结构建筑和桥梁
拱结构	大跨木结构建筑和桥梁
桁架结构	大跨木结构建筑和桥梁

现代木结构的连接类型：

现代木结构的连接方式主要有钉连接、螺钉连接、螺栓连接、销连接、裂环与剪板连接、齿板连接和植筋连接等，其中前三类可统称为销轴类连接，也是现代木结构中最常见的连接形式。

1.1.4 装配式竹结构建筑技术体系

竹材具有优异的力学性能，作为环保型可再生资源，竹子的生长周期短，可利用率高。装配式竹材房屋就是利用竹材作为主要的建筑结构材料，这种房屋的设计可以充分利用我国丰富的竹材资源，实现装配式房屋的环保化和节能化。主要分为圆竹结构体系及梁、板、柱复合竹结构体系。图 1-14 为装配式竹结构建筑。

图 1-14 装配式竹结构建筑

1. 圆竹结构体系

圆竹结构是以圆竹构件为主要承载的建筑。圆竹结构建筑具有绿色环保的特点。竹子为速生材，三四年即可砍伐一次，并且广泛分布于我国的南方地区。圆竹结构建筑的广泛应用，能极大地减轻我国林业资源的紧张压力，也有利于生态环境、森林资源的保护。

由于圆竹结构建筑是一种新型结构建筑，实际工程经验较少，在建筑工程中的适用范围主要为低层住宅（3 层以下）和跨度较小的小型别墅、农家乐等休闲餐饮建筑。

2. 梁、板、柱复合竹结构体系

竹材可用于现代住宅建筑，加工处理技术还可以将竹子加工成墙板、梁、柱、楼板、屋架等各种结构构件，形成复合竹结构体系。图 1-15 为全竹内饰（全竹楼梯）。

3. 装配式竹结构房屋的优点

（1）具有很高的强度重量比：竹结构韧性大，对于瞬间冲击荷载和周期性疲劳破坏有很强的抵抗能力，具有良好的抗震性能。

（2）生产加工快，装配快：可以多次拆装重复利用，而且拆装损耗率低，即使有局部损坏也易于修复。

图 1-15 全竹内饰（全竹楼梯）

（3）结构安全，造型简洁美观：制作规格可以多种多样，便于采用标准化构件、标准化模数进行设计和施工，其屋顶可以设计成平坡屋顶、单坡屋顶、双坡屋顶等屋顶形式。

（4）以竹材作为主要原材料：竹材是绿色材料，其生产过程环保，无污染，符合可持续发展的要求。竹材的重要原料竹子生长速度快、成材周期短、产量大，不仅来源广，还是可再生资源，因此材料来源也有保障。

（5）耐腐蚀：竹材能够抵抗许多化学物质的腐蚀，许多竹种天生耐腐烂及虫害，而且经过加工而成的竹胶合版更加耐腐蚀。装配式竹结构主要适用于 3 层以下建筑。

1.2 常见装配式建筑部品部件

装配式建筑部品是建筑的一个独立单元，是构成建筑的组成部分，也是应用技术的载体。部品部件是按照建筑的各个部位和功能要求，以及工厂化生产加工制造的，由建筑分解而成，部品经工厂制作成半成品后，运至施工现场，达到现场组装简捷、施工迅速的标准，并保证部品安装就位后，达到其规定的技术要求和质量要求。图 1-16 为装配式建筑部品部件的主要特点。

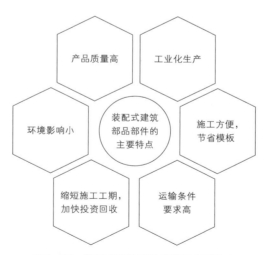

图 1-16 装配式建筑部品部件的主要特点

1. 工业化生产。预制部品部件在工厂统一化、标准化生产，有利于工业化、机械化生产方式的应用，采用工业化的生产方式可以提高劳动生产率，保障生产劳动条件，并且工厂生产环境相对稳定，有利于控制产品质量，检验产品出厂品质，保证部品部件的高品质。在工厂生产的环境下，使用的模具可以更加精细，复杂多样的模具可以使预制部品部件的造型更加丰富多样。在产品制作成本方面，由于采用工业化生产，规模效应凸显，能够降低工程建造成本。

2. 施工方便，节省模板。因为预制部品部件在工厂已经由高效率的机械化生产线完成，在现场仅仅需要完成预制部品部件的安装连接，而预制楼梯等部品部件也不需要支撑，叠合板、叠合梁等部品部件的模板使用量少，可以大大减少现场的支模以及混凝土浇筑，使施工更为方便快速。工厂生产也因为可以全程在室内完成减小了季节天气对施工的影响。

3. 环境影响小。由于预制部品部件采用的建造模式是工厂制造、现场组装，减少了大量的现场施工工序，尤其遇到施工工期十分紧张时在闹市区施工，要尽量不影响周边人们的工作生活，装配式施工能很好地满足这种要求。而且由于采用工厂化生产，使得施工现场的建筑垃圾和粉尘污染大量减少，因而更加环保。

4. 产品质量高。工厂化生产的部品部件，由于模具精度更高，生产部品部件的尺寸更加精准、外观更加美观，还能将保温隔热材料、水电管道布置等多方面功能一次性集成制作完成，使产品质量明显提高。

5. 缩短施工工期，加快投资回收。装配式建造在现场主要是组装连接，减少了支模、拆模、钢筋绑扎等一系列繁复工序，节约了时间，使现场的施工速度明显加快，从而缩短了施工工期和还贷时间，缩短了资金回收周期，经济效益显著提高。

6. 运输条件要求高。由于装配式建造方式的特殊性，预制部品部件送往现场安装的过程中，需要大型运输工具和安装设备，增加了运输安装成本，因此，为适当降低运输成本，部品部件生产厂与施工现场的距离不宜太远，按照综合经济测算分析，一般不超过综合经济运输半径，则能有效保证经济效益。

1.2.1 装配式建筑内外墙体

装配式墙体是装配式建筑建造过程中的重要部分，主要分为装配式外墙体系和装配式内墙体系。具体见表 1-6 装配式内外墙体系推荐表。

装配式内外墙体系推荐表 表 1-6

技术体系名称	主要分类	结构特点
装配式外墙体系	承重混凝土岩棉复合外墙板	面密度较大
	薄壁混凝土岩棉复合外墙板	制作工艺较复杂
	混凝土聚苯乙烯复合外墙板	面密度较大
	混凝土膨胀珍珠岩复合外墙板	
装配式外墙体系	钢丝网水泥保温材料夹芯板	制作工艺复杂
	SP 预应力空心板	质量过关，制造工艺省时省料
	加气混凝土外墙板	绿色环保建材，工艺技术成熟
	挤出成型水泥纤维墙板（ECP）	墙体的结构围护、装饰、保温、隔声实现一体化

续表

技术体系名称	主要分类	结构特点
装配式内墙体系	空心轻质隔墙条板	易产生竖向裂纹，隔声性能和吊挂力性能一般
	复合轻质隔墙条板	连接处易出现裂缝，部分性能需进一步研究升级
	实心轻质隔墙条板	强度较高、隔热、防水，易产生竖向裂纹
	节能型镶嵌式轻质内外墙板	质轻、高强、保湿、隔热、隔声、防火等特点的无机泡沫混凝土制品

1. 装配式外墙体系

目前国内可作为装配式外墙板使用的主要墙板种类有：承重混凝土岩棉复合外墙板、薄壁混凝土岩棉复合外墙板、混凝土聚苯乙烯复合外墙板、混凝土珍珠岩复合外墙板、钢丝网水泥保温材料夹芯板、SP 预应力空心板、加气混凝土外墙板与真空挤压成型纤维水泥板（简称 ECP）。其中，承重混凝土岩棉复合外墙板面密度较大，安装效率较低。薄壁混凝土岩棉复合外墙板制作工艺较复杂。混凝土聚苯乙烯复合外墙板和混凝土膨胀珍珠岩复合外墙板面密度较大，需要专用吊机安装。钢丝网水泥保温材料夹芯板制作工艺复杂，质量参差不齐。但是各有利弊，需因地制宜，根据各种条件采取合理的方式。

以下简要介绍 SP 预应力空心板、加气混凝土外墙板与真空挤压成型纤维水泥板（简称 ECP）。

（1）SP 预应力空心板

SP 预应力空心板生产技术原采用美国 SPANCRETE 公司技术与设备生产，是一种新型预应力混凝土构件。

该板采取高强低松弛钢绞线作为预应力主筋，用特殊挤压成型机在长线台座上将特殊配合比的干硬性混凝土进行冲压和挤压一次成型，可生产各种规格的预应力混凝土板材。该产品表面平整光滑、尺寸灵活、跨度大、高荷载、耐火极限高、抗震性能好，而且生产效率高、节省模板、无须蒸汽养护、可叠合生产，但价格较高。

（2）加气混凝土外墙板

加气混凝土外墙板是以水泥、石灰、石英砂等为主要原料，再根据结构要求配置添加不同数量经防腐处理的钢筋网片而制成的轻质多孔新型绿色环保建筑材料外墙板。该墙板的高孔隙率致使材料的密度大大降低，墙板内部微小气孔形成的静空气层减小了材料的热导率。墙板的孔隙率大，具有可锯、可钉、可钻和可粘结等优良的可加工性能，便于施工。该墙板同时具有良好的耐火性能、较高的孔隙率使材料具有较好的吸声性能，在欧美发达国家已有五十多年的推广应用经验，工艺技术成熟。

（3）挤出成型水泥纤维墙板（ECP）

挤出成型水泥纤维墙板是将硅质材料（如天然石粉、粉煤灰、尾矿等）、水泥、纤维等为主要原料通过真空高压挤塑成型的中空型板材，然后通过高温高压蒸汽养护而成的新型建筑水泥墙板。图1-17为挤出成型水泥纤维墙板。

图1-17　挤出成型水泥纤维墙板

通过挤出成型工艺制造出的新型水泥板材，相比一般板材强度更高、表面吸水率低、隔声效果更好。该墙板具有优异的性能和丰富的表面，不仅可用作建筑外墙装饰，而且有助于提高外墙的耐久性并呈现出丰富多样的外墙效果。该墙板可直接用作建筑墙体，减少多道墙体的施工工序，使墙体的结构围护、装饰、保温、隔声实现一体化。

挤出成型水泥纤维墙板高强、轻质、具有良好的保温隔热、隔声、防水、防火、抗裂和耐候等综合性能，完全满足钢结构住宅对维护墙板的要求，表1-7为挤出成型水泥纤维墙板的基本性能与检测结果与《建筑材料及制品燃烧性能分级》GB 8624—2012、《建筑用轻质隔墙条板》GB/T 23451—2009、《建筑隔墙用轻质条板通用技术要求》JG/T 169—2016等相关规范要求指标对比结果。

挤出成型水泥纤维墙板的基本性能与检测结果与相关规范要求对比　　表1-7

项目	相关规范要求	检测结果
材料比重	无要求	材料比重 ≈ 1.9
抗冲击性能	经5次抗击试验后，板面无裂纹 抗弯承载板自重倍数 ≥ 1.5倍自重荷载	经5次抗击试验后，板面无裂纹 抗弯承载板自重倍数 ≥ 4.5倍自重荷载
抗压强度	≥ 3.5MPa	≥ 14MPa
软化系数	0.80	0.84
90mm板厚面密度	≤ 90kg/m²	69kg/m²
含水率	≤ 12%	≤ 8%
吸水率	无要求	< 5%
干燥收缩值	≤ 0.6	≤ 0.4
吊挂力	荷载1000N 静置254h，板面无宽度超过0.5mm的裂缝	荷载1000N 静置254h，板面无宽度超过0.5mm的裂缝
抗冻性	不应出现可见的裂纹且表面无变化	35次冻融循环后无可见的裂纹且表面无变化
隔声量 R_w	≥ 35dB	≥ 38dB
耐火性能	≥ 1.0h	≥ 1.0h
燃烧性能	A1	A1
平均传热系数	无要求	2.22W/（m²·K）
平均导热系数	无要求	0.48W/（m²·K）
抗震性能	无要求	抗震性能佳，在层间位移为1/60的状况下无异常现象

2. 装配式内墙体系

我国装配式内墙体系中轻质隔墙板的使用最为广泛。

轻质隔墙板是以保温隔热性能好的聚苯颗粒砂浆为芯材，以高强度耐水硅酸钙板为面层材料，适当掺加粉煤灰、矿渣和外加剂，通过复合而成的新型高档轻质墙板材料。隔墙板尺寸为：长 2440mm，宽 610mm，厚 60~240mm（自行调节）。轻质隔墙板集保温隔热、结构功能和防水性能于一体，主要用于建筑物的墙体隔断，具有很强的吊挂力，强度高，隔声效果更显著。

轻质隔墙板具有其他墙体材料无法比拟的综合优势，能达到节约能源、提高能源利用效率的目的，带动了建筑业从落后的湿法施工向先进的干法施工迈进，从而实现部件生产工业化、技术装备现代化、规模生产集约化、应用推广标准化、施工装备一体化，同时还可以减少墙体占用面积，提高住宅使用率，减轻结构负荷，提高建筑物抗震能力及安全性能，降低综合造价。

轻质隔墙板的优势主要体现在以下五个方面：隔声、保温、吊挂力、防火和经济效益。

（1）隔声方面。可以满足各种房间的隔声要求，在声音达 50dB 以上时，90mm 厚新型轻质隔墙板能听到声音但听不到谈话内容，150mm 厚隔墙板能完全听不见隔壁讲话，达到高隔声工程标准。

（2）保温方面。轻质隔墙板保温性能较好，可以使结构内表面保持较高的温度，从而避免表面结霜，使冬季室内热环境得到改善，此外在夏季也能发挥隔热功能。

（3）吊挂力方面。轻质隔墙板是两层或多层复合板结构，单点吊挂符合规范要求，因此在隔墙板任意部位都可以钉钉、钻孔或上膨胀螺栓，且可吊挂重物。

（4）防火方面。隔墙板在高温下不发生燃烧，也不会散发有害气体。

（5）经济效益方面。具有用材少，施工简单，缩短工期，节约成本，材料损耗率低等优点。

轻质隔墙板与传统墙体材料比对优势见表 1-8。

轻质隔墙板与传统墙体材料比对优势				表 1-8
项目	轻质隔墙板	砌块	砖	结果
轻质经济性比对	610 ~ 620kg/m³	约 900kg/m³（混凝土空心砌块）	约 1400kg/m³（黏土多孔砖）	板自身密度轻，配套的结构基础造价低，综合造价便宜
使用面积比对	75mm 厚度	120mm 厚度	120mm 厚度	长度达 11.8m 可增加 1m² 使用面积

续表

项目	轻质隔墙板	砌块	砖	结果
使用面积比对	90mm 厚度	180mm 厚度	180mm 厚度	长度达 7.7m 可增加 1m² 使用面积
	120mm 厚度	240mm 厚度	240mm 厚度	长度达 6.3m 可增加 1m² 使用面积
安装比对	可直接预制线管、线盒成品，也可以任意开槽、工作量小、工作强度低	工作量大	工作量大	施工性强，可塑性强，且作业量相对小、强度低，效率高
施工方式比对	施工速度快、干作业、强度小、卫生干净	施工速度慢、湿施工、作业强度大、卫生差	施工速度慢、湿施工、作业强度大、卫生差	干作业、作业速度快、卫生干净
施工周期比对（2人1d的施工面积）	（75mm）60m²	（120mm）40m²	（120mm）30m²	施工速度方便快捷，安装周期短，较其他墙材料施工周期提高 30%～40%
	（90mm）55m²	（180mm）35m²	（180mm）25m²	
	（120mm）45m²	（240mm）30m²	（240mm）20m²	

轻质隔墙板按照断面结构可以分为以下三类：空心条板、复合条板、实心条板。

（1）空心条板的使用及优缺点

空心条板（图 1-18）是沿板材方向留有若干贯穿空洞的预制条板。以水泥为粘结材料，添加工业炉渣、粉煤灰、火山灰、聚丙纤维、发泡珍珠岩等，外加化工添加剂搅拌均匀，经模具浇筑成型而得，并可根据工程需要定尺切割长度。

图 1-18　空心条板

石膏空心条板与传统的砌块相比，在用作建筑内隔墙时单位面积质量更轻、施工效率更高，从而使建筑自重减轻，基础承载变小，可有效降低建筑造价。同时其具有强度较高、隔热、防水等性能，可锯、可刨、可钻。但其拼接处需加网格布进行二次抹灰，并且在后期装修装饰面易形成竖向裂纹，隔声性能一般，吊挂力性能差强人意。

（2）复合条板的使用及优缺点

复合条板（图1-19）是由两种或两种以上不同功能材料复合而成的预制条板，以水泥为粘结材料，添加工业炉渣、粉煤灰、建筑废物、轻质骨料（发泡聚苯颗粒、轻质陶粒、玻化微珠）和化工添加剂等并搅拌均匀，再经模具浇筑成型而得。结构构造为硅酸盖板（两面）和阻燃保温材料（夹芯），侧面为标准突口设计。

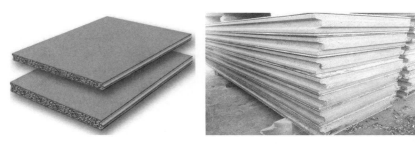

图1-19　复合条板

硅酸钙复合条板隔墙具有质轻、节能、隔热、防冻，增加使用面积，寿命长等特点。其加工性能好，可锯、刨、钻、粘、攘，减少湿作业，施工快、无须抹灰，可直接装饰。

但是因硅酸钙复合条板企口槽拼装连接和表面光滑等特殊性，很容易造成板与板连结处、板与门窗连结处出现裂缝，集中荷载时会引起其振动变形，发生裂缝和空鼓。硅镁等轻质隔墙板其材料抗水性能较差，易变性、吸潮，施工过程中需严格注意原材料、制成品和半成品的保护及使用，施工较为不便。用于一般工业和民用建筑的复合条板通常单层厚度为100~120mm，在实际应用过程中面临着隔声、保温等难题，经过多年的研究，目前通过在复合层内增加EPS聚苯颗粒等材料可以解决部分保温、隔声难点，但将抗震、隔振、隔声、保温等功能融为一体的系统技术仍有待进一步研究。

（3）实心条板的使用及优缺点

实心条板（图1-20）是用同类材料制作的无孔洞预制条板，成分和原材料与空心条板类似。

节能型镶嵌式轻质内外墙板（CLC泡沫混凝土轻质隔墙板）是以普通硅酸盐水泥、粉煤灰（或建筑垃圾）及一定量的螯合树脂类激活剂混合成主要无机胶凝干粉材料，采用高分子树脂引发剂进行物理

图1-20　实心条板

发泡，并结合增强配筋浇筑成型的新型墙体材料。产品的形成原理是通过卧式内压氮气涡轮发泡均化机，使高分子树脂引发剂形成中空坚硬泡沫核，同时卧式涡轮螺旋浆料机使无机胶凝干粉材料和水按一定量的水灰比混合成待发泡的浆体，最后将泡沫与待发泡的浆体按不同干密度要求进行无损物理混合发泡，混合均匀后的发泡浆体浇筑至标准规格模具中，在一定养护制度下最终获得质轻、高强、保湿、隔热、隔声、防火等特点的无机泡沫混凝土制品。图 1-21 为泡沫混凝土轻质隔墙板。

图 1-21　泡沫混凝土轻质隔墙板

1.2.2　装配式建筑内装修

我国现阶段基本采用传统湿作业为主的装修方式，以手工工作为主，工作效率低下，质量参差不齐。每年产生数以亿万吨计的建筑垃圾，造成大量的资源与能源的浪费，对环境造成巨大压力。同时在装修中经常出现业主擅自敲掉承重墙和更改排水管线等不顾房屋结构与安全的行为，给住宅的质量和抗震性能等带来一系列隐患，影响建筑物的使用寿命。劣质建材的使用对住户健康安全造成的损害更是难以预计，因此装修方式急需从传统湿作业向干式工法施工转变。应大力发展装配式装修产业，减少建筑施工到入住之间的污染次数，缩短业主购房后的空房期，提高居住舒适度。图 1-22 为装配式建筑工业化装修样板房例图。

装配化装修的核心是工业化装修，《商品住宅装修一次到位实施导则》明确提倡要推行装修工业化。我国《关于大力发展装配式建筑的指导意见》（国办发〔2016〕71 号）提到"提高装配化装修水平"，在"推进建筑全装修"这项重要任务中，"实行装配式建筑装饰装修与主体结构、机电设备协同施工。积极推广标准化、集成化、模块化的装修模式，提高装配化装修水平"。

图 1-22 装配式建筑工业化装修样板房例图

1. 装配式建筑内装饰技术

装配式建筑内装饰技术主要包括以下几个部分：

（1）全干法装配式墙面系统

全干法装配式墙面系统的构造体系包括相应的标准化配套产品，抗冲击性的墙面，墙面饰面效果丰富，是高效的装配式安装工艺；

（2）全干法装配式吊顶系统

全干法装配式吊顶系统的构造体系包括相应标准化配套产品，其龙骨配置数量和位置能保证安全性，吊顶系统变形符合使用要求；

（3）全干法装配式楼地面系统

全干法装配式楼地面系统的构造体系，包括相应标准化配套产品，其复合板的强度和变形达到使用需求，选用环保的复合板胶粘剂；

（4）全干法装配式集成厨房

全干法装配式集成厨房的构造体系，其墙面、地面系统的承载能力和变形符合要求，具有相应的标准化配套产品，产品性能优越；

（5）全干法装配式集成卫生间

全干法装配式集成卫生间的构造体系中墙板连接装置、墙体框架阴角卡接连接件、防水底盒等产品可保证卫生间无漏水隐患。

2. 装配式建筑整体厨卫设计与施工技术

整体厨卫空间是指提供顶棚吊顶、厨卫家具（整体橱柜、浴室柜）、智能家电（浴室取暖器、换气扇、照明系统、集成灶具）等成套厨卫家居解决方案的产品概念。同时，也是一种新型的装配式建筑技术体系，详见表 1-9。

新型整体厨卫技术体系表　　　　　　　　　　　　表 1-9

技术体系名称	主要分类	主要特点
整体厨房体系	金属类、非金属类	整体、健康、安全、舒适
整体卫生间体系	SMC（片状膜塑料树脂混合物）	环保、节能低碳、洁净安全
	FRP（纤维增强复合材料）	密闭性好、卓越耐久、卫生清洁、装饰多样
	ABS（丙烯腈丁二烯苯乙烯）	航空级高精密清洁、易装配、气密性好
	瓷砖壁板	隔热隔声好、装饰美观

　　装配式建筑整体厨卫（图 1-23）具有产品集成、功能集成、风格集成等特点。整体厨卫的概念在终端表现为在同一个专卖店内销售同一品牌的厨卫家居产品，即向消费者提供一站式的厨卫家居解决方案服务。当然，这种产品不是单一的组合拼凑，而是充分考虑了厨卫的功能与装修风格的统一性以及融入的新材料和元素。

图 1-23　装配式建筑整体厨卫

（1）整体厨房技术体系

　　整体厨房将传统分散的家电、橱柜和建筑进行了一次变革，让整体厨房行业产销需求与投资前瞻厨房的设计开发紧密结合建筑特点，在三者之间找到最佳契合点。在注重整体搭配的时代，整体厨房凭借其整体化、健康化、安全化、舒适化、美观化、个性化六大优势引领厨卫行业发展。

　　中国整体厨房市场规模几百亿元，然而在中国约 1 亿户城市居民家庭中，拥有整体厨房的低于 10%，这个数字远远低于欧美发达国家 35% 的平均水平，行业未来市场增长空间巨大。根据预测，未来 5 年中国整体厨房的需求总量或说意向购买量将超过 3000 万套，平均每年超过 600 万套。考虑到中国人均居住面积尚不宽裕，城市居民家庭的厨房面积平均 $10m^2$ 以内，仅按每套整体厨房 10 万元人民币计算，未来五年将有 3 个亿市场，并且随着房地产行业精装修的推进，整体厨房行业采购集中度和行业规模将出现明显提升。

整体厨房（图 1-24）也称作整体橱柜，是将橱柜、抽油烟机、燃气灶具、消毒柜、洗碗机、冰箱、微波炉、电烤箱、水盆、各式抽屉拉篮、垃圾粉碎器等厨房用具和厨房电器进行系统搭配而成的一种新型厨房形式。"整体"的含义是指整体配置，整体设计，整体施工装修。"系统搭配"是指将橱柜、厨具和各种厨用家电按其形状、尺寸及使用要求进行合理布局，实现厨房用具一体化。依照家庭成员的身高、色彩偏好、文化修养、烹饪习惯及厨房空间结构、照明结合人体工程学、人体工效学、工程材料学和装饰艺术的原理进行设计，使科学和艺术的和谐统一在厨房中得到体现。表 1-10 为整体厨房技术体系特点。

图 1-24　整体厨房例图

整体厨房技术体系特点　　　　　　　　　　　　　　表 1-10

特点	解释
整体	整体厨房是将厨房用具和厨房电器进行系统搭配而成的一个有机的整体形式，实行整体配置，整体设计，整体施工装修，从而实现厨房在功能、科学和艺术三方面的完整统一
健康	整体厨房使用无毒无害的环保材料，使人们免去甲醛和辐射的侵害；通过专业人士对橱柜专用的材料和设备配的精心设计，厨房永远地告别了"烟熏火燎"和"卫生死角"的时代
安全	专业人士的整体设计和整体施工装修杜绝了传统厨房的各种安全隐患，实现了水与火、电与气的完美整合
舒适	人体工程学、人体工效学和工程材料学的原理在整体厨房的设计和制作过程中得到巧妙运用，凸显出整体厨房"以人为本"的文化理念，使人们能零距离地感受科技带来的舒适生活

（2）整体卫生间技术体系

世界上最早的整体卫生间成型于 1964 年的日本，这种形式的卫生间有效解决了奥运期间大量运动员公寓存在的施工品质和施工周期之间的矛盾。国内最早的整体卫生间成型于 1975 年。整体卫生间是对一种新型工业化生产的卫浴间产品类别的统称，产品具有独立的框架结构及配套功能，一套成型的产品即是一个独立的功能单元，可以根据使用需要装配在任何环境中。

整体卫生间（即整体卫浴）是在有限的空间内实现洗面、淋浴、如厕等多种功能的独立卫生单元，也是以工厂化生产方式提供的即装即用卫生间系统，如图 1-25 所示。

图 1-25　整体卫生间例图

整体卫生间的产品首先包括顶板、壁板、防水底盘等构成产品主要形态的外框架结构，其次是卫浴间内部的五金、洁具、照明以及水电系统等能够满足产品功能性的内部组件。

框架大多采用 FRP/SMC 复合型材料制成，具有材质紧密、表面光洁、隔热保温、防老化及使用寿命长等优良特性。相比传统普通卫浴间，其具有墙体不易吸潮，表面容易清洁，卫浴设施均无死角结构，施工省事省时，结构合理，材质优良等优点。可以根据使用需要装配在任何环境中，如酒店、住宅、医院等。

根据生产工艺，整体卫生间产品可分为 SMC（Sheet Moulding Compounds，片状模塑料）、FRP（Fiber Reinforced Plastics，纤维增强复合材料）、ABS（Acrylonitrile Butadiene Styrene，丙烯腈 - 丁二烯 - 苯乙烯共聚物材料）、瓷砖壁板四类，下面分别做详细介绍。

1）SMC 材料特性

耐用 SMC 产品通过数千吨大型压机及精密钢模高温高压成型后，重量轻，强度大，抗酸碱、耐老化，材料设计耐用期为 20 年，图 1-26 为 SMC 整体浴室特点与用材。

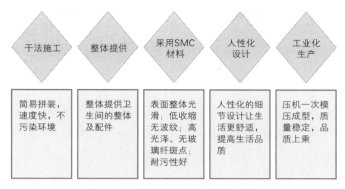

图 1-26 SMC 整体浴室特点与用材

a. 环保。SMC 产品是 100% 绿色产品，卫生、无毒、无异味。

b. 节能低碳。SMC 产品的隔热保温性能好，浴室内即便不装采暖设备，也没有瓷砖的冰冷感，可不用安装散热器或浴霸，节约了宝贵的能源。SMC 产品在原料、生产、装配、使用的整个过程中，碳排放远远低于瓷砖类产品。图 1-27 为 SMC 整体浴室拆分示意图。

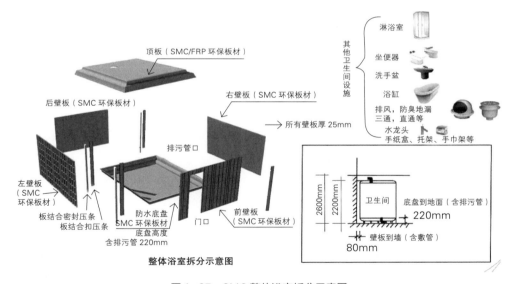

图 1-27 SMC 整体浴室拆分示意图

c. 洁净安全。SMC 产品密度大、表面光洁，无微孔，易于清洁，不藏污垢，有效抑制细菌繁殖。SMC 材料具有绝缘性好，阻燃，耐高温，不导电，使用安全可靠的特点。图 1-28 为 SMC 板材。

图1-28 SMC板材

图1-29 FRP材料

2）FRP材料（图1-29）特性

a. 完美的密封性。有效密闭设计，防止渗漏和细菌滋生。

b. 卫生程度高，易于清洁。具备光滑无孔的壁板，可以有效抑制细菌滋生。圆润的曲面以及弧形的边角使其极易清洁。

c. 丰富的外装修形式。产品外部易于安装各种装饰墙面，门框可通过特质的铰链固定于墙面上。

d. 耐久性强。从船舶材料的基础上获得灵感，专为整体卫生间产品开发的玻璃纤维合成强化树脂，质轻、牢固、可靠、安全，该材料高度耐用，一旦损坏，可以轻松修复，表面光洁无须再次抛光。

3）ABS材料（图1-30）特性

a. 航空级高精密清洁材料。航空级材料，经大型油压设备配以高精密内导热模具模压成型，卫生清洁且肤感亲切。

b. 易装配与良好密封性。专业快捷的连接安装，兼顾优异的稳定性，提供较高的密封性，能够杜绝渗漏及病菌滋生。

4）瓷砖壁板产品（图1-31）特性

a. 金属结构框架构成整体成型壁板的外框架，实现良好的荷载承重。

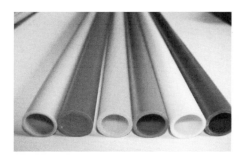

图1-30 ABS材料

图1-31 瓷砖壁板

b. 耐火等级达到 B1 级，隔声性能最高达到 50dB，其有良好的保温隔热特征。

c. 能够根据室内风格对颜色、表面材料进行统一，冷暖色调的结合与各种材质洁具相得益彰。

1.2.3　装配式磷石膏整体房屋

装配式磷石膏低碳整体房屋主要从磷石膏模块、能源系统、整体框架三个方面实现。磷石膏整体技术路线图如图 1-32 所示。

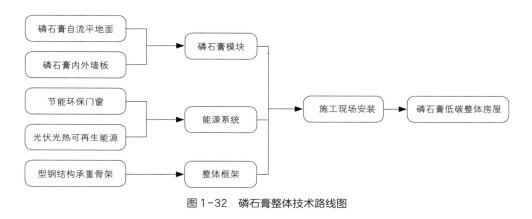

图 1-32　磷石膏整体技术路线图

1. 磷石膏装配式复合墙板

通过密肋钢筋混凝土梁形成网格状，添加磷石膏胶凝材料，其主要受力为密肋梁，具有保温好、自重轻、耐久性和抗震性能好的特点。磷石膏复合墙体包括钢筋混凝土框架和排布于所述钢筋混凝土框架内的若干磷石膏模块。根据外墙板的受力及荷载需求，设计计算出密肋梁的配筋及截面面积。按照密肋梁的需求进行混凝土配比，在 PC 流水台上支撑模板，绑扎钢筋，浇筑混凝土，经过 8h 蒸养以后达到设计的吊装强度，通过装备线回到模台上布置磷石膏模块，当强度达到设计要求，即可移送到堆放场，经养护和晾晒后达到使用要求。图 1-33 为磷石膏复合墙板（带窗框）。由北京清大博创科技有限公司研究的发明专利《一种装配式磷石膏复合墙板及其预制方法》突破了磷石膏不能做外墙的传统做法（专利号 202110631847X）。

通过智能化装备线，依靠机械化程度较高的设备体系，经过准确的原材料计量，再加上关键装备蒸养系统，各种感应控制装置，达到全自动、高效率的装备线，通过磷石膏的合理配比，充分发挥其材料的功能，达到与混凝土有机地合为一体，实现其高效率生产、降低劳动成本，保证工程质量。

图 1-33　磷石膏复合墙板（带窗框）

2. 磷石膏内隔墙板装配式安装

采用 BIM 技术指导磷石膏轻质隔墙板施工，并采用"5+1"模式磷石膏轻质隔墙装配施工工艺。"5"为"U"形钢卡、"万"字钢卡、粘结石膏、型钢梁柱、玻纤网格布，"1"为轻质内隔墙板。该工艺施工中，墙板同既有墙柱或墙板间采用"U"形卡、"万"字钢卡保证墙面定位准确以及墙面垂平度，接缝处采用粘结石膏保证墙体强度并视情况采用型钢梁柱加强，最后辅以玻纤网格布抑制墙体裂缝产生，该工艺可实现曲线及直线墙体施工，成型墙体造型美观，墙体平整度和垂直度误差均可控制 3mm 以内，相较于传统蒸压加气块隔墙（垂直度 5mm 以内，平整度 8mm 以内）墙体施工质量得到较大提高。

3. 节能环保门窗

门窗是建筑围护结构保温的薄弱环节，从对建筑能耗组成的分析中，通过房屋外窗所损失的能量占比较高，传统建筑中，通过窗的传热量占建筑总能耗 50% 左右，是影响建筑热环境和造成能耗过高的主要原因。节能建筑中，墙体采用保温材料热阻增大以后，窗的热损失占建筑总能耗的比例更大。导致门窗能量损失的原因是门窗与周围环境进行的热交换，其过程包括：通过玻璃进入建筑的太阳辐射的热量；通过玻璃的传热损失；通过窗格与窗框的热损失；窗洞口热桥造成的热损失；缝隙冷风渗透造成的热损失等。

1.3　装配式建筑工业化与智能化

建筑工业化是指采用现代化的制造、运输、安装和科学管理生产方式，来代替传统建筑业中分散的、低水平的、低效率的手工业生产方式。它的主要特征是建筑设计标准化、构配件生产工厂化，施工机械化和组织管理科学化。近些年工业化建筑智能化系统也随着信息化技术的飞速发展逐渐成为重要的研究课题。而装配式建筑则是建筑工业化的具体形式。图 1-34 为装配式建筑发展历程示意图。

图 1-34　装配式建筑发展历程示意图

装配式建筑发展过程历经时间比较长，其间采用了不同的名称。从最初的标准设定，通过 WBS（Work Breakdown Structure，工作分解结构）拆解整个工程建设流程，到后续逐渐衍生出标准化，部分建筑构件或生产工艺可以达到标准化。有了标准化基础，其生产技术也逐步走向专业化和规模化，形成专业配套体系，能够进行大规模生产。当配构件或生产工艺的标准化占比逐渐提升，就形成了工业化的基础。

装配式建筑就是典型建筑工业化产物，其从生产到加工过程中标准化的构配件与生产工艺占比高，充分提升了生产加工的效率，减少了施工污染，大大缩短施工工期，尤其在标准化的建筑结构中具有突出的应用效果，比如说标准化住宅等。

我国装配式建筑通过政策激励，近些年来发展迅速，而信息化也是目前各行各业的主要发展方向，我国建筑产业也在进行着各种尝试，在建筑建造与后续运维过程中，积极引入信息化相关技术。在建筑建造过程中引入 BIM（Building Information Modeling，建筑信息模型）技术，能够从设计到施工建造过程中全面协调生产流程，对全过程各个环节进行优化，在建筑产业工业化的基础上能够减少资源浪费、提升建造效率。另外，信息化在建筑建造完成后，在后续运维过程中也有着重要的作用，一般智慧楼宇、功能化区分较大的智慧园区、智慧医院等系统搭建都需要信息化技术的深度参与。信息化技术已经成为装配式建筑的重要技术之一。

我国建筑工业化已经形成规模，部分部件，例如：墙、板、阳台、卫生间等构件已经实现了工业化步骤，而部分结构部件仍需特殊化设计、生产或施工，建筑装配率也仍需进一步提升，信息化技术在建筑产业的应用也是建筑产业转型的重要方向之一。

1.3.1　建筑工业化目标

装配式建筑以工业化为目标，最终达到部品部件的标准化设计、工厂化生产、装配化施工，从而提高产品质量、降低生产成本、减少建筑垃圾、节约劳动力，达到可持续发展的要求。

1. 质量目标

部品质量目标要求对部品部件的各项技术指标进行把控,保证加工质量,同时整体安装后表观质量应符合现行国家、地方、企业的质量检测方法和相关规范标准,包括一些不便用数据测量的表面光滑度、色泽、整体协调性、局部做法及使用便利性等质量项目和一些可以用标准检测方法进行检测的质量项目。

2. 成本目标

成本目标的控制主要包括材料和人工两部分。对于现有材料来说,应选择性能优良、成本较低的材料。对新材料的开发,应综合分析材料的性能、工艺、重量、规格等,根据分析结果进行优化,以满足工业化生产的要求,实现最佳的经济效果。同时,还需要将人工费用、后期维护费用、施工周期、可回收率等进行综合考虑,建立综合经济优势。

3. 工业化目标

装配式建筑工业化需要达到设计标准化、生产工厂化、现场装配化的目的,要对部品部件进行模块标准化设计,并且在工厂实现部品部件的自动化加工生产,同时满足运输及安装便捷的要求。部品部件在现场直接进行组装式安装,实现现场干法作业,以提高装配施工效率。此外,还应发展长期合作的部品供应商关系。

4. 可持续目标

可持续目标包括提高部品的可重复利用率,有效减少建筑垃圾,减少施工现场的油漆及胶类用量,保证空气质量的合格,减少施工过程中的噪声及粉尘量。控制生产、运输、施工、维护过程中的碳排放量。

1.3.2 装配式建筑智能化

相对于传统的建筑设计方式来说,信息技术的应用能够使装配式建筑设计在效率和质量上进一步提高,对于建筑构件体系的发展也具有多方面积极影响。信息技术作为一种科技化技术措施,其在建筑领域的应用能够使建筑构件在一些生产工序上实现由定性到定量的精确控制。通过虚拟的环境将建筑构件的形式、构造以及参数信息直观地呈现在设计者、生产者和施工者面前,可以模拟选择建筑构件的材料以及构造形式等,从而有效地提高建筑构件的制造精确度与施工质量效率。在作业控制上,应用信息技术还能够实现对各个工序微观环节的精确控制。在实际应用中,根据设备算量的需求,进行设备、管线材料分类定义、归集统计等工作，满足设备、管线综合精细化的需求，因而对于建筑构件体系而言，信息技术的应用能够有效提高构件生产与制造的系统化水平。

2020 年 7 月 3 日，住房和城乡建设部、国家发展改革委、科技部等 13 部门联合印发了《关于推动智能建造与建筑工业化协同发展的指导意见》，指出要以大力发展建筑工业化为载体，以数字化、智能化升级为动力，创新突破相关核心技术，加大智能建造在工程建设各环节应用，形成涵盖科研、设计、生产加工、施工装配、运营等全产业链融合一体的智能建造产业体系。提升工程质量安全、效益和品质，有效拉动内需，培育国民经济新的增长点，实现建筑业转型升级和持续健康发展。

第2章　装配式建筑智慧化应用技术与基础系统

装配式建筑智慧运行系统，是针对智慧建筑场景打造的集成式综合运营管理应用，须满足用户智能管控建筑全局需求，提高管理水平与事件处理效率，减少人力成本，增强建筑舒适度与安全性，保障建筑内相关业务良性运转，持续优化。

此运行系统应具备以下特性：

（1）数据监测与数据深挖：系统应可实时监测智能建筑设备的运行数据，并对设备的全生命周期进行管理，同时挖掘分析数据价值，辅助运营决策。

（2）数据融通与跨系统联动：系统应基于系统平台运行能力，从物联网底层开始统一连接和管理，支持数据的灵活调配，实现更简单充分的数据融通与跨系统联动，真正打破"烟囱式管理"。

（3）空间索引与事件驱动：系统应可将设备、数据及事件与空间联系起来，以空间为线索形成完整的业务闭环，精准确定并快速响应建筑中的各种异常情况。

（4）标准化与可复制：系统应提供物联网接入、空间编码以及资产分类等一系列标准化框架，降低项目中设备接入与系统协同的难度。同时系统应通过模块化与可配置的系统架构，降低用户的二次开发难度，应实现一定程度上规避定制化程度高、系统集成困难、接入人工成本高、项目周期长等普遍问题。

（5）友好交互与成果展示：系统应拥有可视化类引擎，打造未来感视觉体验，提供学习成本低且直观友好的交互界面，将建筑内有价值的信息清晰明确地呈现出来，协助用户向第三方展示管理成果和管理理念。

2.1　智慧化应用技术

近几年随着我国大力倡导实施装配式建筑，建筑的设计、制造、安装、物业管理等得到了快速发展，这都与智慧化应用密不可分。

装配式建筑智慧化应用关键技术的基础主要涵盖以下几个方面：5G技术、AI技术、云计算技术、大数据技术、北斗卫星导航系统、工业互联网、三维码技术、感应和监测系统、星闪技术，本节主要介绍以上基础的信息化技术和这些技术在装配式建筑中的应用，而BIM技术与三维模型轻量化技术则是针对建筑行业发展而来的信息化技术，这两项技术大大加快了建筑产业的工业化与智能化。

2.1.1　5G 技术

1. 5G 概述

5G，即第五代移动通信技术（5th Generation Mobile Communication Technology），是面向移动数据日益增长需求发展起来的最新一代蜂窝移动通信技术，其性能目标是高数据速率、减少延迟、节省能源、降低成本、提高系统容量并且支持和大规模设备连接。5G 的特点包括高速度、低功耗、低时延、泛在网、万物互联以及重构安全。

移动通信以 1986 年第一代通信技术发明为标志，经历三十多年的持续发展，极大地改变了人们的生活方式和工业建造方式，并成为推动社会发展最重要的动力之一。在 5G 出现之前，移动通信网络经历了 1G、2G、3G、4G，每一次移动通信技术的变革，都深刻影响了我们的生产和生活。

1G 时代，"大哥大"使用的是第一代通信技术，即 1G 技术——模拟通信技术，主要用途为接打电话。

2G 时代，最大的变化是采用了数字调制，比 1G 多了数据传输的服务，这样手机也不仅限于接打电话，发短信也成为当时交流方式之一。彩信、手机报、壁纸和铃声的在线下载成为当时的潮流。

3G 时代，网速和用户容量大大提升给移动互联网发展带来了前所未有的进步。过去在电脑上才能使用的网络服务，在手机上也有了更好的体验。触屏操控、支持安装各类应用软件的智能手机不断更新迭代。

4G 时代，网络下载速度理论上可以达到上百兆每秒，流量资费也大幅度下降。高速网络让视频缓存变得更快，手机端实时联网打游戏的人数首次超过电脑端，移动支付的迅速普及也改变了人们的生活。

5G 时代，网络速率可达数千兆级，这让所有下载行为都可以在顷刻间完成，5G 的毫秒级延迟还将解决机器之间的无线通信，如果说 1G 实现了人与人之间的联系，而 5G 将实现万物之间的连接。人和人、人和物的沟通将更高效，医疗、文化、科技等领域的信息传递也会变得更快捷。5G 将让人类的生活更加智能与美好。

相较于 4G（LTE-AWiMax）、3G（UMTS、LTE）、2G（GSM）系统，5G 的性能目标是提高数据速率、减少延迟。5 代通信技术的发展历程如图 2-1 所示，表 2-1 为 4G 技术与 5G 技术的比较。

2019 年 6 月 6 日，工业和信息化部正式向中国联通、中国电信、中国移动、中国广电发放 5G 商用牌照，中国正式进入 5G 商用元年，移动通信及关联产业特别是工业化建造进入一个全新的时代。据预测，随着城市的迅速发展，庞大的城市人口将为智慧城市平台的搭建提供基础，城市智慧化将体现在方方面面，例如智慧楼宇、智慧医疗、智能交通、智能家居、城市智慧管理、智能生产等方面。未来，5G 技术将作为基础技术，为社会的转型与产业的升级提供技术支持，5G 技术具有广阔的发展前景。

图 2-1　5 代通信技术的发展历程

4G 技术与 5G 技术的比较　　　　　　　　　　　表 2-1

指标	5G	4G
峰值速度	10Gbps	1Gbps
用户速度	100Mbps	10Mbps
时延	1ms	10ms
移动性	500km/h	350km/h
区域容量	10M/m^2	0.1M/m^2
连接密度	100 万 /km^2	1 万 /km^2

　　5G 渗透到社会各领域，拉近万物的距离，使信息突破时空限制，提供极佳的交互体验。更重要的是，5G 技术将伴随人工智能、云计算、大数据等高新技术协同发展，实现万物感知、万物互联、万物智能，推动制造的创新融合发展，引领一场新的网络革命，给各行各业带来全新的发展机遇。据预测，至 2025 年我国 5G 商用直接带动的经济总产出约 10.6 万亿元，将直接创造超过 300 万个就业岗位。

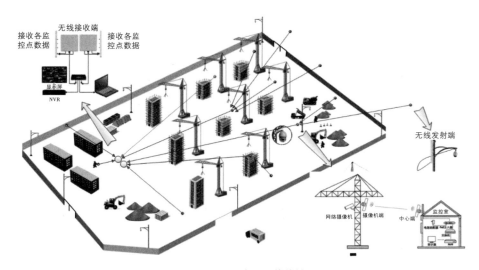

图 2-2　5G 实现无线传输

针对建筑建造相关产业，5G 技术已经逐步进入到各个环节当中，例如图 2-2 中所展示的是 5G 技术在建筑建造领域实现无线传输的功能。目前 5G 技术应用的主要应用方向如图 2-3 所示。

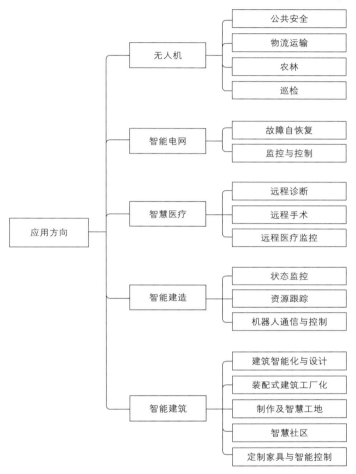

图 2-3　5G 技术的主要应用方向

2. 5G 给建筑制造业带来的改变

　　5G 具有媲美光纤的传输速度、万物互联的泛在连接和接近工业总线的实时能力，正逐步向工业领域加强渗透。当前，5G 技术正在与 BIM、云计算、大数据、物联网、移动互联网、人工智能等技术深度融合，助推建筑制造业的数字化发展。

　　5G 技术在建筑制造业的主要应用方向如图 2-4 所示。

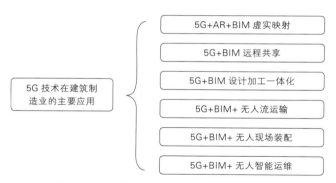

图 2-4　5G 技术在建筑制造业的主要应用方向

　　5G 与数字建造的结合顺应了建筑业数字化转型发展趋势。数字化的持续推进将会给互联网时代的建筑制造业带来一场深远的变革，也将彻底颠覆传统工程项目的作业模式、改进建造模式、推动精益建造，将工业化建筑的部品部件在工厂进行数字化、机械化加工制作，成为实现建筑制造业转型升级的重要支撑。利用 5G 技术可以进一步实现对工地现场的智能感知，高效利用建造过程中所产生的海量数据，为相关企业打造数据采集、数据分析、数据应用的创新模式，进一步加强产业数字化建设，助力推动建筑制造业的安全、创新发展。图 2-5 为 5G 技术赋能智慧工地示意图。

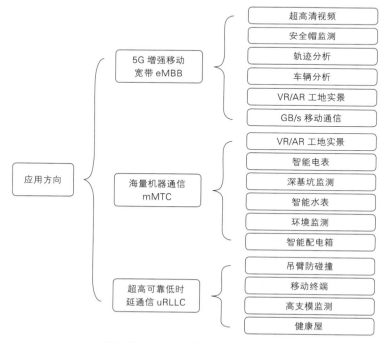

图 2-5　5G 技术赋能智慧工地示意图

建筑工程体量和建造量的快速增长，工程复杂程度的不断加大，对工程工艺和管理水平也提出了更高的要求。作为实现产业数字化场景的关键技术，5G 技术将进一步推动整个建设施工过程的机械智能化，形成无人化、智能化施工机群。通过智能设备机群，为建筑行业提供数字建造一体化解决方案。

5G 技术的全面利用，为建筑制造业的数字化转型提供了机遇。无论是工地精细化管理的内在需求还是当代先进技术快速发展和综合应用的外在动力，都将驱动着建筑制造业朝着更加自动化、智能化、智慧化的方向演进，逐步实现全产业链条的可持续发展。

今后几年，在 5G 技术全面商用化的助推下，建筑制造业将全面提高数字化水平，着力增强 BIM、大数据、智能化、移动通信、云计算、物联网等信息技术集成应用能力，在数字化、在线化、智能化等方面取得突破性进展，更好打造成一体化行业监管服务平台，实现数据资源利用水平和能力的明显提升。

2.1.2　AI 技术

人工智能（Artificial Intelligence，AI），是利用数字技术模拟、延伸和扩展人的智能去感知环境、获取知识并使用知识获得最佳结果的理论、方法、技术及应用系统。2016 年由谷歌旗下人工智能公司 DeepMind 研发的计算机围棋程序"AlphaGo"在围棋比赛中战胜了世界围棋冠军李世石，AI 技术再次引起公众关注，2016 年也被称为 AI 技术的元年。

AI 技术对建筑制造业的转型升级起到至关重要的推动作用。比如在工程建造阶段，AI 技术可以解决或优化质量管理、进度管理、设备管理、安全管理等各方面的问题。此外，诸如机器人、无人机等搭载 AI 技术，也将推动建筑业进一步实现无人化及安全化生产，解决建筑业劳动力短缺的问题，同时避免建筑工人在复杂、危险的环境中施工等。随着 AI 技术进一步拓展，将应用到整个城市规划设计、建设、运维当中，实现智慧城市的美好愿景，使城市变得包容性更强，可持续发展更好，人们生活幸福指数更高。

而在建筑楼宇后续运维方面，AI 技术同样有着突出的表现，以效率提升和能源节约领域为例，英国 DeepMind 公司利用一些深度学习技术帮助谷歌控制其数据中心的风扇、制冷系统和窗户等 120 个变量设备，这项技术使谷歌的用电效率提升了 15%。美国通用电气公司曾预测，利用传感器、大数据、AI 等技术，商业航空领域未来 15 年节约 1% 的燃料就节约 300 亿美元；全球所有天然气火力发电厂的效率提高 1%，就节约价值 660 亿美元的燃料；全球医疗效率提高 1%，就节约了超过 630 亿美元的医疗成本。如果工程机械设备也能借助 AI 技术实现 1% 的提升，那么将在效率提升和能源节约方面出现真正颠覆过去数百年的变革。

基于数字化技术应用，将数字项目集成管理平台进行数据关联，能更好地实现建造过程的新基建建设。基于业务中台和数据中台，形成核心的技术平台即数字项目集成管理平台，在此基础上，围绕建造过程提供采购、制造、建造、交付等专业应用服务，并与前期的规划、设计，后期的运营维护形成基于数据的建筑全生命周期管理和服务。数字建筑平台的应用架构如图 2-6 所示，图 2-7 和图 2-8 分别展示 5G+AI 的工地管理设计方案与工地管理系统交互。

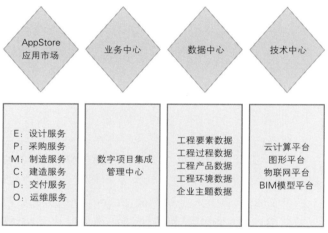

图 2-6　数字建筑平台的应用架构

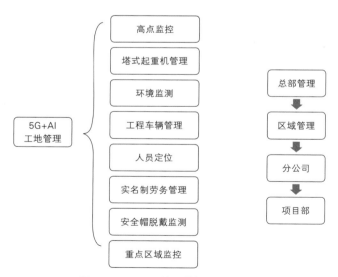

图 2-7　5G+AI 的工地管理设计方案

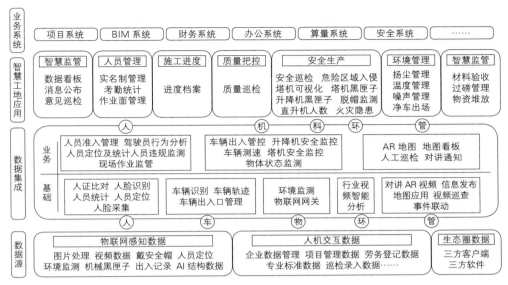

图 2-8　工地管理系统交互

2.1.3　云计算技术

1. 云计算技术概述

云计算是一种认为"使用比拥有更重要"的服务模型。该模型大量使用网络连接的计算、储存资源和应用程序进行统一管理和调度，构成一个资源池向用户提供按需服务，这个资源池叫作"云"，能够实现动态的分配和调整，在不同用户之间灵活切换划分，最终将用户终端简化成一个单纯的输入输出设备，按需享受"云"的强大计算能力。一般来说，凡是符合这些特征的 IT 服务都可以称为云计算服务。

2006 年美国亚马逊公司 Amazon Web Services（AWS）推出，并公开发布 S3 存储服务、SQS 消息队列及 EC2 虚拟机服务，正式宣告了现代云计算的到来。历经十几年的长期发展，"上云"已成为各类企业加快数字化转型、鼓励技术创新和促进业务增长的第一选择甚至前提条件。

根据服务模式，云计算服务可分为基础设施即服务（Infrastructure as a Service，IaaS）、平台即服务（Platform as a Service，PaaS）、软件即服务（Software as a Service，SaaS）三种类型。根据部署模式，云计算服务可分为公有云、私有云和混合云三种类型。用户可根据自身使用需求，选择适合的服务与部署模式进行应用。

2. 装配式建筑发展对云计算技术的需求

随着建筑制造业信息化水平不断发展和数字化转型升级变革来临，云计算技术的引入是装配式建筑企业的必然选择，现有的企业网络及 IT 支撑系统将面临重大变革。在云计算之前，业务应用上线，需要经历包括组网规划、容量规划、设备选型、下单、付款、发货、运输、安装、部署、调试的整个流程。这套流程在大型项目中所花费的时间将达到数周甚至数月。引入云计算技术后，整个流程耗时将缩短到以分钟为单位计算。通过集中化、多元化、专业化、模块化管理模式，实现 IT 资源优化整合，并进行统一管控，保障资源和服务的全生命周期管理，推动资源管理标准化和服务标准化，简化企业和组织的业务上云过程，提升组织管理和业务管理效率，最大化地提升装配式建筑数字化转型价值。

2.1.4 大数据技术

随着社会发展，不同时期对大数据的定义有一定差异。起初是在应用 IT 技术的过程中自然产生的数据，随着 IT 技术的深度应用，沉淀的数据越来越多，人们开始对多样性的数据进行建模分析，得到超出期望的价值回报。曾经价值密度较低的数据在融合以后产生巨大的决策支撑价值，随着数据流转速度的提升，大量实时数据的汇入，对大数据的理解和应用也越来越深入。

大数据的本质和意义不在于掌握大量数据，海量的数据只是存放某类介质中，要负担较高的成本，且不产生任何增值价值。大数据的意义在于对这些有特定含义的数据进行专业处理，数据间相互关联，产生增值价值。其中，对数据的"加工能力"是大数据价值应用关键点。

建筑制造业伴随人类社会发展持续演进，不断满足人们的生产生活需求。IT技术也逐渐进入建筑行业，面对制造层、项目层、企业层、行业层的需求，催生出很多应用工具和系统。从数据积累来讲，建筑制造业已经存储了海量的数据，并且具备多样性特征，存在于建筑全生命周期内的各个环节。然而数据获取的及时性、真实性均不能满足需求，且数据之间相互孤立，整个行业的数据价值应用还处于初级阶段。

2020 年初新冠疫情发生，出行大数据对疫情防控发挥了重大作用。在个人消费领域，数据价值已经直接影响整个行业的发展，从精准营销、广告投放方式、需求驱动制造、定制化以及金融服务等方方面面影响着每一个人。但是在建筑制造行业，却很难感受到数据的应用价值，这种反差反映出行业综合能力还具备巨大上升空间。随着建筑制造行业发展快速推进，技术应用不断深入，行业内已有部分企业开始建设企业级数据中心，构建数据资产，围绕企业经营需求开展轻量化数据分析应用，搭建企业的 BI（Business Intelligence）决策平台，建设项目级的 BI 应用系统。

例如，在国家推进产业工人实名制建设的同时，部分企业已建立自己的实名制管理平台，实现项目全覆盖，清晰本企业具体用工规模及工人来源地；根据每年春节后复工数据分析，能够识别可稳定合作的劳务队伍；通过工人年龄分析对企业用工可持续性提供决策指导，记录工人从业信息，能够持续跟踪工人的实际业绩，便于形成诚信数据。通过全行业对以上数据的持续积累，可以形成全国产业工人大数据。随着数据积累、数据标准建设工作的推进，对数据的决策治理、预防预测、实时监控等需求越来越多，各层级管理人员对数据的重视程度在逐渐加大，促进管理模式的变革。建立适合的制度体系，为国家层面的政务数据共享树立了很好的示范，随着相应数字技术在建筑行业的深度应用，大数据应用将成为驱动行业发展的重要一环。图 2-9 为智能决策辅助中心示意图，表 2-2 智慧工地数据决策系统示意。

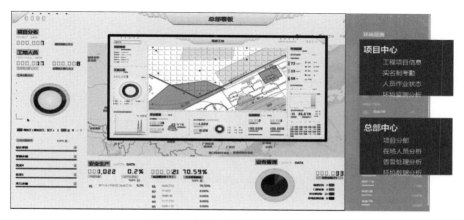

图 2-9　智能决策辅助中心示意图

智慧工地数据决策系统示意　　　　　　　　表 2-2

智能硬件设备	业务管理系统	岗位工具应用
塔机防碰撞	BIM 集成	MaqiCAD
吊钩可视化	技术管理	斑马进度计划
电梯安全监测	生产管理	三维场地布置
卸料平台监测	商务管理	模板脚手架
自动喷淋控制	质量管理	
高支模监测	安全管理	
深基坑监测	劳务管理	
混凝土监测	物料管理	
智能安全帽	轻协作	
车辆出入识别		
智能烟感监测		
智能变电箱		
周界防护		

2.1.5 北斗卫星导航系统

中国北斗卫星导航系统（BeiDou Navigation Satellite System，BDS），简称北斗系统，是中国着眼国家安全和经济社会发展需要自主建设运行的全球卫星导航系统，具有技术先进、运行稳定的特点，也是继全球定位系统（Global Positioning System，GPS）、全球卫星导航系统格洛纳斯（Global Navigation Satellite System，GLONASS）之后的第三个成熟卫星导航系统。图 2-10 为北斗卫星导航系统示意图。

图 2-10　北斗卫星导航系统示意图

随着北斗系统建设和服务能力的提升，相关产品已广泛应用于交通运输、海洋渔业、水文监测、气象预报、建筑制造业、测绘地理信息、森林防火、通信系统、电力调度、救灾减灾、应急搜救等领域，并逐步渗透到人类社会生产和日常生活的方方面面，为全球经济和社会发展注入新的活力。北斗卫星定位技术是基于北斗卫星导航系统对空间物体进行实时定位的先进技术。

北斗卫星导航系统的建筑安全监测是北斗卫星导航定位系统、工程建设技术与现代测量技术、传感技术、移动通信技术、信息系统的技术集成。旨在监测建筑在施工、运营和管理阶段形状与位置的变化特征，获取关于建筑物地理位置与变形情况的可靠信息，为智慧化建造的工程质量安全管理提供数据支持和技术服务。例如，在装配式建筑的建设管理过程中，通过北斗卫星导航定位技术可实现预制构件的精准装配、运输和加工等。

2.1.6 工业互联网

工业互联网（Industrial Internet）是将人、数据和机器连接起来的开放、全球化网络，是全球工业系统与高级计算、分析、传感技术及互联网的高度融合。

"工业互联网"的概念最早于 2012 年由美国通用电气公司提出，随后美国五家行业龙头企业联手组建了工业互联网联盟（Industrial Internet Consortium，IIC），将这一概念大力推广开来。

工业互联网的本质和核心是通过工业互联网平台把设备、生产线、工厂、供应商、产品和客户紧密地连接融合起来，可帮助制造业拉长产业链，形成跨设备、跨系统、跨厂区、跨地区的互联互通，从而提高效率，推动整个制造服务体系智能化，还有利于推动制造业融通发展，实现制造业和服务业之间的双向跨越，使工业经济各种要素资源能够高效共享。

工业化与互联网相辅相成，探索全新工业时代创新、智能化与工业领域的结合点，让世界看到了各国智能工业的发展水平，也使各领域企业了解全球工业发展趋势，共同探索未来。

建筑行业作为我国发展的重要基础产业，其过去三十年发展迅速，但长期以来，管理相对粗放，生产上人工参与度高但工作效率不高，其产业特点也导致资源利用效率比较低，长期形成的生产环境致使科技创新能力比较弱，新技术的推行与迭代性比较弱。

而工业互联网能够切实的解决建筑产业由于高速发展引发的部分问题。用数字技术来优化建筑产业的整个建筑流程，近十年装配式建筑部品部件的高速发展是标准化生产和数字技术应用的成果。而工业互联网则需要将智慧化技术进一步应用于整个建筑行业中。通过新一代信息通信技术对建筑全产业链上的全信息要素进行收集和处理，优化全要素配置，提高全产业链的协同能力，提高整体的效益水平，由高速发展转向高质量发展。图 2-11 是 5G 支撑下的智慧工地万物互联示意图，展示了工业互联网在建筑产业中应用的一小部分。

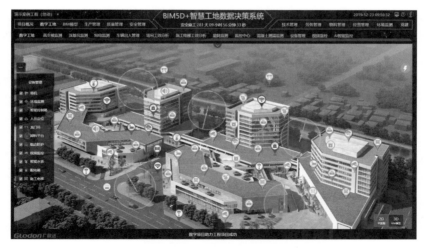

图 2-11　5G 支撑下的智慧工地万物互联示意图

2.1.7 三维码技术

三维码是基于物理不可复制功能（PUF：Physical Unclonable Function）技术的一种防伪技术，是被认为能够从根本上解决非法复制以及伪造、变造问题的技术。2001 年，美国 MIT 的博士学位论文 "Physical One-Way Functions" 第一次对 PUF（Physical Unclonable Function）做出了定义，这篇论文也刊登在科学技术论文集 "Science" 上面。该论文提出：一项技术真正不可复制的标准一定要满足 "Physical One-Way Functions" 定义的 PUF 特性，既作为合格的 PUF 码，要具备以下三个特性：

（1）PUF 码的特性是单向函数。

（2）PUF 码的特性通过挑战—响应的特性体现。

（3）PUF 码的生成具有随机性，所以制作者也不能复制同样的 PUF 码。

1. PUF 码技术

PUF 码技术大体上被分为半导体 PUF 技术和光学 PUF 技术。

（1）半导体 PUF：

在半导体工程的原子单位制造工程（Ion Implantation）当中，发生原子随机排列的差异。而由于这个原子随机排列的差异，在同一个制造工程中生产出来的产品也都具有互相不同的信号传达速度，并且它不可能进行人为操作，所以具有不可复制的特性。这种半导体 PUF 技术应用于以芬科技（Fin-tech）为代表的网络金融交易，但是价格昂贵，且需要专用识别器，不适合用于网络商业交易。

（2）光学 PUF 技术：

光学 PUF 技术可分为两种，一是利用被物体反射的光线特性（规律·Pattern）来识别物体的固有特征的反射式光学 PUF 技术。二是利用透射物体的光线特性（规律·Pattern）来识别物体固有特征的透射式光学 PUF 技术。其中反射式光学 PUF 技术便于应用、价格低廉、容易识别 PUF 特性，所以，防伪技术采用反射式光学 PUF 技术是最适合的。

2. 三维福码——PUFCODE

北京谱福溯码信息技术开发有限公司（以下简称"谱福公司"）开发的三维码 PUFCODE，具有"物理不可复制"、智能鉴真（App 鉴真）特性的三维防伪溯源码，是防伪码市场从传统的识别（Identification）码形式转变为全新的认证（Authentication）码形式所必需的核心技术。

（1）反射形光学 PUF 码的基本结构

如图 2-12 所示，谱福公司研发的 PUF 码由其中包含微小反射颗粒的 3 次元的 P 区域（PUF 区域）与其中包含的防伪码识别信息和产品信息的 2 次元的 D 区域(Data 区域)构成。

图 2-12　谱福公司研发的光学 PUF 码

D 区域记录了用于识别防伪码的信息，所记录的内容有制造国家信息、制造地区信息（原产地信息 ）、商品信息、制造公司信息、商品序列号、制造日期等。P 区域是微小反射颗粒被偶然（随机）分布的区域，反射粒子由球形体（BEAD）和多面体（FLAKE）构成，是由于其显示出 PUF 特性而不可复制的区域。

（2）P 区域的结构与 PUF 特性

如图 2-13 所示，在 PUF 码的 PUF 区域里偶然（随机）分布着球形反射粒子和多面体（或薄型体·平板体）的微小反射颗粒。随机分布的多面体（或薄型体·平板体）的微小反射颗粒显示出 PUF 特性，所以根据摄像机的拍摄位置或照明位置的不同而被摄像机捕捉到互不相同的反射规律（Pattern）。随机分布的球形反射粒子则不论摄像机的拍摄位置或照明位置如何改变，都会被摄像机捕捉到有规则的（相同的）反射规律。因此，在技术上，制造出根据摄像机位置显示相同反射规律的 PUF 码几乎是不可能的。

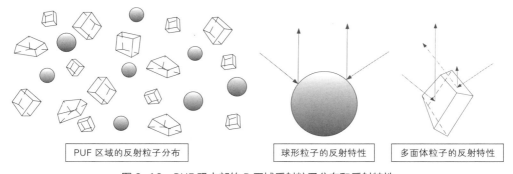

| PUF 区域的反射粒子分布 | 球形粒子的反射特性 | 多面体粒子的反射特性 |

图 2-13　PUF 码内部的 P 区域反射粒子分布和反射特性

谱福公司研发的 PUF 码的 P 区域采用了 PUF 技术，为了获得（观察）PUF 特性需要以下两种方法。

①如图 2-14 所示，通过改变照明获取同一个 PUF 码的两个影像。

②如图 2-15 所示，通过改变拍摄角度获取同一个 PUF 码的两个影像。

图 2-17 是通过改变照明角度拍摄谱福公司同一个 PUF 码（图 2-16）获得的 PUF 码 P 区域的影像。

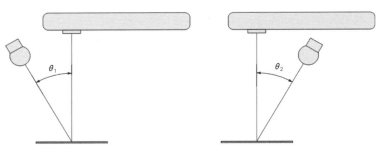

图 2-14　通过改变照明角度获取两个影像的方法

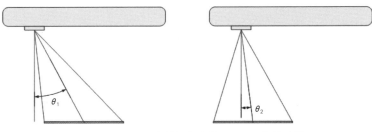

图 2-15　通过改变拍摄角度获取两个影像的方法

$\varphi = 0°$　　　　　$\varphi = 90°$　　　　　$\varphi = 180°$　　　　　$\varphi = 270°$

图 2-16　通过改变照明角度拍摄同一个 PUF 码的影像

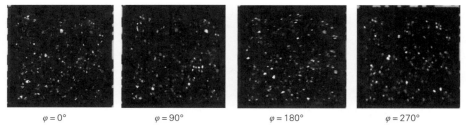

$\varphi = 0°$　　　　　$\varphi = 90°$　　　　　$\varphi = 180°$　　　　　$\varphi = 270°$

图 2-17　图 2-16 影像的 P 区域的影像

　　谱福公司的 PUF 码印刷在 PUF 胶卷上进行制作，并且在制造胶卷的过程中混合反射粒子，所以反射粒子会被偶然（随机）分布，不能人为控制反射粒子的位置。

　　谱福公司的标准 PUF 码 P 区域的大小为横向 10mm、竖向 10mm。假定所有反射粒子大小为直径 0.25mm 的圆形。计算 100 反射粒子在 P 区域里不重叠地偶然分布的情况。两个 PUF 码出现反射粒子分布位置相同的概率为 1/（1.378×10^{322}），这种概率可以把它看作是 0，实际上两个反射粒子分别完全相同的概况会更低（图 2-18）。那么这表示在制作工程当中出现反射粒子分布相同的 PUF 码的情况是不存在的，进而表示 PUF 码具有唯一性。因此，不能制作 P 区域的反射粒子分布相同的 PUF 码，PUF 码也满足制造商阻力（Manufacture-Resistance）特性。

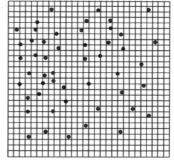

图 2-18　偶然出现反射粒子分布位置相同情况的模拟示意图

3. PUF 特性的调节性

只有能够控制 PUF 特性，才能把 PUF 码商业化。绝大部分的 PUF 技术研究都因为无法调节 PUF 技术的复杂性和敏感性而不能进入商业化阶段。谱福公司通过调节反射粒子的数量、反射粒子的大小、P 区域的面积、球形粒子数量与多面体反射粒子数量的比率等，可以调节 PUF 特性的复杂性与敏感性。以便恰到好处地表现 PUF 特性。

为了说明光学 PUF 码认证原理，用拍摄角度各自不同的（图 2-15）两张影像，计算间距离（Inter-Distance）和内部距离（Intra-Distance）来进行比较。间距离和内部距离指标是判断 PUF 码之间的区别和判断某个 PUF 码是否被复制的很重要的指标。

间距离，是判断某个 PUF 码与其他 PUF 码之间的差异的指标，它用来区分 PUF 码之间的差异，或用来判断 P 区域是否被变造。互不相同的两个 PUF 码之间，其特征点（feature）的特性差异越大，识别性就越好。

内部距离，是用来判断一个 PUF 码是否被复制或被伪造、变造的指标。由于通过不同拍摄角度和照明角度对同一个 PUF 码进行拍摄，所以会发生 PUF 码特征点的特性差异。如果特征点的特性差异很小，则可以判断为 PUF 码被复制或被伪造、变造了。

总之，产品不可复制的三个要素：

1）制造商无法制造同样产品；

2）产品无法利用逆向工程制作同样产品；

3）产品只有生产出来后才确定结果。

4. 应用前景

光学 PUF 码技术商业化所带来的全新认证技术不仅能用于商品防伪以提高

企业形象，也可以应用于护照、身份证、毕业证等证件、公文类的防伪以及信用卡、有价证券等的防伪，达到防止各类犯罪、维持社会秩序的效果，还可以应用于建材行业、证卡票签行业、农资行业、烟酒行业、食品行业、日化行业、服装行业、出版行业、艺术品收藏行业等。谱福公司开发智能手机 App，实现三维码 PUFCODE 的认证、溯源，同时，提供开发包 SDK，嵌入到第三方 App 中，易于推广。

2.1.8 感应和监测技术

建筑物结构感应和监测系统整体架构分为实地部署的传感网和在线监测云平台两部分。其实现方式是在结构关键部位部署传感器组成传感网，通过 4G/5G 网络将监测数据实时传输至云平台，云平台对监测数据进行多种智能算法分析。可通过网页或移动端 App 访问监测数据、查看预警信息、实时做出应急决策等。

基于物联网感、传、知、用技术，通过对建筑环境及自身结构几个关键指标进行监测，实现建筑物结构安全预警，有效预知建筑结构变化趋势，让管理者随时随地了解和查看建筑物的运行状况，强化建筑物结构安全监管工作，辅助管理者进行科学决策，减少风险事件发生，保障公众生命财产安全。

感应和检测技术在建筑行业运用广泛，尤其是对建筑结构的相关监测，例如：在环境、外荷载等作用下，建筑物可能会产生不均匀沉降、倾斜、开裂等病害，将降低结构的稳定性、可靠性与耐久性，影响建筑正常使用，甚至危害建筑结构的安全。通过应用各类建筑工地与地质环境安全的传感器，对应力、温度、形变、倾斜、位移、振动、加速度等物理量进行多模态实时监测。

2.1.9 BIM 技术

我国建筑设计行业的发展基本经历了三个阶段（表 2-3），即手工绘图阶段、自动化绘图阶段和信息化绘图阶段。信息时代的建筑设计工程所承载的信息量巨大，没有合适的信息交换手段势必无法发挥出工业化的优势。自 2008 年后，我国建筑产业逐步引入 BIM 技术，加快了建筑产业信息化的转型。

我国建筑设计行业发展三阶段　　　　表 2-3

建筑设计阶段	时间	特点
手工绘制	2000 年以前	笔、纸、画板
自动化绘制	2000—2008 年	CAD 设计
信息化绘制	2008 年之后	BIM 设计

1. BIM 的概念

BIM 是英文"Building Information Model"的简写，中文名称为"建筑信息模型"，是以建筑工程的各项相关信息数据为素材创建的建筑模型，依托数字信息实现对建筑物真实信息的仿真模拟。美国国家 BIM 标准（NBIMS/2007）将 BIM 定义为"一个设施的物理和功能性数字表达"；英国皇家特许测量师学会（RICS/2012）对 BIM 的定义是"一种新技术和新工作模式"；美国欧特克公司（Autodesk/2012）将 BIM 定义为"一种为创建、管理建设基础设施项目提供更快、更经济的洞察力，对环境影响更小的智能模型"；我国的国家标准《建筑信息模型应用统一标准》GB/T 51212—2016 对"建筑信息模型"的定义是：在建设工程及设施全生命期内，对其物理和功能特性进行数字化表达，并依此设计、施工、运营和结果的总称。综上所述，BIM 并非仅对数字信息进行简单的集成，而是一种基于数字信息的应用，采用数字化方法来进行设计、建造和管理。

BIM 模型是 BIM 应用的基础，它包含建筑的三维几何信息和相关联的非几何信息，具有直观可视性、可分析性、可共享性、可管理性等特点。利用模型的信息承载能力，帮助建设单位、设计单位、施工单位、监理单位等项目参与方更高效地共享信息，协同工作。

2. BIM 技术的特点

BIM 技术具有参数化、可视化和模拟性、可出图性、一体化性、信息完备性等突出特点。

参数化：参数化功能有利于工业化建筑构件体系的标准化、模数化和装配化，并且可以实现实时得到任何一个变更对成本的影响，动态记录所有变更，得到一个和实际建筑物、实际建造过程一致的建筑信息模型，有利于建筑物全生命周期内的运营维护。

可视化和模拟性：可视化和模拟性技术，不仅能检查建筑与结构的合理性，有助于对设计方案进行讨论，实现结构优化，作出最佳决策，还可对各专业，如设备管线、钢筋等在设计过程中进行碰撞检查，将问题充分前置在设计阶段解决。还能通过 4D 技术将承包商提供的建造方案按照实际情况进行模拟，检验建造方案的合理性并在实际建造之前及时作出调整。

可出图性：可出图性使工业化建筑设计摒弃了传统二维工具造成的成套图纸内的数据差异，真正实现建筑设计"一处修改、处处更新"的信息化联动。

一体化性：一体化性体现在全过程信息数据库使建筑项目实现从设计—建造—运营全生命周期的一体化管理。

信息完备性：信息完备性体现在数据库容纳了从设计到建成使用甚至到使用

周期终结的全过程的信息结果，从而替代传统的图纸存档，彻底消除竣工图与建筑不符引发的后期维护难题。

三维成果递交实现建筑物从设计到后期维护的全套数字化管理，是实现设计到建造协同的信息化基础。

3. BIM 技术与装配式建筑

我国装配式建筑上下游产业链长、参建方众多、投资周期长、不确定性和风险程度高等不良因素，需要实现资源整合与业务的协同。BIM 应用可以为参建各方人员提供基于统一的 BIM 模型来进行沟通协调与协同工作，可以大大提高工程项目管理水平与生产效率。利用 BIM 技术还可以提升工程质量，保证执行过程中造价的快速确定、控制设计变更、减少返工、降低成本，并能大大降低招标与合同执行的风险。同时，BIM 技术应用可以为信息管理系统提供及时、有效、真实的数据支撑。BIM 模型提供了贯穿项目始终的数据库，实现了工程项目全生命周期数据的集成与整合，并有效支撑了管理信息系统的运行与分析，实现项目与企业管理信息化的有效结合。因此，BIM 技术的应用与推广必将为建筑业的科技创新与生产力提高带来巨大价值。

BIM 技术与管理的全面融合成为 BIM 应用的一大趋势，越来越多的企业已经将 BIM 的应用从项目管理逐渐延伸到企业经营。企业通过应用 BIM 技术，实现了企业与项目能够基于统一的 BIM 模型进行技术、商务、生产数据共享与业务协同。保证项目数据口径统一和及时准确，实现企业与项目的高效协作，提高企业对项目的标准化、精细化、集约化管理能力。

BIM 技术已逐渐从以施工阶段为主的应用向全生命周期应用辐射。BIM 作为数据载体，能够将建筑在全生命周期内的工程信息、管理信息和资源信息集成到统一模型中，打通设计、建造施工、安装、运维阶段产生的业务分块割裂、数据无法共享等问题，实现建筑工程一体化、全过程应用。图 2-19 为 BIM 实现建筑实体数字化示意图，图 2-20 为智慧工地实现生产要素数字化示意图。

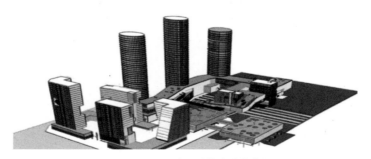

图 2-19　BIM 实现建筑实体数字化

图 2-20　智慧工地实现生产要素数字化

BIM 的后续应用范围非常广泛，包括项目进度排程及成本估算，设计碰撞检验，建筑物的日光模拟、风力模拟及耗能分析，装配施工阶段的施工顺序仿真、安防保洁计划拟定、现场 3D 检视设计模型，以及营运维护阶段的设备管理、保全系统、流程管理等，BIM 体系使建筑信息模型的信息在整个建筑全生命周期各阶段中得到延续使用。

2.1.10　三维模型轻量化技术

1. 三维模型轻量化的必要性

数字化时代的到来，推动三维 CAD/BIM 大规模、深层次的应用。基于模型的企业（MBE）成为工程建造、产品制造领域的引领者。但是，三维 CAD/BIM 及其应用也暴露出许多不足，三维模型轻量化成为解决问题的主要途径之一。

由三维 CAD/BIM 造型设计系统创建的原生模型数据，不仅包含产品的参数化几何外形，还包含造型过程、参数、平面草图及约束等，是产品的精确模型。原生模型数据作为产品的源模型，不但数据量庞大，而且结构复杂。根据基于模型定义（Model Based Definition，MBD）思想，应该采用集成的三维模型完整地表达产品定义信息。产品定义信息包含：产品结构（几何）、技术要求（公差、粗糙度）、制造过程信息（加工、装配、测量、检验），以及非几何的管理信息（属性、产品 BOM 等）。

三维 CAD/BIM 从诞生开始就呈现出离散的创新态势，每一个特定的三维模型都源自一种特定的造型设计软件。原生三维模型包括由简到繁，由零部件、子装配、分系统到系统的整体建模过程。保留设计过程数据对于后续的学习、参考和修改是有价值的，但是对于人类生产、建造的实践过程毫无意义。所以，三维原生模型存在着轻量化的可能性和应用价值。

首先，在 CAD 发展应用早期，需要依赖体积庞大、造价昂贵的计算机应用设备，其采购成本巨大，轻量化势在必行。其次，航空和汽车行业中 CAD 应用对数据交换有迫切需求。最后，20世纪70-80年代，以科学计算为核心的计算机仿真分析（CAE）在工程应用中的重要作用日益凸显，用户和企业迫切需要对格式数据进行统一。80年代，促使欧美三维CAD设计领域中第一次数据中性化浪潮，也是全球三维模型格式转换标准和轻量化技术发展的首次冲击波。

2. BIM模型存在的问题

建筑智能化的基本特征是架构在BIM建模与用模基础之上，近20年建筑业的蓬勃发展充分证明了BIM技术在建筑设计、施工直到运维的整个生命周期中发挥着巨大的作用，图2-21为BIM技术在建筑设计中的应用。但是，设计、施工、运营维护人员和业主、开发商、物业运营商等依赖同一个BIM模型进行协同作业，自始至终保持"单一模型"的工作模式在实践中是非常不切实际的。

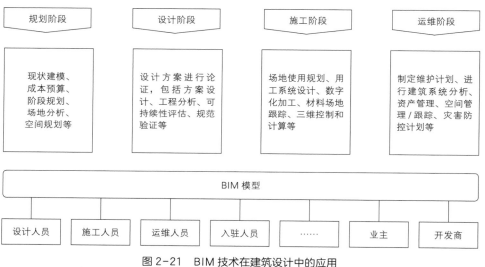

图2-21 BIM技术在建筑设计中的应用

仅以智能化建筑的运维阶段为例，从BIM用模阶段出发审视采用单一原生BIM模型存在的问题和挑战：

（1）概括与简化：设计或施工阶段的很多具体信息在运维阶段并不必要，如果冗余信息在BIM运维阶段不做概括和简化，BIM模型过于庞大、复杂会导致性能问题，还可能由于信息冗杂、干扰，导致运维系统使用不便。所以有必要根据BIM模型的应用场景做必要的简化。

（2）版本管理：运维阶段所需的必要信息，在设计和施工阶段无法完全包含在原生BIM模型之内的，需要根据具体运维需求，对BIM模型进行必要补充。这个过程必然造成BIM模型的版本分化，版本管理至关重要。

（3）格式转化：根据运维系统的特点，运维人员可能并不熟悉建筑建模软件的使用，同时让运维人员使用建模软件来做运维管理也是不现实的，所以还需要对 BIM 模型的格式做必要的压缩、转换以达到轻量化，便于在运维系统中使用。

（4）数据集成：原生 BIM 模型的出发点是建筑系统的表达，而运维服务则以人为本，运维人员必须面对大量机械、电气、电子设备、设施、装备，才能够提供满意的服务，BIM 数据必须能够开放式地与其他来源的数据（如 CAD）和其他业务系统实现灵活、便利的集成。

综上所述，三维轻量化技术是实现以 BIM 为基础的建筑智能化发展的重要基础性、保障性技术，有助于解决上文提到的典型性问题。

3. 模型轻量化技术

为满足产业链协同的基本需求，企业与企业之间需要进行频繁的 CAD 数据交换；为获得 CAD 所承载的设计属性信息，在企业内部，很多专业职能部门、IT 应用系统也需要从研发设计部门获取设计数据中的不同局部特征。但是原生三维模型的数据体量庞大，结构复杂，承载大量设计思想和设计过程，完全依赖着原生三维设计软件。种种现实导致三维轻量化技术的探索贯穿了全球三维 CAD/BIM 技术发展的全过程。

三维模型轻量化技术一直没有明确的定义，总体来说，三维轻量化技术的发展路径主要划分为数据交换路径和压缩优化路径。典型的数据交换用途为 IGES/STEP，由于去除了设计过程数据，降低了与原生三维软件之间的耦合性，所以被称为"中性交换数据"。

从工程角度看，令设计、制造、施工、运营和维护企业满意的三维轻量技术主要满足以下要求：

（1）数据中性化处理：三维轻量化数据在无原生专业软件支持的情况下也能进行访问；

（2）关键精确数据的承载：除了几何特征之外，三维原生模型中包含大量有关制造、施工、运营和维护的关键数据和信息，这些数据精确地保留下来，是三维轻量化技术存在的基本理由；

（3）保真压缩处理：三维保真显示是区别三维与二维世界的关键，同时满足特定工程对于数据集成的需求，文件压缩的比例越高越好；

（4）广泛高效的集成能力：三维轻量化数据必须保持足够的应用弹性，确保与现有的、新兴的多种业务系统高效集成，成为三维数据的便捷承载容器；

（5）平民化交互操作方法：三维轻量化数据区别于三维原生模型数据的特点是满足非设计、非造型岗位的数据及应用需求，操作便利，无须长期的培训；

（6）满足数字化时代的发展需要：数字化发展的未来方向已经清晰，基于互联网、物联网技术蓬勃兴起的数字孪生应用需求势不可挡，三维轻量化技术必须与时俱进，发挥重要的支撑与推进作用。

目前采用的三维轻量化技术主要是通过通用三维轻量工程化文档格式 CLE 来实现的，是自主创新的 CAD/BIM 模型轻量化数据容器，与 CAD 软件无关、与硬件无关、与操作系统无关，由原生三维 CAD/BIM 设计模型压缩、转换而来，形成了几何数据与结构化数据混合特征，极大地改善了研发数据的可用性和易用性。经过轻量化压缩，完整继承了模型 BOM 树、PMI 信息，数据量仅为原生三维模型的 5%～10%，传输、共享和显示便捷、流畅，零、部件及其装配关系完整、一致、精确，测量、尺寸、材质、颜色、属性信息、关键参数一概保留，是 MBD 时代企业数字化的首选方案。

转化过程主要是通过通用三维模型转换器 CMConverter 和通用三维模型转换中心 CMCenter。

CMConverter 以插件方式内置在不同的 CAD/BIM 软件中，一键转换为三维轻量化模型（CLE）。CMCenter 以命令行方式后台、批量化将 CAD/BIM 模型压缩实现轻量化，支持云端部署。

三维轻量化技术能够实现高效能、大压缩比转换，满足不同的用模阶段、不同业务部门对精确数据的需求，实现关键数据的在线化与结构化，在多种设备终端上（PC 浏览器、手机 App、小程序、VR/AR 等）、在多种操作系统中（Windows、Android、iOS、麒麟、统信等）确保轻量化 BIM 模型能够快速打开、平滑浏览，支持多种项目文件、图纸、模型、参数的关联应用。

三维轻量化 BIM 模型与会议系统、协作系统和不同任务流程之间能够实现高效集成，便于各方协作成员以任务、事件为核心，进行问题批注、内容圈阅以及相应的权限和版本管理，确保用模阶段的流程和任务对接，根据实际需求进行任务创建与管理，实现数据有迹可循，信息及时，过程严格把控。

三维轻量化技术应当具备良好的全方位集成性能，确保数据可集成、流程可集成、任务可集成、系统可集成，尤其在用模阶段，能够轻松实现以 XML、XLS 方式进行结构化数据的交换，满足后勤、巡更、接警、消防等多种内外交互系统的集成需求。

在性能分析领域，三维轻量化 BIM 模型尤其应关注到建筑日照分析与采光权模拟、建筑群空气流动分析、区域景观可视度分析、建筑群的噪声分析、热工分析等多种新兴业务需求，满足社会和业主对低能耗、高性能、可持续、智能化建筑的总体期望，这些关系到"舒适性""宜居性"的指标将成为未来建筑智能化的热点话题。

2.1.11　星闪技术

在万物互联的时代潮流下，智能设备正变得越来越智能，并逐渐对人们的工作、生活、娱乐等带来深刻影响。作为打通端到端连接的关键一环，最后几十米的无线短距通信链路发挥着重要作用。不同应用场景对无线短距通信技术的性能和功能要求不同。

（1）智能家居领域：家居安防应用，需要支持门窗监测、温度监测、气体检测等上百节点接入的传感器数据传输，也需要支持高清摄像头等高速率数据传输。

（2）智能汽车领域：车载电池管理系统系统要求多个传感器能够同时进行采样，同步精度达到微秒（μs）级别。

（3）智能制造领域：闭环运动控制场景涉及流水线传感器和触动器的配合工作，单向时延要求小于500μs，可靠性要求在99.9999%和99.999999%左右。

为应对上述技术挑战，星闪技术应运而生，其设计目标是针对上述低时延、高可靠、高精度同步、多并发和信息安全要求进行系统设计的，满足各类典型无线应用场景的需求（表2-4）。

星闪 1.0 空口技术性能　　　　　　　　　　　　表 2-4

项目	性能
峰值速率	20MHz 单载波 G 链路峰值 920Mbps（8×8MIMO） 20MHz 单载波 T 链路峰值 460Mbps（4×4MIMO）
时延	单向传输时延小于 20μs
高可靠	块传输正确率大于 99.999%
抗干扰	RS 信道编码和 Polar 信道编码，支持 CBG 混合重传，最小工作信噪比 −5dB
同步	同步精度小于 1μs
多业务并发	单载波 35 路实时音频流并发 1ms 内 80 路数据传输并发

1. 星闪技术研究范围

星闪技术包括物理层、媒体接入层、RF 和信息安全等，主要研究范围如下。

（1）协议整体框架：整体协议栈和功能划分。

（2）物理层：物理帧结构、参数集、物理层信号、信道和流程。

（3）媒体接入层：用户面协议栈、控制面交互流程。

（4）射频：发射机指标、接收机指标。

（5）信息安全：信息安全架构、交互认证、密钥架构、传输安全、密钥更新等。

2. 星闪技术在家居行业中的应用

基于星闪技术，可以构建用户体验感更强的家庭影院应用和 K 歌应用，并支持智能家居互联。在上述两个应用中，星闪技术可以提供如下技术优势。

1）P2MP 组网：大屏 / 家庭影院主机作为 G 节点，无线环绕音箱、重低音、mic 作为 T 节点。

2）精准同步：大屏、游戏主机、音响、麦克风等设备间 1μs 精准同步。

3）端到端极低时延：端到端（音视频媒体源 / 游戏→无线放音）延迟 < 50ms。

4）高清音频多声道联合声场：24bit×96kHz/ 音轨 ×32 音轨复用，多音轨 / 音箱。

5）无损音频传输：支持 PCM 裸流传输。

6）即插即用：环绕音箱、重低音的数量、摆放位置、类型首次开机时能够自动被对应的通信域主机识别并组网。

7）灵活扩容：灵活增加扬声器将原来的声道配置（比如，立体声）自适应扩展为 5.1.2/7.1 声道。

8）按需组网：大屏、音响、冰箱等常电设备使用高性能空口，麦克风、传感器、开关等电池供电设备使用低功耗空口。

9）超大链接：>256 节点组网。

10）超低功耗：电池供电设备工作状态 <10mW。

11）接入保活：家居设备保持网络活动链接，可随时唤醒并进行数据通信。

2.2 建筑智能化系统架构

建筑智能化系统（图 2-22）的架构应由上层的智能建筑综合管理系统（Intelligent Building Management System，IBMS）和下层的三个智能化子

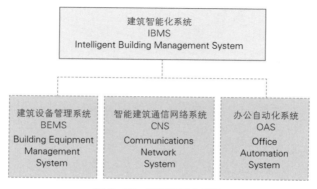

图 2-22 建筑智能化系统

系统：建筑设备管理系统（Building Equipment Management System，BMS）、通信网络系统（Communications Network System，CNS）和办公自动化系统（Office Automation System）构成。三个子系统通过综合布线系统（Generic Cabling System，GCS）联结成一个完整的智能化系统，由 IBMS 统一监管。

2.2.1　建筑设备管理系统

建筑设备系统即物理系统，主要包括建筑设备自动化系统、消防自动化系统（Fire Automation System，FAS）、安防自动化系统（Safety Automation System，SAS）。整个建筑智能化系统建立在建筑（物理环境）平台（基础）之上。

2.2.2　通信网络系统与传输设备

智能建筑通信网络系统中的网络传输设备是保障楼内的语音、数据、图像有效传输的基础，同时与外部通信网（如公共电话网、数据通信网、计算机网络、卫星以及广电网等）相连、与世界各地互通信息，提供建筑物内外的有效信息服务。

网络通信传输设备主要用于工控环境的有线通信设备和无线通信设备，有线通信设备主要解决装配式建筑系统中现场的串口通信、专业总线型的通信、工业以太网的通信以及各种通信协议之间的转换设备，主要应包括路由器、交换机、Modem 等设备。无线通信设备主要应包括无线 AP（Access Point，接入点）、无线网桥、无线网卡、无线避雷器以及天线等设备。有线通信是指通信设备传输间需要经过线缆连接，即利用同轴线缆、光纤、网线、音频线缆等传输介质传输信息方式。系统中应包含常用的有线通信设备：电脑、电视、电话、PCM（Pulse Code Modulation，脉冲编码调制）、光端机等。

2.2.3　办公自动化系统

在全国第一届办公自动化规划讨论会上，办公自动化系统被定义为：办公自动化系统是利用先进的科学技术、不断使人的部分办公业务活动物化于人以外的各种设备中，并由这些设备与办公室人员构成服务于某种目标的人机信息处理系统。

办公自动化系统与管理信息系统（MIS）既有联系又有区别。MIS 数据处理的重点是结构化信息（如关系数据库），而办公自动化系统主要应用于传统 MIS 难以处理的、数量庞大且结构不明确的业务上。近年来，随着信息技术，特别是系统集成技术的发展，OAS 与 MIS 及 DSS（决策支持系统）集成，出现了更广义的办公自动化系统，即综合办公自动化系统（IOAS）。

智能建筑的办公自动化系统，是指上述综合办公自动化系统。它支持建筑的管理者和用户，对各种层次、多媒体的信息进行处理，并辅助用户决策。

2.2.4 综合布线系统

综合布线系统是为了顺应发展需求而特别设计的一套布线系统。对于现代化的大楼来说，就如体内的神经，它采用了一系列高质量的标准材料，以模块化的组合方式，把语音、数据、图像和部分控制信号系统用统一的传输媒介进行综合，经过统一的规划设计，综合在一套标准的布线系统中，将现代建筑的三大子系统有机地连接起来，为现代建筑的系统集成提供了物理介质。可以说，结构化布线系统的成功与否直接关系到现代化大楼的成败，选择一套高品质的综合布线系统是至关重要的。

综合布线系统是智能化办公室建设数字化信息系统基础设施，是将所有语音、数据等系统进行统一的规划设计的结构化布线系统，为办公提供信息化、智能化的物质介质，支持将来语音、数据、图文、多媒体等综合应用。

2.3 智慧监测系统

借助于各种传感器、设备设施等物联网设备，对建筑机电系统及设备的参数进行采集存储，通过 C/S（服务器／客户机，Client/Server 结构）或者 B/S（浏览器／服务器模式，Browser/Server 结构）架构的监测平台形式，对数据进行实时的展示、分析，这是智慧监测最基本的内涵。

2.3.1 智慧监测内容

典型的建筑智慧监测系统（图 2-23）主要包含能耗监测、环境监测、设备监测、建筑物本体健康状态监测。

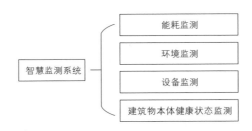

图 2-23 建筑智慧监测系统

（1）能耗监测

能耗监测是为耗电量、耗水量、耗气量（天然气量或者煤气量）、集中供热耗热量、集中供冷耗电量与其他能源应用量的监测系统。建筑具有能耗总量大、能源形式多样、用能具有一定的时间特性和频率特性等特点，为保证能耗监测系统建设符合建筑能耗特点，住房和城乡建设部印发了《关于印发国家机关办公建筑和大型公共建筑能耗监测系统建设相关技术导则的通知》，对国家机关办公建筑和大型公共建筑能耗监测系统分项能耗数据采集技术、分项能耗数据传输技术、楼宇分项计量设计安装技术、数据中心建设与维护技术、能耗监测系统建设验收与运行管理等进行了详细的规定和约束，这也是装配式建筑智慧监测系统建设的重要依据。

（2）环境监测

环境监测是通过对反映环境质量的指标进行监察和测定，以确定环境污染程度和环境质量状况。环境监测的内容主要包括物理指标的监测、化学指标的监测和生态系统的监测。近年来，国家颁布了《健康建筑评价标准》T/ASC02—2016、更新了《绿色建筑评价标准》GB/T 50378—2019，这两项标准都对污染物、空气品质提出了一定的要求，这是环境监测系统建设的重要依据。

（3）设备监测

设备检测是被测设备处于运行的条件下，对设备的运行状态、运行参数、故障状态等进行连续或定时的监测。

另外，对能耗监测、环境监测、设备监测的数据进行一些典型的统计分析，是智慧监测的重要内容。对于能耗而言，展示实时能耗，分析能耗总量、同比环比、能耗趋势等；对于环境监测，展示分析污染物水平、变化趋势、扩散行为等；对于设备监测，分析运行状态、故障率等。

（4）装配式建筑物本体健康状态监测

装配式建筑物本体健康状态监测即对建筑物结构健康的监测，这些监测对灾害提前预警或在灾害发生后评估结构的损伤程度及其剩余寿命提供了科学依据。

装配式建筑结构的强度和可用性会随着自然或人为事件，以及使用频率的增加而大大降低。利用结构健康和响应监测系统，可以及时发出任何潜在问题的信息，并可监测结构的行为，该系统应包含对建筑体本身结构参数：振动（结构健康行为和模态分析舒适指数等）、应变（疲劳和雨流分析等）、位移（基础的接缝裂隙和差异沉降等）、倾斜（参考允许的范围等）、环境（风速和风向，湿度和温度等）等数据的实时监控和预警。结构健康和响应监测是一种监测结构状态和性能，而不影响结构本身的方法，利用安装在建筑结构上的若干类型传感器来识别和验证结构行为，并判断是否超过允许的性能标准。

选择结构监测的另一个目的是为了实现建筑物的定期检测，而传统技术不太可能实现相同的功能和效益。如果没有先进的监测解决方案，高价值建筑和复杂结构将具有较高的风险，而这些风险本是可以通过定期检测有效降低的。

2.3.2 常用监测系统

装配式建筑常用监测系统（图2-24）应能实时监测楼宇环境、给水排水、供配电、暖通、空调、新风、电梯等系统设备运行及检测情况，并形成智能联动控制，保障楼宇正常运行。具体包括：变配电监测系统、公共照明监测系统、电梯监测系统、给水排水设备监测系统、通风设备监测系统、环境监测系统、空调设备监测系统。

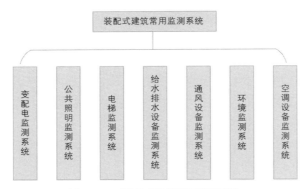

图2-24 装配式建筑常用监测系统

1. 变配电监测系统

（1）供电系统的状态监视和故障报警系统；

（2）供电电压、电流、频率及功率因数计量与监测系统；

（3）电能计量、变压器温度监测和超温报警系统；

（4）备用与应急电源的状态监控系统；

（5）接入智慧城市公共服务平台的软硬件接口，实现智慧城市公共服务平台对变配电监测系统数据的整合。

2. 公共照明监测系统

（1）照明设备亮度控制、亮度按时间程序控制、照明按时间程序控制和故障报警系统；

（2）对偶尔有人经过的区域，如楼梯间等采用红外探测或声控系统；

（3）照明控制系统；

（4）接入智慧城市公共服务平台的软硬件接口，实现智慧城市公共服务平台对公共照明监测系统数据的整合。

3. 电梯监测系统

（1）垂直升降电梯、自动扶梯的运行状态显示和故障报警系统；

（2）对垂直升降电梯、自动扶梯的运行参数、时间进行统计与分析，具备本地存储和远程数据调用功能系统；

（3）接入智慧城市公共服务平台的软硬件接口，实现智慧城市公共服务平台对电梯监测管理系统数据的整合。

4. 给水排水设备监测系统

（1）给水系统的启停控制、运行状态显示和故障报警系统；

（2）主、备用泵切换，主泵给水故障时，备用泵支持手动或自动投入运行；

（3）水箱液位监测、水位过高与过低报警系统；

（4）污水处理系统的启停控制、运行状态显示和故障报警系统；

（5）污水集水、处理池监测、水位过高与过低报警系统；

（6）漏水监测与报警系统；

（7）接入智慧城市公共服务平台的软硬件接口，实现智慧城市公共服务平台对给水排水设备监测系统数据的整合。

5. 通风设备监测系统

（1）通风系统的启停控制、运行状态显示和故障报警系统；

（2）接入智慧社区公共服务平台的软硬件接口，实现智慧城市公共服务平台对通风设备监测系统数据的整合。

6. 环境监测系统

（1）通过各种智能传感设备，对人员高密度区域、排风口等重点区域的环境状态进行监测系统；

（2）实时查看楼宇光照、温度、湿度、二氧化碳浓度、PM2.5、PM10等关键指标；

（3）联动空调新风等设备，保证楼宇环境干净清新；

（4）在系统中看到监测设备详细的监测数据，并可将监测设备与空调、智能照明、新风等设备进行联动，当监测数据到达临界值时，可启动相应的设备对环境进行调节，以使当前环境处在人体最适宜的状态；

（5）接入智慧城市公共服务平台的软硬件接口，实现智慧城市公共服务平台对环境监测系统数据的整合。

7. 空调设备监测系统

（1）中央空调系统的启停控制、出风口温度监测、运行状态显示和故障报警系统；

（2）接入智慧城市公共服务平台的软硬件接口，实现智慧城市公共服务平台对空调设备监测系统数据的整合。

2.4 可视化展示系统

装配式建筑的智能管理与运维离不开仿真的场景展示，通过对建筑、建筑内部以及周边管理对象的实景展示，为建筑中各类人员，提供实时高仿真的场景化服务。通常而言，可视化展示系统以楼宇的智能监控为重点，旨在以统一的管理员界面，集成视频监控、智能照明、智能电梯、智能供水、智能消防等各种管理系统，实现楼宇的周边、楼层、房间、设备的逐级可视。

2.4.1 展示内容与呈现形式

以可视化展示内容可分为静态三维物理空间和实时动态感知信息。

1. 静态三维物理空间（图2-25）

（1）展示区域

静态三维物理空间的展示区域，主要包括建筑外部结构、内部结构、地下结

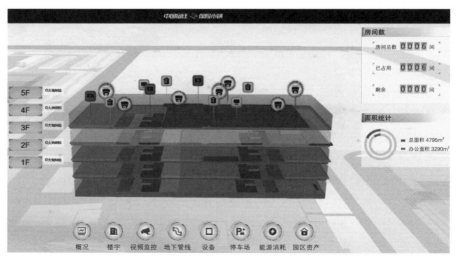

图2-25　静态三维物理空间展示

构以及建筑周边区域。为支撑精细化应用服务（如设备设施管理、路线引导等），展示的建筑结构包含门、窗、走廊结构墙、走廊地面、建筑物突出结构、建筑物主墙体、建筑物外墙、建筑物地板、台阶、消防通道、立柱等。同时，为提供室内外一体化智能建筑管理与服务，还需把建筑周边区域纳入可视化的展示范围，包括道路设施、面状水系、露天体育设施、植被，对这些设施的名称、地址等信息也需进行详尽采集。

（2）展示形式

物理空间的展示，是基于成熟的三维模型建设工艺，以浸入式的立体场景进行呈现，从而帮助装配式建筑智能化应用的各类用户通过直观的方式，获取对人员、设备所处地理环境的认知。

在实际展示中，系统将根据展示对象、空间特征等因素，使用传统的地图符号对三维对象进行表征，从而便于客户查看地图并理解其含义。因此，在选择、制作、组织协调和绘制三维建筑模型和地形的过程中，也将充分考虑用户从二维地图到三维地图的认知转换，让装配式建筑智慧化应用系统的各类用户，能够尽量平滑地从二维地图过渡至三维地图。

（3）展示方法

可视化展示系统是以三维模型及高精度影像为基础，结合地图点、线、面标识，光照效果渲染与地图整饰等工艺构建而成的建筑结构呈现服务，能真实地反映建筑的整体结构与当前状态，并实时表达建筑相关的动态信息。因此，装配式智慧建筑的可视化展示将遵循如下规范。

1）建筑结构展示

建筑结构的展示中，分为建模结构表达、贴图表达、符号表达、坐标点标记四种方式，表2-5为前两种常见装配式建筑结构展示对象及方式。

建模结构表达：根据展示对象形状进行三维建模，在多视角上实现对象外形的立体空间投影，实现对象外观的完整表达。

贴图表达：用平面图片模拟展示对象的材质，并将图片覆于三维模型上，以实现对象纹理特征的表达。

符号表达：根据展示对象的外形、含义、用途等信息，制作相应的地图符号，置于可视化场景的对应位置，实现对象空间位置与基本类型表达。

坐标点标记：根据对象的空间位置，在可视化场景中设置点标记，实现对象空间位置的表达。

常见装配式建筑结构展示对象及方式　　　　　表 2-5

建模结构表达	贴图表达
房间结构外墙、房间门、办事窗口、停车场取卡点、柱子、雨棚、防护栏杆、建筑物主墙体、建筑物突出结构、挑檐墙裙、女儿墙、过廊、梁、建筑物外墙、楼梯、楼梯扶手、消防通道、消防通道逃生门、大堂地面、楼房出入口大门、出入口台阶、坡道、室外地坪、阳台、飘窗、散水台阶、围护结构、电梯井、摄像头等	空调板、顶棚、通风口、电梯门、房间窗、建筑物外窗户、走廊结构墙、走廊地面、办公室及房间名称、景观灯、烟道口、压顶、窗台板、门联窗、墙洞、遮阳板、顶棚保温层、建筑物地板等

2）设备设施展示

设备设施包含导引牌、消防设施、金融设备、自动服务机、座位等，通过建模结构表达、贴图表达、符号表达、坐标点标记四种方式进行展示，表 2-6 为常见设备设施展示对象及方式。

常见设备设施展示对象及方式　　　　　表 2-6

序号	设备设施展示对象	展示方式
1	停车场取卡点	建模结构表达
2	ATM 机	符号表达 + 坐标点标记
3	办证、取卡机	符号表达 + 坐标点标记
4	饮水机、自动售卖机	符号表达 + 坐标点标记
5	电子告示牌、排队叫号牌	符号表达 + 坐标点标记
6	指引牌	符号表达 + 坐标点标记
7	座位	贴图表达

3）室内模型热区展示

室内模型热区将根据空间的绝对高度与相对高度生成三维立方体，用于关联各类属性数据，进行专题展示与统计展示，是三维模型可用的核心。模型热区的制作范围及内容如下。

楼层面热区：楼层面热区需在进行楼层切换时准确标识楼层以及承托该楼层所有的立方体模型；楼层轮廓按外轮廓绘制成一个面。

空间层热区：空间层热区包含房间、走道、楼梯间等各类功能区，用于挂接属性，并按不同功能区在地图区别显示；按墙的边线进行构面，绘制成一个个闭合的面，包含楼梯间和走廊。

设备热区：对体积较大的设备，如存取款机、贩卖机等进行基底构面，按不同类型统一高度进行建模。

家具热区：家具热区主要包含桌椅台面；进行基底构面。

4）建筑周边区域设施展示

a. 交通设施模型

道路：高速公路、快速路、高架路、国道、省道、城市主干道、城市次干道、县乡道等结合卫星图与实际情景相符合。道路名称沿道路线标注在道路中间位置，保证道路名称稀疏度、字体大小、字体方向清晰可辨。

轨道交通及桥梁：铁路的实际轨道数及其方向不以实际制作。桥梁与卫星图展示相符合，道路、桥梁交汇处与现实情境相符合。高架桥走向与卫星图照片展示相符合。人行天桥与现实及卫星图展示相符合。

道路附属设施：六车道以上的道路需制作示意性车道线、人行道；六车道以下的道路中间绿化带不需制作。

b. 地表模型

山体与植被：山体参照卫星影像图制作，范围及形状与卫星图展示相符合。草地参照卫星图制作，与卫星图展示相符合。绿化带参照实际照片和卫星图进行制作。树木的种类、高度、颜色适当搭配，尽量做到真实美观。

水系：河流走向与卫星图展示相符合、河堤可不制作；湖泊按卫星图制作。

2. 实时动态感知信息（图 2-26）

图 2-26　实时动态感知信息

对于装配式建筑的管理与服务而言，只有当其功能场景与建筑实时运行状态相适配时，才能真正符合"智能化"这一理念。因此，建筑的可视化展示系统需把实时动态感知的各项信息纳入其中，展示建筑内部与周边多种活动的状态与过程，从而在可视化界面上对上述区域内的多种数据进行实时表达。

（1）展示对象

装配式建筑内的动态感知信息，主要包括各类物理指标和活动记录，物理指标通常情况下包括温度、湿度、气压、噪声、能耗，活动记录包括人员流动、车辆出入、异常事件。根据建筑的特定用途与入驻企业需求，可按需接入其他需要展示的物理指标和活动记录。

温度：展示温度用于表达建筑内部或者建筑周边区域的冷热程度，使用摄氏温标（℃）进行表达。在展示室内温度时，可做到温度数据实时传输，温度曲线绘制、对多个温度监测结果进行合并展示，并将温度展示内容与建筑结构进行关联。

湿度：展示湿度用于表达建筑内部或者建筑周边区域的空气含水量程度，在可视化表达时，可使用绝对湿度、相对湿度、比较湿度、混合比、饱和差以及露点等物理表达方式。

气压：展示气压用于表达建筑内部或者建筑周边区域在单位面积上的大气压强，在表达时使用千帕（kPa）为单位。在展示室内气压时，可做到气压数据实时传输，气压曲线绘制、对多个气压监测结果进行合并展示，并将气压展示内容与建筑结构进行关联。

噪声：展示噪声用于表达建筑内部或者建筑周边区域中达到干扰人们休息、学习和工作的声音，在表达时使用分贝（dB）作为单位。

能耗：展示能耗用于表达建筑内部或者建筑周边设施能源消费水平和节能降耗状况，在表达时可采用千瓦时（kW·h）或焦耳（J）等单位。在展示室内能耗时，可做到能耗数据的周期性统计与传输，能耗曲线绘制、对多个能耗监测结果进行合并展示，并将能耗展示内容与建筑结构进行关联。

人员流动：在建筑的重要通道、出入口场等区域，以头、肩为识别目标，进行人体检测和追踪，根据目标轨迹判断进出区域方向，实现动态人数统计、返回区域进出人数统计。

车辆出入：在建筑的重要通道、出入口场等区域，通过车牌识别系统识别车辆身份，统计车辆数量，并记录车辆牌号、颜色、类型等信息。

异常事件：异常事件通常意义上是指对不特定人群及其财产构成威胁的事件，包括恐怖袭击事件、经济安全事件和涉外突发事件等。纳入异常事件展示的标准可由建筑的管理者依据法律法规进行规定。

其他需要展示的活动或物理量：根据建筑的特定用途，由建筑的管理者定义所需展示的活动或物理量。

（2）展示形式

实时动态感知的展示方法多样，可根据用户需求与场景进行专门设计，但一般而言，其展示形式均符合以下规则。

展示效果的动态性：在展示对象的表达中，将明确体现出展示对象内容变化或数据例行更新的过程，原则上展示效果的动态变更频率不低于其对应物理量或活动数据更新频率，并保证典型使用时间内在展示界面的动态提示能力。

展示重点的聚焦性：对展示对象的表达，具备一定的优先级关系，对突发、危险的活动或物理量等展示对象进行重点表达，从而在整体展示中引起注意。

展示内容的空间关联性：对展示对象的表达，将按照一定比例配合技术，根据事物之间的变化以及空间位置的大小、距离、长度等变化，形成稳定的空间转换型动态信息图表。

展示形式的内部交互性：对展示对象的表达，将采用一定的逻辑叙事方法实现交互，实现在时间、空间和业务上的逻辑变化趋势，并规定统一的递进规则。

（3）展示方法

根据动态感知信息的重要程度、更新频率、接入方式与影响范围，其展示方式可分为弹出式展示、钻取式展示、上卷式展示与轮播式展示。

弹出式展示：对于重要程度高、影响范围大，需要管理者优先处理或用户高度关注的动态信息，可使用弹出式的展示方式，在可视化展示系统界面的最上层进行展现，从而让各类用户能够快速知晓这些动态信息。弹出式展示方式通常适用于对建筑内紧急事件、超过安全阈值的关键物理量等信息的告知。

钻取式展示：对于重要程度较高，但影响范围较小的动态信息，可使用钻取式的展示方式，在可视化展示系统中通过引导用户发起的交互事件，将可视化界面聚焦到动态信息的影响范围，从而展开具体的信息详情。钻取式展示方式通常适用于建筑内或周边区域的异常事件，或者应该引起关注的物理量异常变更，以这种展示方式引发用户关注，以免异常事态扩大。

上卷式展示：对于能反映整个建筑宏观运行状态的动态信息，可使用上卷式的展示方式，在可视化展示系统中通过常驻页面某一区域的方式进行布局，方便各类用户能够持续性地阅知这类信息，在这类宏观信息发生显著变化时，则需将上卷式的展示方式进行扩展，下钻至引发宏观变化的某一区域，方便用户探知原因。

轮播式展示：对于重要程度一般，但按建筑综合管理与生产安全需求，又需要持续关注的信息，可使用轮播式展示。这类展示方式可让多种动态信息共用一个页面位置，在保证信息可见的情况下，让可视化页面的信息总量可控，防止大量动态信息的平铺导致用户视觉疲劳。

2.4.2　用于展示的工具

为保证内容的呈现，在可视化展示系统中通常包含工具模块。在不同的建筑中，这些模块的主要功能是较为稳定的。这些工具模块包括三维空间可视化引擎、数据统计分析工具与界面展示要素配置工具（图 2-27）。

三维空间可视化引擎	数据统计分析工具	界面展示要素配置工具

图 2-27　可视化展示系统工具模块

1. 三维空间可视化引擎

装配式建筑结构的仿真展示与空间可视化的便捷交互，都必须以三维空间可视化引擎作为基础，这一空间可视化引擎需根据建筑管理与服务的场景进行功能设计与性能优化，因此需具备如下能力。

（1）空间场景静态呈现（图 2-28）

空间引擎需支持三维建模软件导出的模型，经过图像或模型配准将场景发布到虚拟地表，每个模型物体具有各自的纬度、经度、高度数据，并可独立调整地理位置，实现"企进房、人进户、事定点、物定位"。

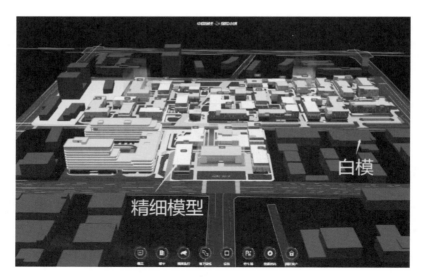

图 2-28　空间场景静态呈现

（2）空间场景动态配置（图 2-29）

空间引擎需内嵌资源布局器，傻瓜式设置场景中的所有资源，内置多种底图以及可叠加上传的地理信息数据实现轻松设置场景图层；支持拖曳方式设置场景默认显示范围；利用可视化布局技术轻松设置场景控件。通过可视化布局方式，可轻松实现三维场景设置。

图 2-29　空间场景动态配置

具体而言，将包含以下功能：

底图设置： 该模块可设置的场景底图，包括天地图、区划图、蓝黑图、亮灰图。

显示图层： 支持多种格式的 GIS 数据图层叠加，支持由 3D Tiles 模型等数据发布的服务模式。可从本地载入数据，同时支持 OGC（Open Geospatial Consortium，开放地理空间信息联盟）标准，能够以流数据方式连接 WMS、WFS 服务器读取数据，对 TB 级影像图进行切割使其具有金字塔式组织结构，可表达 22 级高清影像。

范围设置： 该模块可设置场景默认显示范围，包括中心点、前倾、后倾、级别。选取合适范围后点击"设置为初始范围"可固定该场景范围。

自定义控件： 该模块有罗盘仪、比例尺、测距测面、鹰眼、绘制及图层显示控件等可控选择，用户可自由选取地图界面位置，按需增加控件。

场景保存： 该模块可设置场景名称及描述，并设置是否公开给其他用户使用。

（3）地图数据管理（图 2-30）

空间引擎支持多种格式的 GIS 数据图层叠加。可从本地载入数据，同时支持 OGC 标准，可通过流数据方式连接 WMS、WFS 服务器读取数据。支持 SHP、KML 等矢量数据格式。

图 2-30　地图数据管理模块

（4）室内外定位接入

通过接入室内外定位数据，空间引擎具备以下功能。

1）实时位置信息：该功能用于提供目标佩戴的定位标签，在定位布设区域内，实时获取其位置信息。

2）轨迹跟踪回放：该功能用于实现定位目标实时运动轨迹跟踪，历史轨迹查询回放。

3）唯一 ID 标识：该功能用于为定位目标提供 24 位全球唯一 ID 标识。

4）地图直观展示：该功能用于导入 2D/3D 专业地图，目标标签在地图中直观显示；地图可以随意拖放，实现全局 / 局部任意呈现。

5）电子围栏设置：该功能用于划分警报区域、安全区域、禁止区域等各类别电子围栏，进入一定区域则触发相应级别报警。

6）视频联动：该功能用于与原有视频设备结合，系统设置跟踪目标，视频跟随全程监控。

7）危险报警功能：该功能用于在人员遇到危险情况时，一键触发报警，系统平台提醒报警信息，并可联动现场视频。

8）电子点名功能：该功能用于实现区域人员实时点名核对，统计应到、实际和缺席情况。

（5）二次开发支持

空间引擎提供大量的二次开发接口，可以采用 B/S 架构进行开发，支持主流开发语言 JavaScript。提供大量的接口对场景进行控制，并可以接收三维 GIS 系统抛出的各类事件。空间引擎提供每类 API 的参考手册、示例中心及使用说明。

2. 数据统计分析工具

对装配式建筑相关物理量与活动数据的收集，具备常态化、周期性，可视化展示系统具备将一定时间段内的全局数据进行历史趋势统计的能力。

数据统计分析工具的分析对象均为建筑内部与周边区域的动态物理量与活动数据，不包含静态物理空间的展示。数据统计分析工具能实现如下三种场景的建筑运行数据统计分析与展示。

（1）单一信息变化场景的展示

可视化展示系统具备将展示对象的历史统计数据进行时序分解的能力，从而表达其趋势、周期、时期和不稳定因素，通过综合这些因素，提出数据预测。

在单一信息变化场景下，可视化展示系统通过对一个区域进行一定时间段内的连续观测，提取时间有关特征，分析其变化过程与发展规模，并根据检测对象的时相变化特点来确定监测的周期，从而选择合适的监测周期。

（2）同类信息对比场景的展示

可视化展示系统具备同类信息在特定时间段内的对比能力，通过对数据的算术计算，根据响应的可视化图表显示同类对象的差异，在配置统一的坐标轴时，精准比对物理量或活动情况的差别，并展示特定范围内该类展示对象的平均值。

在同类信息对比的场景下，可视化展示系统可在不同维度呈现出对象的长短变化，体现数量之间的区别以及对比关系，因此在变化与对比中可以看到图表的完整性与有序性。这一场景能鲜明地体现数据与视觉要素的关联，并较好地归纳与整合数据的统计意义，实现在视觉上的有效性。

（3）多元关系对照场景的展示

可视化展示系统具备将变量较多的问题进行简化降维，能够将原来的变量重新组合成一组新的互相无关的几个综合变量。

在多元关系对照的场景下，较多的展示维度会增加管理的复杂性。可视化展示系统具备识别并去除多变量重叠性的功能，将多余重复的变量删去，引入尽可能少的新变量，确保新引入变量之间不相关，并在引入新变量的过程中尽可能保证原有的信息。

3. 界面展示要素配置工具（图 2-31）

在建筑使用过程中，实际用途的变更、设施维护与安装工作的也在进行，因此可视化展示系统的展示内容需进行相应的变化，所以可视化展示系统具备表达形式与表达内容的可配置能力。

（1）界面样式的配置

可视化展示系统具备多种可视化要素的自由定制与调整能力，支持变更系统

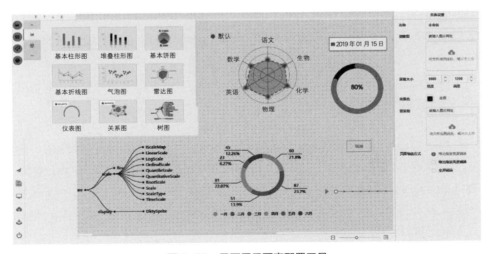

图 2-31　界面展示要素配置工具

界面中的主要展示内容与形式。

可视化展示系统支持统计图表的定制，根据建筑运行情况，提供业务类别的自动钻取、汇聚的功能，并具备多样化的业务数据表现能力。

统计图表的定制功能支持多种常用图表，例如折线图、柱状图、饼状图、雷达图、散点图、环形关系图、力导向布局图、仪表盘、漏斗图、树图、字符云等图表，支持多种图表的混合使用。

可视化展示系统支持主题地图的定制，可根据建筑运行情况，提供空间位置的自动钻取、汇聚的功能。

主题地图的定制功能支持多种常用地图，例如流向图、散点图、点分级图、点分类图、面分级图、面分类图、路网流量图、热力图等地图，支持多种地图的混合使用。

可视化展示系统支持设置跨图表和地图的交互效果，实现图表之间的交互，提供布局设计、主题参数设置、导入地图与图表、放置控件、配置事件、设置过滤器等功能，并支持可视化页面的统一发布。

（2）数据源的配置

用于可视化展示的数据通常分散在多个系统中，界面展示要素配置工具支持从不同类型的数据源进行接入。该工具可以在统一的界面上，有效地解决多类型数据源下呈现效果一致性的问题，具备适配多种常用文件类型、数据库与接口的连接器。

通过数据连接器，界面展示要素配置工具支持标准的 JDBC 接口，实现对各种主流关系型数据库系统的支持，包括 Oracle、SQLServer、MySQL、PostgreSQL、IBMDB2 等，也支持文本数据（Excel、CSV）的直接导入分析。

（3）界面要素的配置

当多个界面展示要素的数据相关时，用户可设置跨要素的交互效果，实现要素之间的交互。如果系统预先设置的交互事件不能满足用户的需求，界面展示要素配置工具也支持用户对要素的代码进行一定的修改，以实现交互方式的自定义。

2.5 智慧能源系统

节约能源是装配式建筑的重点发展方向之一，因此从建设到后续运维中能源系统的搭建是装配式建筑智慧化系统的重点部分。智慧能源系统能够通过数据收集与能源合理调配，实现能源管理并达到预期的能源消耗或使用目标。智慧能源系统是实现建筑产业节能的措施之一，而随着新能源技术发展，新能源系统也逐步成为装配式建筑智慧能耗控制的重要一环。

本节将分别对智慧配电、智慧能耗系统设备和新能源系统进行介绍。通过多种措施收集能源使用情况，构成有效的智慧能源系统，达到节约与调控能源的目的。

2.5.1　智慧配电技术

现代建筑离不开电能，从简单的照明需求到后来的给水排水、消防、空调、电梯等为建筑本体提供各类配套服务功能的用电设备和设施都离不开电能和提供电能的配电系统。图 2-32 为建筑能源系统示意图。

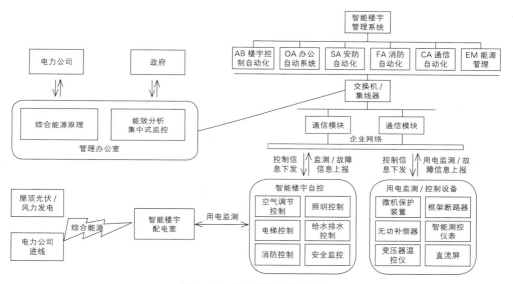

图 2-32　建筑能源系统示意图

智能化建筑由智能楼宇系统逐渐发展而来，现代智能化建筑的概念和涵盖面也随着 AI 技术、5G 所代表的新一代通信技术、大数据技术、边缘计算技术、BIM 技术、物联网等基础技术和底层技术的进步而不断扩充和迭代。智能化建筑进步所依靠的基础和底层技术对电能等能源的依赖程度也日益提升，对电能可靠度的需求也有所加深，甚至有些设备对电能的质量也提出了更高的要求。这些都在推动配电和能源技术的改变和进步。虚拟电厂、微电网、能源互联网等都是配电和能源行业针对技术进步所做出的系统性、框架性的规划和尝试。

"虚拟电厂"这一术语源于 1997 年 Shimon Awerbuch 的著作《虚拟公共设施：新兴产业的描述、技术及竞争力》。书中对虚拟公共设施的定义为：虚拟公共设施是独立且以市场为驱动的实体之间的一种灵活合作，这些实体不必拥有相应的资产也能够为消费者提供其所需要的高效电能服务。正如虚拟公共设施利用新兴技术提供以消费者为导向的电能服务一样，虚拟电厂并未改变每个分布式能源的并网方式，而是通过先进的控制、计量、通信等技术聚合分布式能源、储能系统、可控负荷、电动汽车等不同类型的分布式能源（Distributed Energy Resources，DER），并通过更高层面的软件构架实现多个 DER 的协调优化运行，更有利于资源的合理优化配置及利用。

对于微电网的定义，国内一般认为微电网是指由分布式能源、储能装置、能量转换装置、相关负荷和监控、保护装置集成的小型发配电系统，是一个能够实现自我控制、保护和管理的自治系统，既可以与外部电网并网运行，也可以孤立运行。

能源互联网则是一种互联网与能源的生产、传输、存储、消费以及能源市场进行深度融合的能源产业发展新形态，具有设备智能、多能协同、信息对称、供需分散、系统扁平、交易开放等特征。

1."一二次系统融合"技术及低压配电智能化现状

"一次系统"主要是指对用户供电的电路，是发电、变电和输电的主体，包括发电机、变压器、断路器、隔离开关、电抗器、电力电缆以及母线、输电线路等设备,这些设备相互连接构成一次系统。"二次系统"是对"一次系统"实施测量、控制、调节、保护的电路，是测量和控制设备，包括测量计量的仪表、测控装置、保护装置、自动装置、远动装置、防误设备等，这些设备相互连接构成二次系统。顾名思义，"一二次系统融合"就是指将电力体系的"一次系统"与"二次系统"进行功能融合，即一次系统设备中将含有部分二次系统设备智能单元，集成后的系统将实现更加智能化。

2010 年左右，我国提出了配电"一二次系统融合"概念（简称"一二次融合"），随后不断实施各项激励政策，并持续加快其相关标准制定。2016 年，国家电网有限公司也提出了《配电设备一二次融合技术方案》，通过大量征求专家和设备生产厂商的意见后，对方案进行了修改和完善，然后发布了《配电设备一二次融合成套设备招标技术规范》《国家电网公司一二次融合成套柱上开关及环网箱入网专业检测公告》等文件,提高了配电"一二次系统融合"标准化、集成化的制造水平、运行水平、质量与效率。

传统的配电设备和技术也可以实现大多数配电系统的智能化要求。配电系统智能化简单概括为五遥:遥测、遥信、遥调、遥控、遥视。传统设备、技术和"一二次融合"技术所实现的同样是"五遥"功能，区别只是传统设备和技术实现的效果没有"一二次融合"技术获得的效果好，付出代价比后者高。

国家电网所指的配电"一二次融合"主要是指 10kV 中压配网，智能建筑所关注的是用户侧、低压侧的配网和用电。相较于中压配电网，低压配电网一直缺乏有效的运行管控手段，随着管理需求的不断增加，安装的监测设备越来越多，包括用电信息采集类（集中器、采集器、电能表）、配网精益运维类（配变状态监测、无功补偿控制、换相开关控制、环境监测）、多元化负荷监测类（充电桩监测、分布式光伏发电并网监测）等。由于各类监测设备硬件独立、软件固化、扩展性、灵活性较差，导致每增加一项业务需求，均需安装一类设备，造成设备分散、采集重复、管控复杂，对设备运维、通信通道、综合分析、建设成本带来较大压力。随着低压配电网管理要求不断提高，配电台区的功能呈现多样化和智能化趋势，接入的信息和设备也成倍增加，涉及配变状态检测、无功补偿、漏保开关、电能表、分布式电源、电动汽车充电桩等 10 余种类型，若按照传统方式进行集中监测管控，将对人员运维、通信传输、主站系统信息处理等方面带来巨大压力。

在低压侧"一二次融合"技术出现之前，建筑设计单位的智能建筑设计也按照强弱电分别设计。例如能源管理系统、用电设备监测系统、远程抄表系统、电气火灾监测系统、消防配电监测系统、楼宇自控系统、充电桩系统等，这些系统都是相互独立的并且和配电系统密切相关。各个系统都需要单独布线、安装终端设备、安装互感器、计量设备、表计、数据采集与监视控制系统（Supervisory Control And Data Acquisition，SCADA）上位机管理软件、无线通信设备等。而配电系统更是一个完全独立的系统，一般由一路或两路市电作为电源，根据建筑用电负载的性质和重要性，分为不同的负载等级，有些配备有 ATS 系统，有些配备有柴油发电机。近几年，微电网、新能源、储能、削峰填谷、充电桩等日渐成为新基建的热门话题和建设内容，传统的配电技术、智能建筑系统及其他二次系统已经很难适应新基建的要求，也很难适应新时代智能建筑的能源系统要求。

随着低压配电物联网架构与标准不断提高，概念也逐渐更新。以低压配电台区为最小单元的低压配网一体化管控体系应用场景将是物联网技术在电力领域的最佳应用，是电力物联网最契合的应用场景。

2014 年，开始研发基于一次系统和二次系统融合的低压智能断路器系列产品。历时 6 年时间，推出了领先于国外低压电气垄断企业的产品——从微断到塑壳到框架的全系列低压智能断路器，并通过了中国强制性产品认证（China Compulsory Certification，CCC），伴随研发了云管控平台、App 软件、智能网关、智能管控终端等配套产品。与此同时产业标准化也在逐步推进，《多功能智能化低压断路器》《低压智能电器广域网通信技术要求》等团体标准也相继完成。图 2-33 为小功率智能管控终端。

所谓"融合"，其概念和意义不同于集成和成套，"融合"是不同领域分界线的模糊和穿透，而"集成"指的是装置和设备间的整合。在电力领域内，"一二次系统融合"是强电领域与弱电或"二次"领域的相互穿透和整合；"集成"则

图 2-33　小功率智能管控终端

是其中装置的整合，是以配电柜（盘）、箱为载体或形式的一次设备和二次设备的设备和装置间的整合，成套方式的集成有利于配电系统施工的规范化和标准化。

"一二次融合"是产品在技术上的变化，也是在面对用户时的产品整合。因此，无论是融合前还是融合后，在面对用户时是等同的，但能够简化用户和设计单位选择产品的过程甚至简化设备运维的过程，在功能上则起到了 1+1 大于 2 的作用。

2. "一二次系统融合"智能断路器的原理与特性

"一二次系统融合"技术是智能断路器的核心技术，成套技术可以算作第一代"一二次系统融合"技术，其实是以屏柜为核心的标准化集成，当然现在也有以屏柜为智能化载体的融合技术。

基于"一二次系统融合"的智能断路器其核心技术用一句话形容就是："接线不出板卡，功能不出芯片"，由于没有各类二次接线、数字信号和模拟信号的格式转换和各类规约的解译过程以及上位机系统的数据接口等耗费时间的过程，很多功能计算过程在一块芯片内完成。这一技术使智能断路器具备微秒级的采样率，毫秒级的反应能力。

智能断路器的通信方式既全面又灵活，客户可以根据自身的应用场景选择不同的通信方式。默认通信方式为 Wi-Fi，客户还可以选择 4G、5G 方式，换相开关支持 NB-IoT 方式和宽带载波 HPLC 通信方式。

智能断路器构成的智能配电系统自带能源管控系统，可以通过发现浪费能源的行为和位置，发现漏电现象和窃电行为从而为甲方节约大量的资金。

一个断路器可以取代各类测量表、计量表、综合表、互感器、广域网通信装置、简单的 PLC 控制器、无功补偿控制器、微机保护装置、电能质量监测装置、能管系统、电气火灾监测系统（剩余电流、电缆头和主板温度监测）以及防窃电系统的全部功能。所有的互感器全部内置于断路器内，便于安装和维护。智能断路器自带热点，支持手机或平板电脑扫码浏览数据和操作系统，无须液晶屏和操作面板。

智能断路器部分带有外接端子的型号可以接入和输出 4~20mA 及开关量信号。可以进行逻辑编程，具备简单的 PLC（Programmable Logic Controller，可编程逻辑控制器）功能，除自身的智能断路器功能外还可以实现部分自动化。同时，断路器还可以下接接触器，避免频繁分合，代替类似灯光控制器等设备。

断路器本身也可以外接电操机构，实现远程分合闸功能。图 2-34 为简单的 PLC 功能可应用于应急切断示意图。

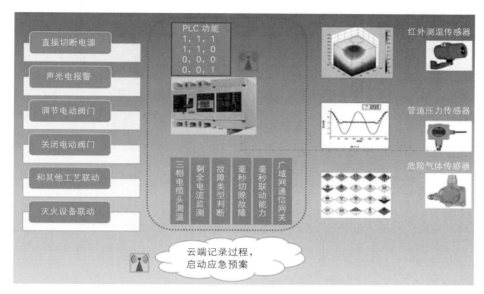

图 2-34　简单的 PLC 功能可应用于应急切断示意图

不同于市面常见的电子漏电保护器，智能断路器保留有断路器的热磁保护功能，可以完全取代配电箱内的断路器。同时，智能断路器具备微机保护功能，分为线路保护型和电机保护型。不仅可以对线路故障进行保护，还可以监测用电负荷的各种故障，例如堵转、过热等，真正实现故障的定位和定性，同时支持故障录波功能，有利于故障的快速分析和排除，从而减少停电时间。

智能断路器在接线柱下预埋有测温传感器，在主板安装有测温传感器，从而实现电缆头的温升监测和预警功能，同时也能对环境温度进行监测。全面的测温功能可以极大地降低温升监测的投入和巡检的劳动强度。

智能断路器可以精准地测量和记录三相不平衡度、相位角、相序、电流波动情况、电压波动情况、频率变化情况、24 次以下谐波含量、全网的各个回路的线损情况，提供最高等级的电能质量监控，与用电设备工况监测结合可以准确判断工况故障。

智能断路器搭载的"一二次系统融合"技术帮助其获得微秒级采样率和强大的三层计算能力，使得低压侧的潮流计算成为可能。其毫秒级的动作能力结合变压器监测设备可以支持在变压器以下实现负载转供自动化，从而帮助用户侧的电能实现管控。图 2-35 低压负荷转供示意图。

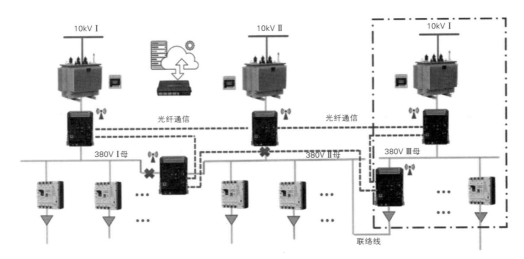

图 2-35　低压负荷转供示意图

智能断路器（图 2-36）开发有解决三相不平衡问题的专用换相断路器，在过零投切的前提下实现自动换相，从而保障三相平衡。

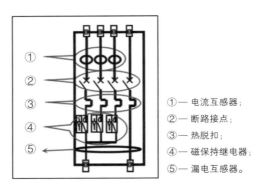

①——电流互感器；
②——断路接点；
③——热脱扣；
④——磁保持继电器；
⑤——漏电互感器。

图 2-36　智能断路器

智能断路器的瞬态就地无功补偿、跟踪补偿对于冲击性负载和类似磕头机这样的复杂冲程的负载具备峰值精准补偿的能力。同时，智能断路器支持分层补偿，可以执行动态补偿策略。图 2-37 展示其峰值补偿，过零投切的功能，图 2-38 为精细化补偿示意图。

图 2-39 为传统配电柜内设备配电，而图 2-40 为智能配电柜内设备配电，智能配电柜相较于传统配电柜线路更加简洁，表 2-7 为二者对比详细结果。

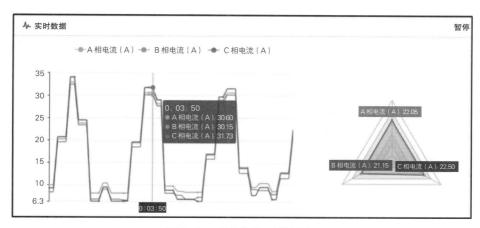

图 2-37　峰值补偿，过零投切

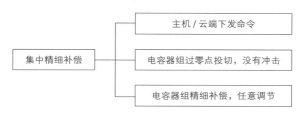

图 2-38　精细化补偿示意图

图 2-39　传统配电柜内设备配电

图 2-40　智能配电柜内设备配电

同等功能的传统配电柜与智能配电柜设备及配线对比　　　　　　表 2-7

传统配电柜内设备配线	智能配电柜内设备配线
系统接线复杂烦琐，系统配件众多，每一个连接点都是一个潜在故障风险点	系统接线简单，通道清晰明了，几乎不存在故障风险点
系统功能落后，不具备全息数字控制监视能力，使用便利性不强	系统功能强大，实现目前配电系统中几乎所有测、控、监、保护需求
系统高级功能实现需要大量辅助设备，投资高，技术落后，操作使用不便	没有额外辅助设备，物联网化智能配置，实现目标需求简单

3. 三层计算的电能云管控架构介绍

智能断路器因强大的计算功能成为终端计算设备。很多需要上传至上位机的处理可以直接由智能断路器执行。然而智能断路器强大的数据采集能力也使数据通信和云管控平台的压力陡然增加了数万倍，智能网关除了完成数据 HUB 的功能之外还可以进行部分数据的筛检清洗和过滤，这相当于利用了边缘计算系统。大量系统性、统计性、分析性功能的大数据计算放在"云管控平台"的"云计算"层次解决。新的智能能源系统充分地利用了当今流行的三层计算的架构，使计算资源得到了充分地择优利用。表 2-8 为"三层计算"的电能云管控架构。

"三层计算"的电能云管控架构 表 2-8

云计算	云管控平台
边缘计算	基于边缘计算的融合开关
终端计算	微机保护、智能综合表、智能微断 智能塑壳断路器、智能框架断路器

云管控平台取代了传统系统中的上位机系统，使很多中小用户无须再投资开发或购买自己的上位机系统平台。智能断路器支持设备单点上云，用户只需要开通一个云管控账户即可实现单台或多台智能断路器构成一个完整的系统架构。通过云管控系统用户采购的是硬件设备和基础配件，实现的是一个系统的作用和功能。

云管控平台可以最大效能地发挥出云计算的优势，使得各个业务逻辑可以在云端分成不同的业务系统，只从公用的数据库中抽取自身业务相关的数据。系统也提供应用程序接口（Application Programming Interface，API）供其他业务系统在云端进行数据交换和业务融合，云管控 App 则使移动业务处理成为可能。

用户因为数据保密等需求，要部署"私有云"或实现"数据直传"给自己的云系统时可以通过智能网关得以实现。

4. 智慧能源系统——企业级的能源互联网

近几年很多新技术，例如"微电网""智能配网""削峰填谷""储能""充电桩""新能源""5G""AI""智能家居""BIM""宽带载波通信"等逐渐在各领域得到应用并为大家所知晓。建筑离不开能源，尤其是电能。如何构建一个低压侧以工业建筑为主要用户的"智慧能源系统"是智能建筑建设无法绕开的课题。

"智慧能源系统"是以智能低压配电网为核心，利用最新通信技术和计算技术所建立起来的一个可以利用新能源作为辅助电源，实现储能、有序安全充电的微型企业级能源互联网。

首先，这个系统应该具备微电网的特征。在我国微电网定义为：通过本地分布式微型电源或中、小型传统发电方式的优化配置，向附近负荷提供电能和热能的特殊电网，是一种基于传统电源的较大规模的独立系统；在微电网内部通过电源和负荷的可控性，在充分满足用户对电能质量和供电安全要求的基础上，实现微电网的并网运行或独立自控运行；微电网对外表现为一个整体单元，并且可以平滑并入主网运行。

发展微电网具有非常重要的意义：

（1）微电网可以提高整个电力系统的可靠性，降低用户的能源投入和电能浪费。与常规的集中供电电站相比，微电网可以和现有电力系统结合形成一个高效灵活的新系统，完全使用新能源的微电网更可避免增加输配电成本，没有输配电的损耗，还能够迅速应对建筑或建筑群短期激增的电力需求，间接提高了用户的供电可靠性。

（2）微电网可以促进可再生能源，如风能、光伏等的分布式发电的并网，有利于可再生能源在我国的发展。

（3）通过将建筑群附近的新能源电源、应急电源、储能装置和分级负荷互相结合进行潮流计算和自动控制，在大电网发生故障时就可以独立运行，保障高级别负荷的正常运行，起到平战结合的应急作用。

（4）微电网可以方便与储能技术、新能源技术结合，实现削峰填谷，为用户节约能源投入，为社会减少碳排放。

（5）微电网能够通过提供电能帮助充电桩的普及，在不增加市电容量的情况下适当补充新能源汽车和电动车充电的能源需求。

其次，智慧能源系统属于工业物联网系统，应该是智能化、泛 IT 化系统，应该以云计算、云服务技术替代上位机模式，打破以往烟囱式的业务系统架构。系统可以和目前经过验证的最新 IT 技术相互结合，如与 BIM 系统结合快速实现配电故障的定位，与 AR 技术结合实现远程专家诊断运维，与 AI 技术结合实现电能的动态自动调节和电能的管控。工业物联网技术不是局限于总线和上位机的系统，是与现代 IT 技术相互融会贯通的新系统。

另外，智慧能源系统所采用的通信技术除了工业总线技术之外还应该灵活利用现有最新且经过验证的广域网技术以及其他行之有效的通信技术。例如宽带载波通信技术、5G 技术、Wi-Fi、蓝牙、光纤通信等有线和无线的通信手段。

智慧能源系统最终应当成为"能源互联网"的基础单元，是针对用户侧、低压侧的能源系统。这个智慧能源系统可能是一个用电台区，可以是几个用电台区，可以是 $1/n$ 个用电台区，可以是没有变压器的独立微电网。该系统所具备的全网（微网）测量、计量、控制、协调能力，以及灵活的并网能力可能对我国的能源互联网建设起到一定的推动作用。

以"一二次系统融合"智能断路器为主所构成的智慧能源系统的架构中，微电网电气系统有两路市电进线，由一路柴油发电机作为辅助 380V 应急电源、一套储能装置、一套屋顶光伏辅助电源和一套独立简易光伏电源系统构成，充分体现了微电网的自循环体系。这里主要应用了"一二次系统融合"断路器的并网开关和快切开关，无须专用的并网柜即可实现并退网和快切。

利用"一二次系统融合"技术的智能断路器具有低压侧潮流计算能力和毫秒级的切换能力，再通过两个台区的联络开关，系统可以在变压器以下的主开关实现负载转供。当一路市电出现故障或变压器容量不足时，系统将自动把部分高等级负载转移到另外一台变压器，从而保障关键负载供电的可靠性，帮助用户实现低压侧的电能管控。通过对用户用电数据的精准测量和预测，帮助用户进行基础电费的"容改需"，从而节约基础电费。

在单相负荷过多，尤其是单相慢充桩比较多的情况下，必然存在三相不平衡的问题。三相不平衡会造成线损增加和变压器带载能力下降等问题，严重时会造成变压器烧毁，智慧能源系统利用换相开关可以实现最大限度的三相平衡调节。"一二次系统融合"断路器的高精度测量还可以实现相位的过零投切，避免产生拉弧故障。配合调节占空比有序充电技术可以彻底化解老旧小区安装充电桩的风险。

以往配电间安装的都是集中补偿装置，除了满足电网的无功功率补偿要求之外对用户侧没有太多的直接益处。采用"一二次系统融合"的智能断路器所构成的智慧能源系统可以支持分级补偿策略、就地补偿和跟随补偿，可以实现精准的峰值补偿，能够真正为用户降低无功损耗，从而为用户节约电费支出。

智慧能源系统由于具备全网高精度测量和计量（可以到微断级别的四级开关）功能，使得整个微网具备电能损耗监测能力，可以发现浪费能源的点和时间段，并网测量各个回路的线损。如果采用的是 4P 断路器，还可以全网监测剩余电流，从而监测漏电情况和窃电现象，起到节能管理的作用。除此以外，还可以利用带有端子的智能断路器接入 4~20mA 的数据，将数字水表、数字气表和电能的数据一并采集到云管控系统。

智慧能源系统从电气安全的本质出发，降低电气故障发生率，减少电气火灾的发生率。同时也能根据电气火灾监测规范的要求，对温升和剩余电流数据进行监测和采集。这些数据可以直接接入消防控制系统，在监测的范围加大的情况下，也无须用户进行投入补充。尤其是智能微型断路器支持的末端故障拉弧判断、电缆头测温、遥控和高精度测量，更能够提高电气安全水平。

通常电力设备的巡检主要包括配电室配电设施巡检和用电设备巡检。目前建筑配电巡检的形式主要是人工点检方式，部分采用巡检机器人，还有部分采用在配电系统外配置智能综合表系统来构建自动巡检系统。

（1）人工点检

人工点检依靠具备资质的专业运维人员按照巡检规范对电气设备进行一定频率的检查和数据记录。人工电气点检的执行者需要具备一定的资质，人员成本逐渐上升是各个用电单位不得不考虑的一个因素。人工点检和个人的技术水平、责任心、点检方案的合理性、所用设备都有关系。点检时间间隔一般为 2h 一次或 1h 一次，无法实现 24h 内每分钟都进行检测。点检发现隐患需要及时上报并进行应急维修处置。但是单个点的测量数据和视觉、听觉等感官上所做出判断不能保证是否确实为故障。并且针对点检数据的综合逻辑分析一般缺失或滞后，很难做到以预防为主的维护，基本是出现故障后再逐项排查和测试，耗时无法掌握。

（2）巡检机器人

近几年还有所谓的巡检机器人巡检，指的是可定时利用车或轨道搭载巡检设备代替人工去巡视室内的电气设备。这类技术确实可以取代部分人工，降低一部分用人成本。巡检机器人所搭载摄像头能够对有读数的表计进行数据读取，对指示灯、压板等进行状态识别，但摄像头只是代替人工肉眼查看现场，视频信息还要经过人工识别和大脑判断。有一些巡检机器人配备有红外热成像仪，利用红外热像仪对指定的开关柜等设备进行温度检测，从而取代人工点检时的手动红外测温操作，这项功能受屏柜阻挡、巡视周期及温升判别的方式方法限制。巡检机器人是一个完整的系统，投资较大，需要专业维护，国内有部分高端用户在局部采用。

（3）自动巡检系统

自动巡检系统利用外接互感器和自带数字测量、计量功能的智能表计全面取代人工读表和记录，利用测温贴片测量温升，部分表计还带有简单的故障判断功能，同时利用 4G 或其他通信方式传输数据到上位机或云端对数据进行分析和判断，系统还具备部分能管系统功能、电气火灾监测系统的部分功能。该系统属于独立于配电系统之外的单独系统，一般不具备对配电系统的遥控和保护功能，需要单独投资。国内外部分企业在部分项目中已经采用。智慧配电系统搭载的智能配电终端设备采用"一二次系统融合"技术，以此实现巡检功能。基于"一二次系统融合"的智能配电巡检系统既能实现传统配电系统的作用，也应具备所有二次系统的功能。"智能巡检功能"不应是独立于配电系统外需要单独建设的独立系统，而应该属于"一二次系统融合"智能配电系统自带的功能之一。

综上所述，基于"一二次系统融合"的智能断路器所搭建的智慧能源系统以一套基础设施实现 N 套传统辅助系统的功能，必将引领低压配电行业的一场革命，也将为智慧建筑提供一个智慧的、自主可控的企业级的"能源互联网"。

2.5.2 智慧能耗系统数据收集与传输

根据建筑用能类别,智慧能耗系统采集的数据指标(图2-41)为5项,包括:电耗量、水耗量、燃气耗量、集中供热耗热量、集中供冷耗冷量。

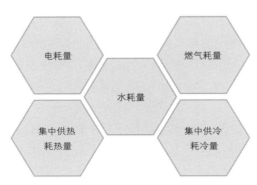

图2-41 智慧能耗系统采集数据指标

1. 电能计量装置

为计量电能所必需的计量仪表和辅助设备的总称,包括电能表、电能互感器及二次回路等。

(1)电子式多功能电表

计量功能:应具有监测和计量三相电流、电压、有功功率、功率因数、有功电能、最大需量、总谐波含量功能。

通信接口:应具有数据远传功能,具有符合行业标准的物理接口。

通信协议:应采用标准开放协议或符合《多功能电表通信协议》DL/T645—2007中的有关规定。

精度等级:有功应不低于1.0级,无功不低于2.0级。

(2)电子式普通电能表

计量功能:应具有监测三相(单相)电流及有功功率和计量三相(单相)有功电度的功能。

通信接口:应具有数据远传功能,具有符合行业标准的物理接口。

通信协议:应采用标准开放协议或符合《多功能电表通信协议》DL/T645—2007中的有关规定。

精度等级:应不低于1.0级。

(3)互感器

精度等级:应不低于0.5级。

2. 能量计量装置

用于计量供暖空调管道能量和流量的计量装置，主要指冷（热）量表。

冷（热）量表有如下规定。

计量功能：应具有监测和计量温度、流量、冷（热）量功能。

通信接口：应具有数据远传功能，具有符合行业标准的物理接口。

通信协议：应采用 Modbus 协议或相关行业标准协议。

精度等级：应不低于 2.0 级。

其他性能参数：应符合《热量表》GB/T 32224—2020 的规定。

3. 流量计量装置

为计量中央空调和给水排水中水、蒸气等用量的计量器具的总体，包括水表、流量计、燃气表等。

（1）水表

计量功能：应具有监测和计量累计流量功能。

通信接口：应具有数据远传功能，具有符合行业标准的物理接口。

通信协议：应采用 Modbus 协议或相关行业标准协议。

精度等级：应不低于 2.5 级。

其他性能参数：应符合《饮用冷水水表和热水水表》GB/T 778—2018 的规定。

（2）燃气表、燃油表等

计量功能：应具有监测和计量累计流量功能。

通信接口：应具有数据远传功能，具有符合行业标准的物理接口。

通信协议：应采用 Modbus 协议或相关行业标准协议。

精度等级：应不低于 2.0 级。

4. 数据传输

（1）智慧能耗系统的传输方式应取决于能耗计量装置的数量、分布、传输距离、环境条件、信息容量及传输设备技术要求等因素，应采用有线为主、无线等其他传输方式为辅的传输方式；

（2）数据传输的性能指标与技术指标应保证能耗计量装置与数据采集器、数据采集器与数据中心管理服务器之间实现可靠通信；

（3）数据采集器与数据中心管理服务器之间的身份认证和数据加密过程应符合相应的数据安全要求；

（4）应配备接入智慧城市公共服务平台的软硬件接口，实现智慧城市公共服务平台对智慧能耗系统数据的整合。

图 2-42　常见新能源系统

2.5.3　新能源系统

新能源系统应充分考虑当地的地质、环境等因素，因地制宜地规划和设计符合当地特点的新能源系统。新能源系统一般包括太阳能光伏能源系统、地热能源系统、空气能源系统、生物能源系统，如图 2-42 所示。

新能源系统应具备以下特点：

（1）新能源系统的规划、设计应配置计量装置，应采用独立的供水、供电系统，并做到分户计量，便于管理；

（2）系统应具备数据汇集、分析能力，也能对积累的数据进行分析，具备 AI 学习能力，在使用过程中不断地提高系统的分析、处理能力；

（3）系统应具备远程检测、远程控制的功能，可通过管理平台对系统的运行进行检测和控制；

（4）应配备接入智慧城市公共服务平台的软硬件接口，实现智慧城市公共服务平台对新能源系统数据的整合。

1. 太阳能光伏能源系统

（1）太阳能光伏能源系统应设计安装计量装置，应采用独立的供水、供电系统，并做到分户计量，便于管理；

（2）应能准确地监测到太阳能系统所产生的发电值、热水值，并可追溯；

（3）系统应能根据建筑的用电量、热水用量来合理地分配太阳能所产生的电、热水；

（4）系统应能准确地监测太阳的升起、日落的时间，应能准确地监测太阳当前时间的位置、角度等信息，并根据监测到的太阳信息对太阳能发热、光伏设备进行自动调整，以获得最大的太阳热值；

（5）系统应具备数据的汇集、分析能力，应能对积累的数据进行分析，具备 AI 学习能力，在使用过程中不断提高系统的分析、处理能力；

（6）系统应具备远程检测、远程控制的功能，可通过管理平台对系统的运行进行检测和控制；

（7）应配备接入智慧城市公共服务平台的软硬件接口，实现智慧城市公共服务平台对太阳能光伏能源系统数据的整合。

2. 地热能源系统

（1）地热能源系统应设计准确的计量装置，并做到分户计量，便于管理，应能详细记录地热的温度、出水量、回水量等信息，并可追溯；

（2）系统应具备分户计量的检测能力，应能根据不同用户的使用情况来合理分配能源，保障能源的充分利用，不浪费能源；

（3）系统应具备数据汇集、分析能力，应能对积累的数据进行分析，具备 AI 学习能力，在使用过程中不断提高系统的分析、处理能力；

（4）系统应具备远程检测、远程控制的功能，可通过管理平台对系统的运行进行检测和控制；

（5）应配备接入智慧城市公共服务平台的软硬件接口，实现智慧城市公共服务平台对地热能源系统数据的整合。

3. 空气能源系统

（1）空气能源系统应设计准确的计量装置，并做到分户计量，便于管理，应能详细记录空气能的功率、能耗、设备状态等信息，并可追溯；

（2）系统应具备分户计量的检测能力，应能根据不同用户的使用情况来合理分配能源，保障能源的充分利用，不浪费能源；

（3）系统应具备数据汇集、分析能力，应能对积累的数据进行分析，具备 AI 学习能力，在使用过程中不断提高系统的分析、处理能力；

（4）系统应具备远程检测、远程控制的功能，可通过管理平台对系统的运行进行检测和控制；

（5）应配备接入智慧城市公共服务平台的软硬件接口，实现智慧城市公共服务平台对空气能系统数据的整合。

4. 生物能源系统

（1）生物能源系统应设计准确的计量装置，并做到分户计量，便于管理，应能详细记录生物能的功率、能耗、设备状态等信息，并可追溯；

（2）系统应具备分户计量的检测能力，应能根据不同用户的使用情况来合理分配能源，保障能源的充分利用，不浪费能源；

（3）系统应具备数据汇集、分析能力，应能对积累的数据进行分析，具备 AI 学习能力，在使用过程中不断提高系统的分析、处理能力；

（4）系统应具备远程检测、远程控制的功能，可通过管理平台对系统的运行进行检测和控制；

（5）应配备接入智慧城市公共服务平台的软硬件接口，实现智慧城市公共服务平台对生物能源系统数据的整合。

2.5.4 智慧能碳管理系统

"能碳宝"是一款面向建筑行业全供应链的智慧能碳管理软件，基于智能物联技术实现企业能源使用及碳排放数据动态监测与实时跟踪，以数据驱动还原企业真实能碳画像，通过场景化智能算法对企业产品碳足迹、碳排强度、碳中和指数等指标开展多维度分析核算，帮助建材生产工厂建立能碳绩效考核管理体系，进一步降本提效、能碳双控，帮助建设工地实现能源、环境、安全等数据的实时云端监测，提升建筑工地的信息化管理水平，帮助新建与既有建筑建立碳数据管理平台，降低建筑运营阶段碳排放，深度挖掘建筑碳资产潜力。

2.6 综合智慧化运维系统

1. 可持续运维系统业务功能

装配式建筑智慧化系统的可持续运维系统，应该以智能运维为核心加强建筑智能化全系统设计，包括设置建筑物内环境舒适性监控系统、能源管控系统、自动化消防报警系统、地震预警系统、自然灾害监测系统等智能设施，组成现代装配式建筑的智能调度指挥运维系统，保证建筑智慧化的智能高效运转。可持续运维系统的核心需求主要包括三个方面内容，这三个层次的核心需求明确指出了一般建筑智慧运营管理平台所需要的具体业务功能，如图 2-43 所示。

图 2-43　可持续运维系统的核心需求

平台应具备建筑物基本信息管理、建筑设备运行监控、综合能耗管理、室内环境监测、水务系统管理、设施设备运行维护管理及数据综合分析等基本业务功能。

与此同时，鉴于各类建筑设计建设时，常常会因地制宜地采用不同类型的智慧策略，平台还应根据不同建筑加入通风、采光、空调监测控制等各类个性化的业务功能选项。此外，系统还应与智慧绿色建筑建设过程中已经纳入的可再生能源利用、雨水收集利用、建筑自动（Building Automatic，BA）系统等系统实现对接整合。平台通过对以上业务功能的整合，重点为建筑的日常运行管理者提供全方位的可视化管理手段，借助业务流程引擎的嵌入，实现日常巡检、报修、工单、用户反馈等运维业务。必要时，还能授权第三方运维服务企业通过系统提供的入口，参与系统运维和服务。由此，构建起一个智慧建筑全业务维度的智慧运营管理服务支撑体系。

2. 多维度数据服务建设管理居民生活

建筑的可持续运维系统，要能实现对建筑的"智慧"运营管理，首先，收集并获取建筑运行使用过程中的各类数据是其基本要求。维持智慧建筑正常运行的各类建筑基本设施设备、发挥能效提升和水资源利用的各类专业系统、用于监测室外气候和室内环境参数的各类传感器等，都无时无刻在产生数据。平台系统应通过建立"设施设备数据中心"来进行规范化的处理和收集。其次，为使智慧建筑提升为"智慧"服务的水平，平台的管理业务的建设过程中，不仅仅需要建筑本身的数据，还需要更多地结合建筑房产管理、物业管理、社区调研、居民反馈等多维度数据。

平台应建立"运营管理数据中心"，将各维度数据进行抽取、清洗、分析、综合等工作，这些数据将成为"智慧建筑数据中心"的重要组成部分。在此基础上，将组合形成更丰富的人性化应用，更好地服务于建筑管理和居民生活。

3. 数据标准化与开放性体系

针对社会各领域之间实现公共数据资源的获取与流动的需求，建筑智慧运营管理平台的数据标准化和开放性体系建设也是平台建设必须考虑的内容。平台在数据中心层应充分考虑数据的标准化接口，便于对外提供数据，以满足行业数据上报、数据对标、建筑能效测评等需求，为未来城市级公共数据供给机制的建立和公共研发平台的共享服务能力提高建立基础。

第 3 章　装配式建筑设计智能化

装配式建筑需遵循"建筑、结构、机电、内装"一体化和"设计、生产、装配"一体化的设计理念，通过采用标准化设计方法，从模数统一、模块协同、少规格、多组合，各专业一体化协同，实现平面标准化、立面标准化、构件标准化和部品标准化，并结合项目实践，探索通过平面、立面、构件、部品部件标准化设计实现多样化、个性化设计产品的方法。

3.1　装配式建筑设计技术方法

运用"BIM 技术"的全过程应用手段，按照"技术集成、产品成套"的技术路线，实现标准化设计、工厂化制造、装配化施工、一体化装修、信息化管理"五化一体"的核心内容，达到"综合效益最大化"的目标，如图 3-1 所示。

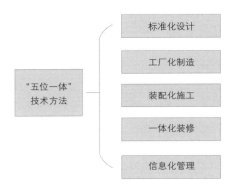

图 3-1　"五位一体"技术体系

（1）设计标准化原则包括模数化与模块化设计理念和少规格与多组合的原则，以交通核模块为核心拼装各功能模块，考虑居住建筑的全生命周期，运用工业制造的思维，形成标准化、系列化、成套化的建筑产品；

（2）工业化生产包括产品的工业化制造思维、在不同工业自动化流水线上生产的单一模块产品、产品具有统一标准、能够提质增效；

（3）装配化施工包括机械化与工具化的安装方式、作业标准程序化、减少现场湿作业和现场人工、提高效率、调整质量、缩短工期；

92

（4）一体化装修包括建筑、结构、部品部件、机电、装修、家居的模数协同化，实现各专业接口通用化、标准化，采取干法施工；

（5）信息化管理包括信息化与工业化深度融合，打造 BIM 统一管理平台，实现相关数据在设计、构件生产和建造各环节间的相互传递，并做出及时修正，对质量、成本进行实时监控，预制装配的可视化模拟，优化生产和工序穿插，对构件、部品部件全生命周期的质量追溯。

3.2　装配式建筑一体化设计原则

装配式建筑以先进的工业化、信息化、智能化技术为支撑，通过技术集成、产品成套和管理集成，整合设计、生产、施工和运营等产业链，实现建筑业生产方式的变革和产业组织模式的创新，基于标准化制造思维，通过工业化生产方式和管理模式，来代替分散的、低水平的、低效率的手工生产方式。

坚持顶层设计、协调发展是大力发展装配式建筑的基本原则之一，发展的关键还在于统筹建筑结构、机电设备、部品部件、装配施工、装饰装修，推行装配式建筑一体化集成设计。以协同设计为准则推进标准、设计、生产、施工、使用、维护等成为发展装配式建筑的有效抓手，推动各个环节有机结合，以建造方式变革促进工程建设全过程提质增效，带动建筑业整体水平提升。在装配式建筑的建设流程中，从最初始的设计阶段协同考虑各施工建造环节，提高装配式建筑的整体建造效率。

装配式建筑设计以实现标准化设计、工业化生产、装配式施工、一体化装修和信息化管理，全面提升住宅品质，降低住宅建造和使用成本为目标。与采用现浇结构的建筑建设流程相比，装配式建筑的建设流程更全面、更精细、更综合，增加了技术策划、深化设计、工程生产、一体化装修等过程。

装配式设计和施工工艺技术是新型建筑的建造形式，装配式建筑可有效提高施工效率，且对施工周边环境影响小，有利于绿色施工，因此广泛应用于建筑业。表 3-1 为装配式设计和施工工艺技术主要特点。

装配式设计和施工工艺技术主要特点 　　　　　　　　　　　　表 3-1

技术名称	主要特点
装配式设计技术	流程精细化，设计模数化，配合一体化，成本精准化，技术信息化
装配式施工工艺技术	减少施工湿作业和转运次数，缩短施工工期

装配式建筑一体化设计的基本原则是在系统思维模式下进行模数化设计、标准化设计、集成化设计，实现整体技术集成、主体结构系统与技术集成、围护结

构系统与技术集成、设备及管线系统与技术集成、建筑内装饰系统集成。图 3-2 和图 3-3 分别是一体化设计方法和建筑设计集成四大模块。

图 3-2　一体化设计方法　　　　图 3-3　建筑设计集成四大模块

装配式建筑设计必须符合国家政策法规及相关标准规范要求。在满足建筑使用功能和性能的前提下，采用模数化、标准化、集成化的设计方法，遵循"少规格、多组合"的设计原则，将建筑的各种构配件、部品和构造的连接技术实行模块化组合与标准化设计，建立合理、可靠、可行的建筑技术通用体系，实现建筑的装配化建造。

设计时应按照模数协调的原则，做到建筑与部品模数协调、部品之间模数协调，以实现建筑与部品的模块化设计，各类模块在模数协调原则下做到一体化。采用标准化设计，将建筑部品部件模块按功能属性组合成标准单元，部品部件之间采用标准化接口，形成多层级的功能模块组合系统。采用集成化设计，将主体结构系统、外围护系统、设备与管线系统和内装系统进行集约整合，可提高建筑功能品质、质量精度及效率效益，做到一次性建造完成，达到装配式建筑的设计要求。

1. 模数化设计

装配式建筑标准化设计的基础是模数化设计，是以基本构成单元或功能空间为模块，采用基本模数、扩大模数、分模数的方法，实现建筑主体结构、建筑内装修以及部品部件等相互间的尺寸协调。一般来说，装配式建筑设计应符合《建筑模数协调标准》GB/T 50002—2013、《建筑门窗洞口尺寸系列》GB/T 5824—2008、《住宅厨房及相关设备基本参数》GB/T 11228—2008 和《住宅卫生间功能和尺寸系列》GB/T 11977—2008 等模数协调相关专项标准的规定；设计应严格按照建筑模数制要求，采用基本模数或扩大模数的设计方法实现建筑、部品和部件等尺寸协调。

装配式建筑的平面设计、立面设计、构造节点以及内装和部品部件设计都应遵循模数协调原则，以利于标准化思维下的工业化生产方式。模数网格的选用宜符合下列规定：

（1）基本模数的数值应为 100mm；

（2）建筑平面应利用模数协调原则整合开间和进深尺寸，通过对基本空间模块的组合形成多样化的建筑平面，实现构件部品设计、生产和安装等环节的尺寸协调。装配式建筑的平面设计应优先采用水平扩大模数数列 $2n$M、$3n$M（n 为自然数），梁、柱、墙等部件的截面尺寸宜采用竖向扩大模数数列 nM；

（3）建筑层高、门窗洞口高度的确定涉及预制构件及部品的规格尺寸，应在立面设计中遵循模数协调原则，确定合理的设计参数，宜采用竖向扩大模数数列 nM，保证建设过程中满足部件的生产和便于安装等要求；

（4）构造节点和部品部件接口等宜采用分模数网格，且优先尺寸应为符合 M/2、M/5、M/10 的尺寸系列；

（5）装饰装修网格宜采用基本模数网格或扩大模数网格，且优先尺寸应为符合 1M、2M、3M 的尺寸系列；

（6）主体结构、外围护结构和内装修部品部件的定位可通过设置模数网格来控制，并应按照部品部件安装接口要求进行安装；

（7）建筑设计的尺寸定位宜结合中心定位法和界面定位法，对于部件的水平定位宜采用中心定位法，部件的竖向定位和部品定位宜采用界面定位法。

2. 标准化设计

装配式建筑的标准化设计采用模数化、模块化和系列化设计方法，遵循"少规格、多组合"的原则，建筑基本单元、连接构造、构配件、建筑部品和设备管线等应尽可能满足重复率高、规格少、组合多的要求。建筑的基本单元模块通过标准化接口，按照功能要求进行多样化组合，建立多层级建筑组合模块，形成可复制推广的建筑单体。

在居住建筑设计中，可以将厨房模块、卫浴模块、居室模块、阳台模块等基本单元模块组合成整套单元模块，将套型模块、廊道模块、核心筒模块再组合成标准层模块，以此类推，最终形成可复制的模块化建筑。

各模块内部与外部组合的核心是标准化设计，只有模块接口的标准化，才能形成模块之间的协调与契合，从而达到建筑各模块组合的装配化。

3. 集成化设计

装配式建筑的关键在于集成化，在系统化的思维下，有机整合装配式建造全过程的相关技术，实现工业化生产方式。集成化不是传统生产方式下的简单技术叠加，也不是传统设计、施工和管理模式下的装配化施工，装配式建造的真正意义是将主体结构、围护结构、机电管线和内装部品等前置集成为完整的体系，这样才能体现装配式建筑的整体优势，实现提高质量、减少人工、减少浪费、增加效益的目的。

装配式建筑在前期设计阶段应进行整体策划，以统筹规划设计、构件部品生产、施工建造和运营维护全过程，考虑到各环节相应的客观条件和技术问题，应在技术设计之前确定技术标准和方案选型。在技术设计阶段应进行建筑、结构、机电设备、室内装修一体化设计，充分协调各专业的技术系统，避免施工时序交叉出现技术矛盾。技术设计阶段应考虑与后续预制构件、设备、部品的技术衔接，保证在施工环节完成顺利对接。对于预制构件来说，其集成的技术越多，后续的施工环节越容易进行，这是预制构件发展的方向。

装配式建筑系统性集成包括建筑主体结构的系统与技术集成、围护结构的系统与技术集成、设备和管线的系统与技术集成、建筑内装修的系统与技术集成。建筑主体结构系统可以集成建筑结构技术、构件拆分与连接技术、施工与安装技术等，并将设备、内装专业所需要的前置预留条件均集成到建筑构件中。围护结构系统应将建筑外观与围护性能相结合，并考虑外窗、遮阳、空调隔板等与预制外墙板的组合以及可集成承重、保温和外装饰等技术。设备及管线系统可以应用管线系统的集约化技术与设备能效技术，保证系统的高效集成。建筑内装修系统应采用集成化干法施工技术，可以采用结构体与装修体相分离的 CSI（China Skeleton Infill）住宅建筑体系，做到安装快捷、无损维修、优质环保。

装配式建筑集成技术应是发展装配式建筑的重点研究内容，是提高装配式建筑品质和效益的关键，而全专业、全过程的技术前置和有机融合是系统化思维方式下集成化设计的精髓。

3.3 装配式建筑一体化设计思维下的设计

3.3.1 装配式建筑一体化平面设计

装配式建筑的平面设计在满足平面功能的基础上还需要有利于装配式建筑建造的要求，遵循"少规格、多组合"的原则，建筑平面应进行标准化、定型化设计，建立标准化部件模块、功能模块与空间模块，实现模块多组合应用，提高基本模块、构件和部品重复使用率，有力提升建筑品质、提高建造效率及控制建设成本。

1. 总平面设计

装配式建筑的总平面设计应符合城市总体规划要求，满足国家规范及建设标准。在前期策划与总体设计阶段，应对项目定位、技术路线、成本控制、效率目标等做出明确要求。对项目所在区域的构件生产能力、生产工艺、施工装配能力、现场运输与堆放、吊装条件等进行充分考虑。各专业应协同配合，结合预制构件的生产运输条件和工程经济性，安排好装配式建筑结构实施的技术路线、实施部位及规模。在制定现场总体施工方案时，充分考虑构件运输通道、吊装及预制构件临时堆场的设置。

考虑到装配式建筑建造的特殊性，总平面设计须考虑以下三个方面。

（1）外部运输条件：预制构件从生产地运输到施工现场塔式起重机所覆盖的临时停放区的整个运输过程中道路宽度、荷载、转弯半径、净高等应满足通行条件。如交通条件受限，应统筹考虑设置其他临时通道、出入口或道路临时加固等措施，或改变预制构件的空间尺寸、规格、重量等，以保证预制构件的顺畅到达。

（2）内部空间场地：大部分预制构件运至现场后如不立即进行吊装将经过短时间存放，存放场地的大小和位置安排直接影响施工效率和秩序。在总平面设计时，应综合考虑施工顺序、塔式起重机半径、塔式起重机运力等，对构件存放场地作合理设置，应尽量避开施工开挖区域。

（3）内部安装动线：预制构件安装的施工组织计划和各施工工序的有效衔接等过程比传统的施工建造方式有更高的要求，总平面设计要结合施工组织与构件安装动线进行统筹考虑。一般要求总平面设计为装配式建筑生产施工过程中构件的运输、堆放、吊装等预留足够的空间，在不具备临时堆场条件时，应尽早结合施工组织，为塔式起重机和施工预留好现场条件。除此以外还应结合消防路线、施工后浇带位置规划场内构件运输路线。

2. 建筑平面设计

装配式建筑的平面设计除具备基本的建筑使用功能外，还应满足利于装配式建筑建造的要求。建筑平面设计要有整体设计思想，不仅需要考虑建筑各功能空间的使用尺寸，还应考虑建筑全生命周期的空间适应性，让建筑空间适应使用过程中不同时期的需求。建筑平面设计应在以下几个方面满足装配式建筑的设计要求。

（1）平面形状

装配式建筑的平面形状、形体及构件布置对结构抗震性能有很大影响，应符合现行国家标准《建筑抗震设计规范》GB 50011—2010 的相关规定。平面形状、建筑形体的设计应重视其规则性对结构安全及经济合理性的影响，宜择优选用规则的形体，不应采用严重不规则的平面布局。宜选用以结构单元空间为功能模块的大空间平面布局，合理布置柱、墙及核心筒位置，公共交通空间宜集约布置，竖向管线宜集中设置管井，满足使用空间的灵活性和可变性。

《装配式混凝土结构技术规程》JGJ 1—2014 中对平面尺寸及突出部位尺寸的比值限值有如下规定：

1）平面形状宜简单、规则、对称，质量、刚度分布宜均匀；不应采用严重不规则的平面布置；

2）平面长度不宜过长，长宽比（L/B）宜按表3-2采用；

3）平面突出部分的长度 l 不宜过大、宽度 b 不宜过小，l/B_{max}、l/b 宜按表3-2采用；

4）平面不宜采用角部重叠或细腰形平面布置。

平面尺寸及突出部位尺寸的比值限值　　　　　　　　　表 3-2

抗震设防烈度	L/B	l/B_{max}	l/b
6度、7度	≤ 6.0	≤ 0.35	≤ 2.0
8度	≤ 5.0	≤ 0.30	≤ 1.5

平面设计中应将承重墙、柱等竖向构件上、下连续，结构竖向布置均匀、合理，避免抗侧力结构的侧向刚度和承载力沿竖向突变，应符合结构抗震设计要求。

（2）标准化设计的方法

装配式建筑平面设计应采用标准化、模数化、系列化的设计方法，应遵循"少规格、多组合"的原则，建筑基本单元、连接构造、构配件、建筑部品及设备管线等尽可能满足重复率高、规格少、组合多的要求。

平面设计中的开间与进深尺寸应采用统一模数尺寸系列，并尽可能优化出利于组合的尺寸规格。建筑单元、预制构件和建筑部品的重复使用率是项目标准化程度的重要指标，在同一项目中一般将相对复杂或规格较多的构件、同一类型的构件控制在三个规格左右并加大占总数量的比重，实现可控制并体现标准化程度，对于规格简单的构件用一个规格构件数量控制。

居住建筑则是以套型为基本单元进行设计，套型单元的设计通常采用模块化组合的方法。对于部品组合要求较高的功能模块空间，如住宅厨房和卫生间，平面布置应紧凑合理，应按净模尺寸设计，满足集成式厨房和卫生间的设备设施及装修要求。建筑的基本单元、构件、建筑部品重复使用率高、规格少、组合多的要求也决定了装配式建筑必须采用标准化、模数化、系列化的设计方法。

（3）住宅模块化设计

装配式建筑的设计应以基本单元或基本套型为模块进行组合设计。在装配式住宅的平面设计中，运用模块化的设计方法，将优化后的套型模块与核心筒模块进行多样化的平面组合。

套型模块可分解成若干独立的、相互联系的功能模块，对不同模块设定不同的功能，以便更好地解决复杂、大型的功能问题。模块应具有"接口、功能、逻辑、状态"等属性。其中接口、功能与状态反应模块的外部属性，逻辑反应模块的内部属性应是可组合、分解和更换的。套型模块应进行精细化设计并考虑系列化要求，同系列套型间应具有一定的逻辑及衍生关系，并预留统一的接口。

住宅套型模块由起居室、卧室、门厅、餐厅、厨房、卫生间、阳台等功能模块组成。应在满足居住需求的前提下，提供适宜的空间尺度控制，并用大空间加以固化。

套型模块的设计，可由标准模块和可变模块组成。在对套型的各功能模块进行分析研究的基础上，用较大的结构空间满足多个并联度高的功能空间的要求，采用设计集成与灵活布置功能模块的方法，建立标准模块（如起居室 + 卧室的组合等）。可变模块为补充模块，平面尺寸相对自由，可根据项目需求定制，便于调整尺寸进行多样化组合（厨房 + 门厅的组合等）。可变模块与标准模块组合成完整的套型模块。

1）起居室模块：按照套型的定位，满足居住者日常起居、娱乐、会客等功能要求，注意控制开向起居室门的数量和位置，保证墙面的完整性，便于各功能区的布置。

2）卧室模块：按功能使用要求分为双人卧室、单人卧室及卧室与起居合并这三种类型。卧室与起居合二为一时，应不低于起居室的标准，除具备符合睡眠要求的功能，还要适当考虑空间布局的多样性。

3）餐厅模块：包含独立餐厅及客厅就餐区域。当厨房面积不足不具备冰箱放置空间时，在餐厅或兼餐厅的客厅内要增加冰箱的摆放空间，在餐桌旁设置餐具柜用于摆放微波炉等厨用电器。

4）门厅模块：包括收纳、整理妆容及装饰等功能，可根据一般生活习惯对各功能合理布局，结合收纳部品进行精细化设计。

5）厨房模块：包括洗涤、操作、烹饪、收纳、冰箱、电器等功能及设施，应根据套型定位合理布置。厨房中的管道井应集中布置并预留检修口。厨房设计应符合模数协调标准，优选适宜的尺寸数列进行以室内完成面控制的模数协调设计，标准化设计的厨房模块应满足功能要求并实现工厂化生产及现场干法施工，装配式住宅设计应优选整体式厨房。

6）卫生间模块：包括如厕、洗涤、盥洗、洗浴、洗衣、收纳等功能，应根据套型定位及一般使用频率和生活习惯进行合理布局。卫生间设计应按照模数协调的标准设计标准化卫生间模块，满足功能要求并实现工厂化生产及现场干法施工，优先选用同层排水的整体式卫生间。

核心筒模块的设计应满足使用功能及相关规范要求，其模块主要由楼梯间、电梯井、前室、公共廊道、候梯厅、设备管道井、加压送风井等功能分模块组成，应合理确定各分模块的空间尺寸以及相互间的合理布局，应根据使用需求进行标准化设计，满足使用要求、规范要求、经济性要求，核心筒模块设计应考虑以下要求：

1）在满足国家相关标准规范的基础上，从使用安全性和交通便捷性为出发点，考虑舒适性和经济性，合理布局各功能模块。

2）电梯的设置是核心筒设计的一个重要部分，其数量、规格、组合方式将直接影响到建筑的使用和品质。楼梯的设计应满足疏散要求，合理设置楼梯的位置与数量，最大限度节约公共交通面积，提高使用率。楼梯应实现标准化设计，方便后期进行工厂化预制与装配化施工。

3）前室、候梯厅、公共廊道等关系到建筑的使用舒适度，前室和候梯厅应有良好的采光通风条件。

4）设备管井应考虑机电设备管线的集中布置，合理布置节约面积，同时预留检修空间。功能安排上应考虑强弱电设备管井不共用、强电不与水暖管井相邻、排烟井尽量设置在角部，公共卫生间与开水间尽可能靠近水管井等要求。

3.3.2 装配式建筑一体化立面设计

装配式建筑的立面设计，应采用标准化设计方法，通过模数协调并依据装配式建筑建造方式的特点、平面组合设计要求实现建筑立面的个性化和多样化效果。

依据装配式建筑建造的要求，最大限度考虑采用标准化预制构件，并尽量减少立面预制构件的规格种类。立面设计应利用标准化构件的重复、旋转、对称等多种方法组合以及外墙肌理和色彩的变化，可展现出多种设计逻辑和造型风格，实现建筑立面既有规律性的统一，又有韵律性的个性变化。

1. 立面设计

装配式建筑的立面是标准化预制构件和构配件立面装配后的集成与统一。立面设计应根据技术策划要求最大限度使用预制构件，实现"外墙全封闭"，并依据"少规格、多组合"的设计原则尽量减少立面预制构件的规格种类。

建筑立面应规整，外墙无凸凹，立面开洞统一，减少装饰构件，尽量避免复杂的外墙构件。居住建筑的基本套型或公共建筑的基本单元除满足项目要求的配置比例还应尽量统一。通过标准单元的简单复制、有序组合达到高重复率的标准层组合，实现立面外墙构件标准化和类型最少化。

建筑立面可以通过外墙装饰材质和颜色的有规律变化、出墙面阳台和空调立面处理、外门窗洞口细部处阴影变化等获取装配式建筑立面的丰富层次感，使装配式建筑呈现整齐划一、简洁精致的工业化气质和韵律效果，如图3-4所示。

建筑竖向尺寸应符合模数化要求，层高、门窗洞口、立面分格等尺寸应尽可能协调统一。门窗洞口宜上下对齐、成列布置，其平面位置和尺寸应满足结构受力及预制构件设计要求。门窗应使用标准化部件，宜采用预留副框或预埋等方式与墙体可靠连接，外窗宜采用合理的遮阳一体化技术，建筑的围护结构、阳台、空调板等配套构件宜采用工业化、标准化产品。

图 3-4　装配式建筑的立面设计

2. 建筑高度及层高

装配式建筑选用不同的结构形式，可建造的最大建筑高度不同，最大适用高度参见结构相关规范。装配式建筑的层高要求与现浇混凝土建筑相同，应根据不同建筑类型、使用功能等需求来确定，应满足专用建筑设计规范中对层高、净高的规定。

影响建筑层高的因素包括建筑使用要求的净高尺寸、梁板的厚度、吊顶的高度等。如采用 SI 体系（Skeleton Infill）设计的建筑，其地面高度不同于传统地面高度。传统建筑地面将电气管线、弱电布线等预留预埋敷设在叠合楼板的现浇层内，设备管线敷设在地面的建筑垫层内，如给水管、暖气管、太阳能管线等的预留预埋；SI 体系设计中建筑结构体与建筑内装体、设备管线互相分离，取消了结构体楼板和墙体中的管线预留预埋，而采用与吊顶、架空地板和轻质双层墙体结合进行管线明装。

建筑专业层高设计应与结构、机电及室内装修专业协同一体化设计，配合确定梁的高度及楼板的厚度，合理布置吊顶内的机电管线、避免交叉，尽量减少空间占用，合理确定建筑的层高和净高，满足建筑的使用要求。

3. 外墙立面分格与装饰材料

装配式建筑的立面分格应与构件组合的接缝相协调，做到建筑效果和结构合理性相统一。

装配式建筑要充分考虑预制构件工厂的生产条件，结合结构现浇节点及外挂墙板的受力点位，选用合适的建筑装饰材料，合理设计立面划分，确定外墙的墙板组合模式。立面构成要素宜具有一定的建筑功能，如外墙、阳台、空调板、栏杆等，避免大量装饰性构件，尤其是与建筑不同寿命的装饰性构件，会影响建筑使用的可持续性，不利于节材节能。

预制外挂墙板通常分为整板和条板。整板大小通常为一个开间的长度尺寸，高度通常为一个层高的尺寸。条板通常分为横向板、竖向板等，也可设计成非矩形板或非平面板，在现场拼装成整体。采用预制外挂墙板的立面分格应结合门窗洞口、阳台、空调板及装饰构件设计要求进行划分，预制女儿墙板宜采用与下部墙板结构相同的分块方式和节点做法。

装配式建筑的外墙饰面材料选择及施工应结合装配式建筑的特点，考虑经济性原则并符合绿色建筑的要求。

预制外墙板饰面在构件厂一体完成，其质量、效果、耐久性都要大大优于现场作业，较传统方式具有省时省力、提高效率等优势。外饰面应采用耐久、不易污染、易维护的材料，可更好地保持建筑的设计风格、视觉效果和绿色健康的人居环境，减少建筑全生命周期内的材料更新替换和维护成本，减少现场施工带来的有害物质排放、粉尘及噪声污染等问题。外墙表面可选择混凝土、耐火性涂料、面砖和石材等。预制混凝土外墙可处理成彩色混凝土、清水混凝土、露骨料混凝土及表面带图案装饰的拓模混凝土等。不同的表面肌理和色彩可满足立面效果设计的多样化要求，涂料饰面整体感强、装饰性好、施工简单、维修方便，较为经济。面砖饰面、石材饰面坚固耐用，具备很好的耐久性和质感，且易于维护。在生产过程中饰面材料与外墙板采用反打工艺一次制作成型，减少现场工序，保证质量，提高饰面材料的使用寿命。

3.4　装配式建筑工业化内装修设计

随着我国经济发展和生活水准的提升，建筑内装饰在节能环保以及舒适度上越来越重要，目前的家具和装饰大部分还是处于原始的手工制作和安装，采用的湿法和钉子作业，急需一种适应建筑装饰工业化的内装技术。装配式建筑内装饰技术体系见图 3-5。

1. 行业现状

（1）住宅装修设计与施工脱节

传统装修模式的设计、生产、施工相互脱节，技术上以单一技术推广应用为主，主要采用传统的手工作业和湿作业的建造方式，标准化程度低，材料规格、尺寸无法实现模数化，难以提供可供模数协调的设计。

（2）传统装修方式工程质量安全存在隐患

由于过分依赖于现场手工作业，传统装修方式质量问题突出，其中房屋漏水、瓷砖空鼓、墙面发霉开裂等成为装修质量的重灾区。据统计，2017 年因建筑装修

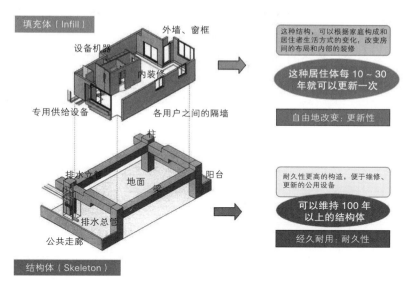

图 3-5 装配式建筑内装饰技术体系

质量问题发生的投诉达 13.78 万件，与 2016 年相比增长 37.8%。传统建筑装修后的室内空气质量合格率仅为 14%，大量装修材料甲醛超标引起的室内空气污染，导致我国每年死亡 11.2 万人，造成经济损失达 700 亿元。

（3）传统装修方式资源消耗严重、利用率低

我国建材生产、加工与使用消耗的能源占全国能源消耗的 40% 左右，其中建筑装修是资源和能源大量消耗、产生环境污染的重要环节。装修项目管理仍是粗放型管理方式，难以精细化管理。特别是在装修升级更新过程中，由于采用湿作业的模式，可重复利用材料少，浪费巨大。

2. 行业发展趋势

现如今，随着建筑装饰行业的不断发展，装配式内装在中国得到了越来越广泛的应用。装配式内装和传统装修行业相比，具有标准化程度高、施工质量好、环保性能佳、可重复利用等优点，具有良好的发展空间和前景。建筑装配式内装技术方面主要把握好设计流程、结构技术体系、部品模数化、部件标准化、材料绿色环保等要点，以便取代现有传统以手工作业为主的高能耗、高污染的现场施工技术。

3. 装配式建筑工业化内装修设计原则

装配式建筑工业化内装修设计需满足建筑装饰工业化发展要求，即对资源进行重复利用、循环利用和综合利用，尽量减少废弃物的产生，实现资源的低投入、

高利用和污染物的低排放，减少现场湿作业的资源浪费，做到现场环保。在二次装修时，又可对前次装修的产品进行重复利用，或由工厂回收进行加工后重新组装利用，实现经济与生态的发展。因此，装配式建筑工业化内装修设计应遵循标准化设计的原则，即制定统一的建筑模数和基础性规定（如模数协调、公差与配合、标准化接口等），合理解决标准化和多样化的关系，建立和完善产品标准、工艺标准、工法等，提高建筑标准化设计水平。

装配式建筑工业化内装修在设计过程中要提高部品标准化、系列化、通用化水平，大量采用标准件、通用件，一方面可以大量节省设计工作量、提高设计效率；另一方面可以保证产品的互换性和协作配合，缩短新产品试制和生产准备周期。

（1）与建筑模数协调

现阶段我国建筑主体结构标准化程度低，户型、面积差异性大，装配式建筑工业化内装修的设计应满足不同建筑平面户型的要求，所以对各部件研发设计模数需要与建筑模数相协调。只有在模数协调原则的指导下，才能保证建筑主体与设备产品之间的有机配合，使设计、制造、销售及安装等各个环节的配合简单、明确，达到高效率和经济性。

（2）与设备管线对接

装配式建筑工业化内装修的设计涉及与建筑原有设备与管线接口之间的配合，包括给水排水横立管、通风排气管道、电气线路，是集中供暖时还包括采暖立管和散热片的设计安装。因此，在设计中应有预判意识，需对建筑原有设备管线后期对接留有充分余量，并且便于安装维修，以提高内装修的适应性和可变性。

（3）与外部空间衔接

装配式建筑工业化内装修应处理好与外部空间界面的衔接关系，以满足交界面板块安装的要求。重点需要考虑卫生间楼地面与外部空间楼地面标高差对门槛石安装的影响，以及安装后的墙面完成面对门套安装的影响，地面同时需要满足防水要求。

（4）工业化建筑整体卫浴的智慧系统

工业化建筑整体卫浴的智慧系统应依据用户模型，统筹进行全方位思考和分析，在原框架建筑结构的基础上，不先行构筑非承重墙的卫浴空间，将现代工业化的产品技术与建筑技术融在一起，综合地进行思考和探索，设计出一种便于工业化统一生产和安装的模块化组装产品，使室内卫浴空间一次性安装成型，省去大量的土建施工和二次建筑水、暖、电等的再装修和再施工的繁复程序，同时也可以提高施工质量和施工效率，形成空间宽敞、明朗的室内卫浴，又能与相邻的客厅以及其他空间的装修达成协调一致，同时还省去了这些空间的部分装修内容。

整体卫浴智慧系统，应有以下四个方面的功能和内涵：

1）交流性。卫生间具有对宾客开放，显示高水平居住质量的作用。

2）舒适感。卫生间除需齐备的洁具和洗浴设备外，还要充分体现健康、健身功能，使之成为消除疲劳的舒适场所。

3）自动化。卫生间的自动化设施主要体现在浴室、便溺、洗衣功能方面。

4）多功能。卫生间的多功能体现在洗、整衣物等方面。

整体卫浴智慧系统的具体系统构造应不少于以下几点：

1）墙面防水。墙板留缝打胶或者密拼嵌入止水条，实现墙面整体防水。

2）地面防水。地面安装工业化柔性整体防水底盘，通过专用快排地漏排出，整体密封不外流。

3）防潮。墙面柔性防潮隔膜，引流冷凝水至整体防水地面，防止潮气渗透到墙体空腔。

4）浴室柜。可根据卫浴尺寸量身定制，防水材质柜体，匹配胶衣台面及台盆。

5）坐便器。定制开发匹配同层排水的后排坐便，契合度高。

4. 装配式建筑工业化内装修设计路径（图 3-6）

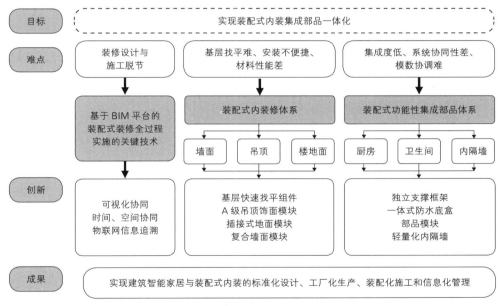

图 3-6　装配式建筑工业化内装修设计路径

（1）基于 BIM 平台的装配式装修全过程实施

在基于 BIM 模型的建筑设计的基础上，将信息化与建筑装修工业化深度融合，深入推进 BIM 技术在装配式装修全过程的应用，并使其与工业制造的 BOM 信息技术互通，实现了室内装修的全干法装配式施工，系统集成性更高。基于 BIM

平台，将信息化集成贯穿应用于设计、生产、施工的全过程（图 3-7）。

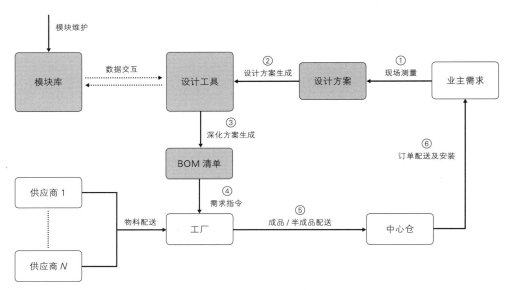

图 3-7　基于 BIM 平台的装配式装修全过程

（2）装配式内装修体系

基于装配式建筑全装修的发展方向，建立有别于传统手工作业的成套装配式内装修体系，从加工、装配和使用全过程的角度实现装配式内装修的标准化设计、工厂化生产和装配化施工。

1）全干法装配式模块化墙面技术集成系统

针对传统墙面装修方式存在的表面不平整、易开裂、甲醛超标和污染严重等弊端，采用复合墙面模块和基层快速找平组件；墙面预留设备安装接口，智能化家居、柜体等现场快速装配，实现在不同基层墙面条件下可任意调整墙面的平整度和表面装饰材料的精准连接。

2）全干法装配式模块化吊顶技术集成系统

针对传统吊顶装修方式存在的板面下挠、防火性能差和施工噪声大等弊端，发明了模块化吊顶跌级装置及安装方法，采用模块化复合吊顶饰面板和基层挂装组件，饰面板预留设备安装接口，智能化家居、灯具等现场快速装配，解决了表面易开裂、吊顶安装难、吊挂系统调平难度大和施工效率低等技术难题。实现吊顶整体组装和一次性整体吊装，避免了对吊顶内的设备和管线的伤害，减轻了对原建筑结构的损坏。

3）全干法装配式模块化楼地面技术集成系统

针对传统楼地面装修方式存在的表面不平整、易空鼓、湿作业易泛碱和现场脏乱等弊端，采用无机板与塑料板复合的地面模块，模块侧边槽口结构，可插接式快速装配，实现地板部件多种材料性能的协同组合和不同模块之间的快速连接，实现模块多维受力的均匀化。

（3）装配式功能性集成部品

1）全干法装配式集成内隔墙

针对传统内隔墙湿作业砌筑、自重大和易开裂等弊端，采用一体成型中空隔墙板、模块化隔墙拼装结构、管线一体化集成；预留安装接口，设备管线、柜体等现场快速装配，实现内隔墙轻量化、部件生产工厂化、模块加工标准化和现场快速安装干法化。

2）全干法装配式集成厨房

采用一体成型中空隔墙板、模块化隔墙拼装结构、管线一体化集成；预留安装接口，设备管线、柜体等现场快速装配，实现内隔墙轻量化、部件生产工厂化、模块加工标准化和现场快速安装干法化。

3）全干法装配式集成卫生间

针对传统卫生间装修易漏水、易发霉和空间利用不充分等弊端，采用一体成型防水底盒复合地面，无吊杆挂装吊顶，瓷塑复合墙板和独立支撑框架的整体连接、快速装配。实现卫生间装修和设施设计、生产、加工和安装的一体化，部件生产工厂化，模块加工标准化，现场快速安装干法化。

第4章 装配式建筑构件制作与运输智能化

4.1 装配式建筑智慧制造系统

　　智慧建造系统是在实现泛在感知前提下的信息化制造。智能制造技术是在现代传感技术、网络技术、自动化技术、拟人化智能技术等先进技术的基础上，通过智能化的感知、人机交互、决策和执行技术，实现设计过程、制造过程和制造装备智能化，是信息技术、智能技术与装备制造技术的集成与深度融合。智慧制造系统是实现装配式建筑工厂化的重要基础。

　　新一代人工智能技术引领下的智慧制造系统其内涵（图4-1）可从以下六个方面定义。

图 4-1 智慧制造系统内涵

　　技术手段：基于新互联网，并借助新一代智能科学技术、新制造科学技术、新信息通信科学技术及新制造应用领域专业技术等四类技术深度融合的数字化、网络化、网络云化、智能化技术新手段，构成以用户为中心统一经营的智能制造资源、产品与能力的服务云（网），使用户通过智能终端及智能制造服务平台便能随时随地按需获取智能制造资源、产品与能力服务。

　　模式：以用户为中心，人、机、物、环境、信息融合，互联化（协同化）、服务化、个性化（定制化）、柔性化、社会化、智能化的智能制造新模式。

　　业态：万物互联、数据驱动、共享服务、跨界融合、自主智慧、万众创新的新业态。

目标：实现高效、优质、节省、绿色、柔性地制造产品和服务用户，提高企业的市场竞争能力。

特征：对制造全系统、全生命周期活动（产业链）中的人、机、物、环境、信息进行自主智能地感知、互联、协同、学习、分析、认知、决策、控制与执行。

实施内容：促使制造全系统及全生命周期活动中的人、技术设备、管理、数据、材料、资金（六要素）及人才流、技术流、管理流、数据流、物流、资金流（六流）集成优化。

装配式建筑智慧建造系统需通过 BIM 模型对接设计数据，结合生产情况计划安排生产，实现工厂资源合理配置，解决供应链不通畅、构件积压等问题。系统应具备打通设计、生产、施工环节等功能，解决其数据传输问题，并运用云端数据库储存生产过程数据，生成统计分析报表，保证数据的准确性和可追溯性，从而实现装配式建筑信息化与工业化融合。此外该系统应与制造执行系统（Manufacturing Execution System，MES）结合实现系统驱动设备，与射频识别技术（Radio Frequency Identification，RFID）结合实现生产过程控制与堆场管理。

4.2　常用建筑构件智慧制造系统

4.2.1　混凝土构件制作工艺与建造智慧系统

1. 装配式建筑混凝土构件制作工艺

在混凝土装配式建筑结构部品部件的加工和安装过程中，常用构件的制作工艺有两种：固定式和流动式。

固定方式是模具在固定的位置不动，通过制作人员的流动来完成各个模具中构件制作的各个工序，包括固定模台工艺、立模工艺和预应力工艺等。

流动方式是模具在流水线上移动，制作人员相对不动，等模具循环到自己的工位时重复做本岗位的工作，也称流水线工艺，包括流动模台式工艺和自动流水线工艺。

不同的构件制作工艺各有优缺点，采用何种工艺和构件类型与复杂程度有关，与构件品种有关，也与投资者的偏好有关。一般一个新工厂的建设应考虑市场需求、主要产品类型、生产规模和投资能力等因素，分别确定采用什么生产工艺，再根据选定的生产工艺进行工厂布置，最后选择生产设备。

2. 混凝土构件建造智慧系统

混凝土构件建造智慧系统是集成多项科学新技术的智慧控制系统，该系统应具备直接应用于混凝土构件生产过程中的现有条件。智慧控制系统有其自身的技术优势，能有效提高制作效率和质量。

该系统在总体概念设计方面，应遵从以下总体要求：

（1）系统将在施工现场收集原材检验、材料进场、消耗等关键业务数据，深入发现之前忽视或难以管理的细节；

（2）依托物联网、互联网、超级计算机建立云端大数据管理平台，形成"终端 + 云端 + 大数据"的业务体系和新的管理模式，建立智能综合管理平台，打通从一线操作到远程监管的数据链条；

（3）该系统还应按照实用、全面、安全、可扩展、先进、易操作、成熟及经济等原则，进行对原材料的监控和智能检测，以及配比自动下发、混凝土生产、混凝土运输签收等系统操作；

（4）在生产环节出现不符合规定的要求时，系统还应自动进行处置，进而实现构件更精细化的自动监控管控。

4.2.2　钢结构构件建造智慧系统

钢结构构件智能建造系统在传统建造技术的基础上为显著提高建造效率，不断吸收和发展电子、机械、能源、材料、信息及现代管理技术的成果，将其综合应用于产品设计、制造、检验、管理服务等钢结构全生命周期的过程，以实现优质、高效、灵活、低耗、清洁的生产技术模式，取得理想的技术经济效果。

钢结构构件建造智慧系统应具备以下功能板块：无人化下料中心、智能化锯钻锁中心、智能化机器人焊接中心、自动化立体物流中心等。

钢结构构件建造智慧系统应包含以下几个子系统：MES（Manufacturing Execution System）制造执行系统、全生命周期系统、智像监控系统、钢材管理系统等，在此基础上钢结构构件将实现智能化生产。

另外，钢结构智慧建造系统应该有明晰的钢结构生产制造管理流程，赋予完整的、可追踪的编码系统，为实现数字化钢构奠定基础。

4.2.3　装配式建筑墙板制造智慧系统

装配式建筑墙板制造智慧系统能做到生产工业化、产品标准化、规格尺寸模数化、施工装配化，且能通过最大限度地利用固体废弃物或建筑垃圾等节约原材料，每平方米板材的体积密度较小，墙体自重较轻，性价比高于常规砌筑材料，符合部品化及以轻钢结构为主体的现代化建筑结构。

装配式墙板制造的智慧系统还应满足以下条件：

1. 智慧系统能解决尺寸偏差及外观质量问题；

2. 智慧系统能解决面密度控制不好的问题；

3. 智慧系统能解决抗冲击性、抗折破坏荷载（抗折力）、吊挂力等力学性能项目中检测结果普遍低的问题。

例如：钢筋混凝土叠合板（图 4-2）作为我国常用装配式建筑楼板结构，其生产工艺流程如图 4-3 所示，目前工厂制作过程基本已实现工业化生产。

图 4-2　钢筋混凝土叠合板

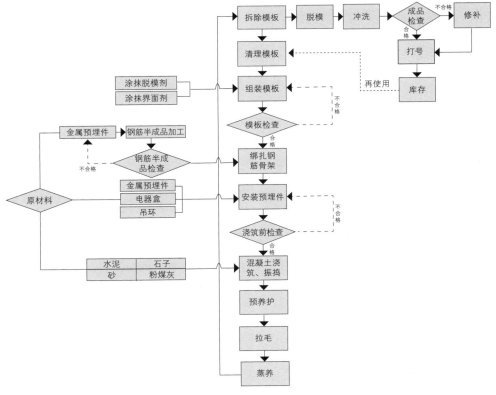

图 4-3　钢筋混凝土叠合板生产工艺流程

4.2.4　装配式建筑内装饰技术智慧系统

装配式建筑内装饰技术体系包括高性能、绿色、环保、可持续的新型材料和全装配式装修、无湿作业的装配式技术，还包含部品标准、技术规程和工程验收标准的标准体系。装配式建筑内装饰标准化设计和协同设计的关键技术的实现基于建筑装饰全产业链，从加工、装配和使用角度，产品的标准化设计和协同设计关键技术，到完善工业化建筑设计体系，形成装配式体系及节点连接设计关键技术。

该体系注重信息化与建筑装饰工业化的深度融合，推进 BIM 技术在建筑装饰工业化领域的应用，使其与工业制造的 BOM（Bill of Materials，物料清单）信息技术互通，建立有别于传统手工作业的成套装配式内装修体系，从加工、装配和使用全过程的角度，实现设计、生产加工、安装一体化，以及装修、设备设施一体化的"两个一体化"集成技术体系，实现部品部件在"两个一体化"中的模数协同、接口统一，形成全干法装配式墙面系统、吊顶系统和楼地面系统，全干法装配式集成厨房、集成卫生间系统。

关键技术包括全新建筑装饰工业化装配式构造体系和其连接节点的设计技术体系，以及建立有别于"等同传统手工作业"的系统成套的全新建筑装饰装配式构造体系。集成设计、生产加工、装配加工一体化与工业化装饰、机电一体化技术体系，形成部品部件在机电、装修不同专业下设计—加工—装配过程中的模数协同、接口统一的系列技术及标准和建筑装饰产品自动化生产工艺流水线设计技术、部品部件生产线系统自动化联动生产控制技术，以及规模化生产的工厂信息化管理技术。图 4-4 为装配式建筑内饰图。

图 4-4　装配式建筑内饰图

（1）工厂化生产

标准化设计基础上的标准化制造与工厂化生产，是将原来在现场完成的部品加工制作活动相对集中地转移到工厂中进行，改善工作条件，实现快速优质低消耗的规模生产，为实现现场施工装配化创造条件。生产的工厂化可以降低建设过程中的资料、能源投入量，并使资源得到高效利用。

1）部品标准化

部品的标准化是通过建立综合反映工业化内装产品耐久性能、安全性能、环境性能和居住性能的技术指标以及各工业化部品之间接口的规定，保证不同厂家生产的工业化产品部品的互换性，实现部品品种简化。部品的标准化包括各类部品的定义、适用条件与范围、部品的系统构成、部品的功能与性能要求，组成部品的材料和制品的技术性能要求，组合性功能试验与检验要求，功能试验与检验方法，工程应用的可实施性要求，部品的质量控制与保证，相关引用标准等方面的内容。部品的标准化是工厂化生产的基础。

2）部品系列化

部品系列化是指将产品的主要参数、形式、尺寸、基本结构等做出合理安排，以协调同类产品和配套产品之间的关系，达到以最少的品种，满足最广泛的需要。系列化是搞好产品设计的一个重要原则，主要内容包括制定产品参数系列标准、编制产品系列型谱、进行产品系列设计。根据一定的技术经济要求，按照一定的规律，对同类产品的品种、规格合理分档、分级，形成系列化。

3）部件通用化

通用化就是不断地增加通用件的品种、扩大通用件的使用范围。实现通用化的方法有统一设计法和逐步积累法两种。将那些变化较少，而且重复使用频率较高的零部件，有计划地进行统一设计，独立编号。零部件通用化要求在互换性的基础上，尽可能扩大同一产品零件、部件、构件等的使用范围，其内容包括按零部件统一化、互换性等标准化原则，编制零部件图册，设计中优先采用标准件、通用件，以合理压缩和简化零部件的品种和规格。

4）批量化生产

将产品部品化，再将部品分解成标准化的部件进行大批量生产，可以提高材料利用率，以及边角料的回收利用率。通过机械化大批量的生产，可实现规模效应，原材料采购成本、生产制造成本可以大幅度降低。

5）工厂化加工

工厂化加工就是将施工现场所需的零件和构件在工厂内进行成品生产的模式，利用自动化控制大大提高部品的加工精度，同时采用流水化的生产线。各作业环节和部品部件按体系分化，实现同步加工作业，扭转传统纵向串联式的工序，形成并联式作业，大大缩短装修施工周期。

（2）装配化施工

现场装配化施工采用大量工厂化生产的标准化部品部件，在现场利用专业施工机具就地进行安装组合，之前靠不同工种手工操作完成的工序被分解、简化，形成标准的安装步骤，大大提升了安装效率，缩短施工工期，同时保证了产品质量。现场施工的工人在生产线上进行装配，与传统施工相比，减少了手工劳动量，工人数量缩减，从而降低了人力成本。施工现场无湿作业、无噪声、无污染，可真正实现绿色装修。

（3）信息化管理

自设计阶段起采用 BIM 技术实现各专业协同设计，并促进 BIM 在建筑施工管理、装配式内装修、建筑使用与维护全过程的一体化应用。信息化管理基于BIM 平台物料采购与生产加工的信息化交互，基于 BIM 平台的产品运输及现场安装。

（4）智能化应用

智能化应用是指在产品生产制造过程中，提高智能化、自动化水平，在项目研发过程中充分考虑融入"绿色、标准、科技、智能、人居"的居住理念的可能，更好地促进智能化设备应用于装配式居住建筑，并且贯穿于产品的设计、开发、生产、施工各阶段。

智能化系统内容丰富、种类繁多，因此设计时应根据建筑物的使用功能、建设总投资、管理要求等进行综合考虑，确定与建筑物功能相适应的建筑智能化系统中各子系统的设计标准，应侧重各子系统的有机结合，注重智能化系统集成，强调综合性、统一性以及与各子系统的关联性，利用计算机网络技术，使传统的智能化子系统互联、互通、互操作，达到资源共享、功能提升和成本降低的目的。

4.3 智慧物流平台系统

智慧物流平台系统对资源的整合需要依靠从业经验和先进理念，采用物流网络化、信息化运作的联盟模式建立公共信息平台，打造物流生态圈。"智慧物流"运输企业公共服务平台的建立旨在为物流运输相关企业提供高效、便捷的整合性服务，完善物流运输产业结构，带动周边产业发展，形成运输产业链，促进行业转型升级，提升地方经济效益。智慧物流平台系统应包含以下六点：

1. 网点标注。将物流企业的网点及网点信息（如地址、电话、提送货等信息）标注到地图上，便于用户和企业管理者快速查询。

2. 片区划分。从"地理空间"的角度管理大数据，为物流业务系统提供业务区划管理基础服务，如划分物流分单责任区等，并与网点进行关联。

3. 快速分单。使用地理信息系统（Geographic Information Systems，

GIS）地址匹配技术，搜索定位区划单元，将地址快速分派到区域及网点，并根据该物流区划单元的属性找到责任人以实现"最后一公里"配送。

4. 车辆监控管理系统。从货物出库到到达客户手中全程监控，减少货物丢失，合理调度车辆，提高车辆利用率。设置各种报警装置，保证货物司机车辆安全，节省企业资源。

5. 物流配送路线规划辅助系统。该系统用于辅助物流配送规划，合理规划路线，保证货物快速到达，节省企业资源，提高用户满意度。

6. 数据统计与服务。将物流企业的数据信息在地图上可视化直观显示，通过科学的业务模型、GIS 专业算法和空间对相关数据挖掘分析。

第 5 章　装配式建筑施工智能化

5.1　智慧工地系统

智慧工地系统是指将 BIM、GIS、虚拟现实（VR）、增强现实（AR）、物联网监测等高科技与建筑人员管理、材料采购、机械布置等集成为互联互通、信息共享的交互平台，构建成实时管理体系，建立互联协同的施工项目信息化生态圈，实现智能可视化的管理与监督，从而实现更全面的工程信息感知，更高效的工程信息互联，更完善的工程施工管理，为建筑施工管理提供有效的管理方案，提高建筑工程项目施工人员的协同管理能力，加快工程进度和提升工程质量。

智慧工地作为未来建筑施工企业推进信息化管理的一个重点内容，有着重要的意义。建筑施工企业应采取正确的思路推进智慧工地建设，抓住行业中现有的典型、成熟案例，结合本企业的重点工程项目，并通过示范、总结和提炼重点工程项目中的应用，形成对应的标准、建设指南、管理制度等，进而在全企业进行推广，实现全面统筹。同时，建筑施工企业要通过企业统筹建立统一的智慧工地集成平台，夯实基础数据，让不同的场景应用可以接入企业的智慧工地总体框架中，开展相关数据整合、清洗和分析。目前，较成熟的智慧工地应用主要有智能进度、智能劳务、智能物料、智能场区、智能监控、智能调度六大智能管理应用场景，如图 5-1 所示。

图 5-1　智慧工地管理应用场景

5.1.1　智慧工地运维管理系统

智慧工地建设应能够利用数字算法匹配，做到全自动化、信息化、智能化的全方位工地管理，并形成大数据智能运维管理系统，具体包括以下几部分：

1. 地理信息及周边影响施工信息。选址信息自动提取、无人机巡查、专家建议与计算机算法。

2. 物料管理。RFID 智能仓库管理系统，人工成本降低 20% 以上，99% 物品可视化，做到物品与设备对话。

3. 人员管理。人脸识别系统、RFID 电子信息卡。

4. 车辆管理。进入识别，载重报警，危险品检测。

5. 监控设备管理。可视化操作与管理。

6. 安全设备管理。传感器、消防安全报警设备、黑匣子。

7. 智能工地软硬件产品。

智慧工地软硬件产品主要包括九个部分，具体内容如图 5-2 所示。

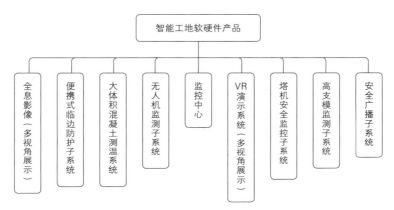

图 5-2　智能工地软硬件产品主要组成

5.1.2　智能工地系统其他原则要求

智慧工地系统建设过程中，一方面其具备自动化、信息化、智能化等基本特征；另一方面针对智慧工地的应用需求，其还应具备以下其他补充性原则要求：

1. 统一端口。统一登陆端口，支持多角色同一平台登陆及操作，实现数据统一和一站式管理。

2. 移动办公。基于移动互联网技术，支持移动办公，随时随地处理施工现场业务。

3. 远程协同。可远程智能管理、实时互动协同，保障工地施工安全、提高办公效率。

4. 独立部署。服务端可独立部署。

5. 差异化呈现。平台以系统的配置、数据的采集及分析为核心，满足不同功能及数据的差异化展现。

6. 可视化管理，可快速建立工地画像，简明呈现工地人员、设备、材料、环境等的实时概况，实现可视化管理。

具体内容请参见第 8 章相关案例。

5.2　装配式建筑安装智慧系统

装配式建筑安装智慧系统应具有以下特征：

1. 全过程信息互联。包括设计与生产的互联、生产与施工互联、BIM 技术与物联网技术的融合互联。

2. 建筑、结构、机电、内装多专业协同设计。装配式建筑由结构系统、外围护系统、设备与管线系统、内装系统 4 个子系统组成。装配式建筑的设计过程就是按多专业、多子系统协同设计思路，统一空间基准规则、标准化模数协调规则、标准化接口规则。

3. 一体化全过程管理。该系统实现全过程的成本、质量、进度、合同、物料、沟通、人员等业务管理，并形成装配式建筑工业化实施全过程的海量信息库，打造装配式建筑企业级信息平台，支撑工程项目的全过程信息化应用。

具体内容请参见第 8 章相关案例。

5.3　结构智慧吊装系统

装配式建筑的发展使工地现场吊装任务大幅增加，对塔式起重机的性能以及效率提出了更高的要求。结构智慧吊装系统具备以下功能：

1. 提升建筑工程塔式起重机安全管理水平，保障塔式起重机安全。

2. 在施工现场有效地自动协调多塔式起重机协同工作，当现场多个塔式起重机同时参与吊运时，对塔式起重机之间工作的先后顺序和工作流程进行预先安排。

3. 将人工智能相关技术应用于塔式起重机智能化当中，通过人工智能算法代替塔式起重机工的决策，通过塔式起重机自动采集信息并分析数据来判断吊装安全问题，构建一种安全、高效的无人操作智慧化吊装系统。

具体内容请参见第 8 章相关案例。

5.4　装配式装饰智慧系统

装配式工业化装饰智慧系统是一个能够给用户提供个性化移动端平台，用户除了能够购买家具之外，还可以在自己创建的场景中（也就是方案中）布置家具，包括将家具加入场景，并进行拖拽和旋转等。除此之外，也提供了替换墙纸或者地板等的功能，丰富了应用的形式，增加了不同美感。利用该系统，用户可以不再去实体店购买家具，也无须承担从其他网购平台买到不满意家具的风险。该系统包含以下几个功能模块：

1. 用户管理模块。用户管理模块对登录 App 的用户进行管理，包括用户的登录 / 注册，用户信息维护，用户关注好友。

2. 模型管理模块。模型管理模块的主要功能有设计师创建、修改、删除模型，用户下载或删除模型。

3. 家具管理模块。家具管理模块的主要功能有设计师创建家具（包括关联对应的模型等），设计师编辑家具属性，设计师删除家具，用户评论家具，用户收藏家具，用户购买家具等。

4. 方案管理模块。方案管理模块的主要功能有设计师创建方案，设计师为方案指定多个位置点，设计师为每个位置点关联家具，设计师修改方案，设计师发布方案，用户收藏方案，用户点赞方案，用户评论方案等。

5. 方案推荐管理模块。方案推荐模块的主要内容有用户针对不同的方案使用目的给方案类别打分，隐类的相关参数设置，影响因子参数设置，PVH 参数设置，训练 EM 算法模型参数，个性化推荐方案。

具体内容请参见第 8 章相关案例。

5.5　设备安装智慧系统

设备安装智慧系统平台包含以下几个功能板块：

1. 常用材料。包括管材及附件、板材与型钢、焊接材料、防腐及绝热材料、阀门与法兰等。

2. 管子加工及连接。包括管子调直与切割、管螺纹加工、钢管坡口、钢管管件制作、弯管加工、管子连接等。

3. 室内供暖、给水排水及燃气系统安装。包括室内供暖系统安装、室内给水排水系统安装、室内燃气系统安装等。

4. 室外热力、给水排水及燃气管网安装。包括室外热力管网安装、室外给水排水、室外燃气管网安装等。

5. 通风空调系统安装。包括常用材料及风管、金属风管及配件加工、金属风管及配件展开、非金属风管及配件加工、风管及部件安装、通风空调设备安装、试运转等。

6. 锅炉及附属设备安装。包括本体安装、本体管道及安全附件安装等。

7. 制冷设备安装。包括制冷压缩机及机组安装、制冷设备安装、管道阀门安装等。

8. 管道设备刷油、防腐与保温。包含管道及设备防腐、管道及设备保温等。

9. 建筑电气设备安装（配电箱及照明）。

具体内容请参见第 8 章相关案例。

第 6 章　智慧园区

在全球数字化转型的浪潮下，"以数据集中和共享为途径，推动技术融合、业务融合、数据融合""实现跨层级、跨地域、跨系统、跨部门、跨业务的协同管理和服务"等概念被提出。智慧化园区一般指由政府（企业与政府合作）规划，供水、供电、供气、通信、道路、仓储及其他配套设施齐全、布局合理且满足从事某种行业生产和科学实验需要的建筑或建筑群，并且结合物联网、云计算、大数据、人工智能、5G 等新一代信息技术，具备互联互通、开放共享、协同运作、创新发展的新型园区发展模式，能够和园区建设、管理深入融合发展的产物。

智慧化园区应结合新技术，以科技为园区赋能，打造"安全、智慧、绿色"的园区，提升园区的社会和经济价值，实现园区经济可持续发展的目标。

6.1　智慧园区需求分析

智慧园区智慧化需求包括四种，如图 6-1 所示：

图 6-1　智慧园区智慧化需求组成

1. 招商推广立体化需求

面对招商推广单一化的现状，园区需要引入更加有力、更生动的推广示范手段，利用全新的三维可视化、虚拟现实、增强现实技术，实现多样化的园区推广，深入浅出地介绍园区内为企业带来的扶持与便利，在短时间内引进优秀企业，入驻园区。

2. 园区管理可视化需求

园区需要更加精细与敏捷的管理方式，基于传感器、物联网、一体化定位等技术，从管理者角度实现对园区全景的实时把控，从执行者角度实现对工作任务、具体问题与解决方式的全息分解。

3. 运营服务协同化需求

园区需要建立协同联动的系统架构，将众多的信息化应用进行关联，借助大数据汇聚与融合技术，打通信息流与决策流，从而在最大限度利用现有信息化成果的前提下，建立一套对园区事件联合处置、隐患发掘、矛盾化解的机制，提升服务效率与服务品质。

4. 辅助决策智慧化需求

面对园区决策指挥经验化的现状，园区需要形成足以辅助决策的智慧化平台，通过建立园区内企业的整体经营数据获取渠道，并制定科学的管理指标，用于辅助企业分析，同时基于园区当前的产业格局与远景产业规划，针对性地制定对外招商引资要求，以形成产业集聚、产业配套为目标，为企业效益增长提供足够的支撑。

6.2 智慧园区信息系统基础设施

为实现智慧园区信息化系统最终的建设目标，需要建设基于全光纤网络加无线覆盖，具有"高带宽、高可靠、可扩展、可演进"能力的基础网络设施。需要建设网络信息安全系统，包括有线安全接入、Wi-Fi 安全接入、4G/5G 移动安全接入、安全传输等。部署下一代防火墙、安全接入网关等设备，提供身份认证、数据加密传输、数据完整性、网络攻击防护和访问控制安全功能。需要建设园区本地云平台，集约、安全、有效地满足园区各类应用服务系统的运行需求。需要建设高规格的机房设施，使园区信息化系统的核心设施能够安全、稳定、高效地持续运行。

1. 基础网络通信系统结构

智慧园区的基础网络通信系统，以多业务融合、高速泛在为建设目标，实现千兆入园区、万兆核心网的基础需求，采用全光纤的 GPON（Gigabit-Capable Passive Optical Networks）网络加无线覆盖的网络结构，一方面使园区内的终端设施、人员能够随时随地高速接入网络共享丰富网络信息资源；另一方面，为园区内的各类智能化系统提供坚强的网络支撑。智慧园区的基础网络结构如图6-2所示。

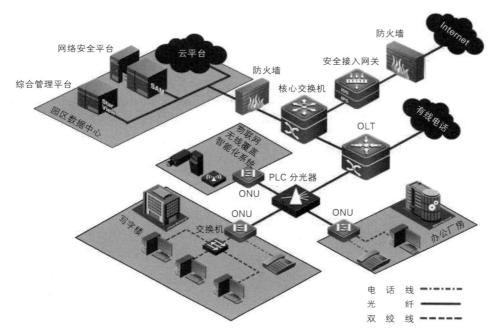

图6-2　智慧园区基础网络结构

2. 机房建设

机房建设工程是多专业、多学科、技术含量高的综合性系统工程，在智能建筑工程中处于核心位置，是智慧园区数据中心基础设施建设中十分重要的组成部分。

智慧园区数据中心机房根据各园区的实际情况设计，但应不低于《电子信息系统机房设计规范》GB 50174—2017中的B级标准建成。根据机房面积大小和制冷方式可选择常规制冷或冷通道制冷，确保能耗的最佳效费比。机房还需配属消防、精密空调和不间断电源（Uninterruptible Power Supply, UPS）系统，并有完善的动环监控系统。在机房内进行强电、弱电的综合布线，以满足未来园区信息化发展的需要。

3. 无线网络覆盖

智慧园区无线网络覆盖系统的设计建设与总体项目和通信网络的未来发展规划相适应，按需兼容其他通信系统，以近期业务需求为主，兼顾远期业务发展，并尽量为系统的扩容、改造创造条件。基于园区基础网络建设的园区公共区域的无线覆盖系统，覆盖区域为园区广场、公共通道、公共会议室/报告厅、停车场等。

系统采用 AC（Access Controller）+AP（Access Point）的架构，本地转发模式，实现集中管理，集中控制。

4. 云计算平台建设

安全云计算服务平台由云平台基础架构、云平台综合业务管理、云主机管理系统、云平台运维安全管理系统、云平台智能网络分发系统、云平台资源监控系统和云平台安全审计系统七大部分组成。

（1）云平台基础架构。是标准云计算架构，实现虚拟化、资源池化和高可用性。

（2）云平台综合业务。实现云计算产品自动化开通、业务营销、财务订单处理、客户服务支持及数据报表分析。

（3）云主机管理。实现云主机集中管理、操作系统模板、集群及高可用性和服务器授权。

（4）云平台运维安全管理，实现设备资源管理、操作审计、应用审计和报表统计。

（5）云平台智能网络分发。实现园区内网自定义解析和 Web 服务反向代理、负载均衡、页面缓存及 URL（统一资源定位系统，Uniform Resource Locator）重写。

（6）云平台资源监控。实现分布式监控体系和集中 Web 管理、自动发现设备、支持主动和被动监控模式、自定义信息推送。

（7）云平台安全审计。实现多协议日志采集、快速日志分割及自定义报表展示。

安全云计算服务平台结构如图 6-3 所示。

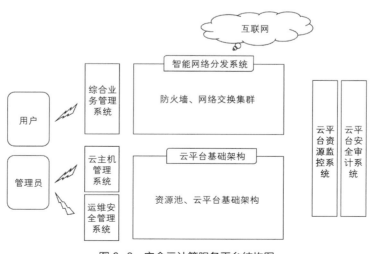

图 6-3 安全云计算服务平台结构图

6.3 智慧园区资源管控系统

智慧园区资源管控系统（图6-4），是基于三维可视化技术和传感/物联网技术的园区信息化管理系统，为智慧园区管理者提供一种全新的园区信息化管理手段。该系统利用三维可视化技术结合园区传感/物联网，对园区的建筑形态、地下管网系统、自动化控制系统、信息化系统以及各个机电设备、基础设施等的运行数据实现可视化和多维表达，直观地展示园区内各系统的参数数据、运行状态、故障报警等信息，为有效管理园区资产、后期改扩建升级决策提供技术支持。

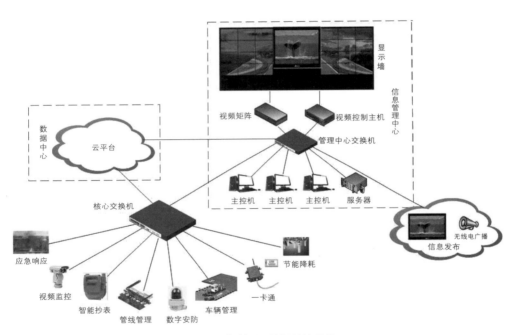

图6-4　智慧园区资源管控系统

园区传感/物联网的主要功能是通过传感网中感应器件嵌入或装备到园区边界、地下管线、建筑、设施、车辆等各种物体中，并且普遍连接，形成感知网络，然后将感知网与园区基础网络、互联网相结合，通过三维可视化资源综合管控系统，实现对整个网络内的人员、机器、设备和基础设施的远程感知和实时的管理与控制，由此生成一个更加智慧的园区生产、生活和经营管理体系。

综合管控系统集成了视频监控、园区智能卡、背景音乐、车辆管理等多项智能化系统的功能，并打通了各系统间的信息瓶颈，实现了数据共享，从而使整个系统的功能得到优化整合，并通过三维可视化平台实现面向对象的直观展示、应用，以及通过移动平台实现远程控制等人机交互操作。

用分散部署方式，在前端各个应用节点部署传统智能化系统的感知设备，如监控摄像机、智能卡、智能电表以及各类专业传感器等。在管理中心部署应用平台、网关设备，通过网络实现各智能化系统的统一控制、集中管理。

1. 智能安防系统

智能安防系统主要包括视频监控系统和门禁系统。

（1）视频监控系统

视频监控系统主要通过摄像头监视指挥中心人员活动情况，防止非法闯入。在指挥中心重点部位安装摄像机，进行 24h 不间断视频监控，可报警联动录像，在意外事故发生时能够提供报警设备的联动，可实现集中管理、控制全部监控区域，并可实现无人值守存储工作。整个系统由前端设备、本地监控中心组成。前端系统主要由摄像机、镜头等各种信号采集设备、可遥控动作设备几大部分构成。本地监控中心设备由数字硬盘录像机、监视器等组成，实现监控现场音视频信号的显示、录像、回放以及报警信号的接收和处理。

（2）门禁系统

所有边界出入口均设置门禁，并由人脸识别门禁系统统一控制。门禁系统的控制信号以 IP 方式通过本地管理网传输，人脸图库支持办公 OA 关联，设置出入指挥中心权限。

2. 背景音乐系统

智慧园区背景音乐系统采用网络化广播系统，采用终端式结构、数字信号传输，能在广播终端重现高保真的音源信号，不仅没有传输对音质造成的损害还借助 IP 网络的优势，突破了传统模拟广播内容的局限、空间局限和功能局限。

系统的网络部分基于园区基础网络，按布线的合理性，分为不同广播分区，任意分区能同时播放不同音乐，在寻呼找人、找物、发布信息等方面达到全方位高质量的广播效果，还能实现定时播放背景音乐、远程广播、紧急广播，营造良好的氛围。

3. 智能车辆管理系统

随着经济的不断发展，汽车保有量也大大增加，车辆的不断增加给园区不收费的停车场的出入口管理带来了新的问题。

针对停车场出入口管理可能会出现的问题，采用基于车牌识别、驾驶员人脸抓拍的车辆出入口控制与管理系统，配合车辆高清智能识别摄像机以及补光灯设备集成整套集车牌识别、出入口控制等功能于一体的综合性管控系统，对进出车辆提供抓拍控制和管理。通过车牌自动识别技术，运用动态视频和静态图像高精度识别车牌，识别率高，响应速度快，达到快速通行，避免排队拥堵，智能车辆管理系统见图6-5。

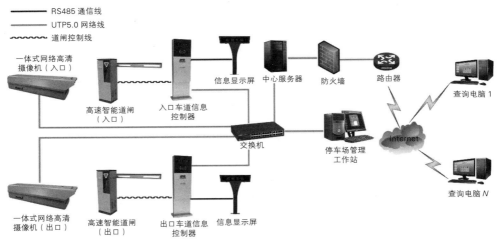

图6-5　智能车辆管理系统

4. 人行通道管理系统

人行通道管理系统（图6-6）可用于智慧园区高层写字楼的人行通道控制，解决写字楼内办公环境人员混杂、管理混乱等问题。系统采用智能卡身份识别技术，完成对通行人员身份的快速认证，达到自动刷卡通行的目的，在此基础上有机结合计算机网络管理控制技术和安全防范技术，并采用智能通道控制设备，最终实现合法人员安全有序通行，建立起合理的安全认证、高效管理模式。系统按照国家和地方有关标准实施，充分考虑安全性、可靠性、先进性、合理性、经济性、结构化和扩充性。

5. 办公环境智能控制系统

办公环境智能控制系统为各种产业园区、写字楼等办公环境实现智能化控制，利用便利、新颖的办公生活环境控制方式，为园区提供节能降耗的信息化策略，在人力资源和能源消耗方面有效降低园区运营成本。对办公环境的照明、空调、窗帘、门窗、入侵检测、空气质量进行检测和控制，并能在屏幕上显示该办公空间的空气质量、用电设施运行状态、用电量等各类信息。办公环境智能控制系统如图6-7所示。

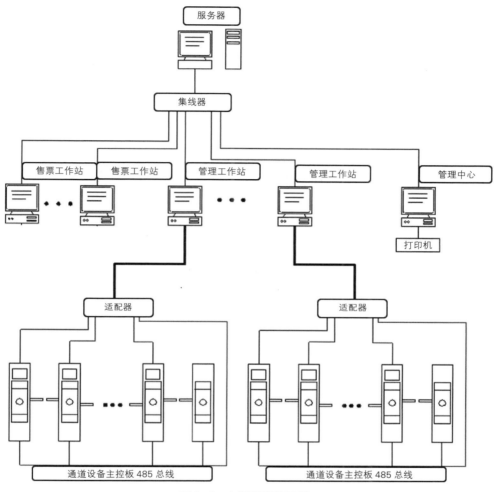

图 6-6　人行通道管理系统

6. 远程智能集中抄表系统

远程智能集中抄表系统（图 6-8）主要由水电气三表、数据采集器、数据传输通道、后台管理系统构成，通过数据采集、数据传输、数据分析三个阶段建立数学模型。主要对用户水电气三表数据进行集中抄表和监控，以加强用户能源管理为目的，对异常的能源情况进行报警操作与处理，更好地提高用户能源安全、保护能源设备，有效地降低抄表误差、线损及窃电现象，是能源经营中"减人增效"的有效途径。

远程智能集中抄表系统基于园区的基础网络结构，施工简单、维护方便、数据传输速率高，采集数据准确快捷、集抄范围广、系统传输容量大，具有扩容性能好、实时性强、可靠性高、建设和运营成本低等优点。

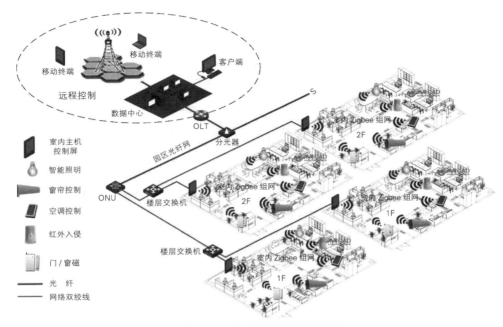

图 6-7　办公环境智能控制系统

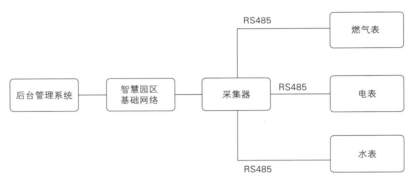

图 6-8　远程智能集中抄表系统

7. 多媒体信息发布系统

智慧园区的多媒体信息发布系统（图 6-9）建设目的是快速地将有价值的信息及时发给需要的服务对象。系统发布的信息包括文字、视频、广播、动画等多种类型，可根据用户需要，采用短信、电子邮件、信息推送、视频播放、音频播放等方式发布。

信息发布系统在后台进行发布管理工作，包括用户管理、信息采编、发布设置、发布审核、计费等功能。服务支撑平台根据后台预设的发布参数，采用不同数据类型，利用多种传输通道对外发布信息。

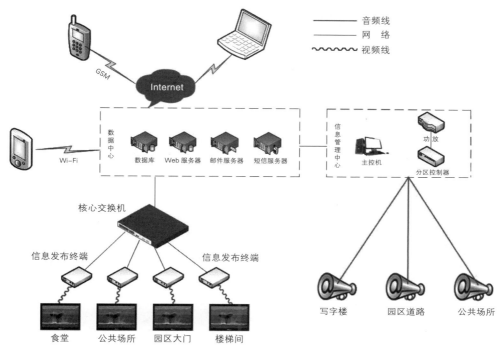

图 6-9　多媒体信息发布系统

6.4　智慧园区运营管理平台

智慧园区运营管理既要满足园区入驻企业智能化办公、高科技研发、生产制造的需要，也要能满足现代化企业的管理、应用和服务等要求。

为更好地服务于智慧园区建设，通过建设园区运营管理平台及移动客户端，为园区提供更灵活、更丰富、更贴近业主的管理运营解决方案。

智慧园区的园区运营管理平台基于园区信息基础设施和园区综合管控系统，利用高速基础网络、云平台、大数据、园区物联网等信息基础设施和信息资源，建设园区运营基础服务系统、三维可视化系统、企业信息管理系统、信息发布系统等。

1. 平台架构

运营管理平台由展现模块、管理模块、接入模块、数据总线模块、业务承载模块和能力模块组成。平台对外与支撑系统、网络能力平台、各业务平台和应用系统相连接。用户可以通过 WAP、Web 方式访问运营管理平台。平台软件采用基于 SOA 的松耦合架构，业务和平台松耦合，业务间相互独立，所有业务可平行架构支撑整个平台的可扩展性和易用性。

2. 智慧园区管理服务综合系统

智慧园区管理综合系统（图6-10）作为智慧园区信息化建设项目的基础支撑平台提供业务应用整合、用户管理、数据管理、计费支付、运维监控和运营服务等核心功能。管理综合系统负责连接园区所有的业务系统，整合系统间的业务交互，打破原有的交互壁垒。通过流程把业务所要处理的对象和数据、所要了解的信息推送到统一门户（或客户端），实现各种结构化和非结构化数据的统一，以及各个业务系统之间的端对端聚合。

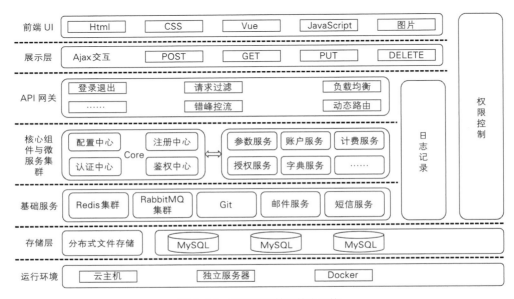

图6-10 智慧园区管理综合系统

总体基础结构由一个网关、四个中心服务节点、若干基本微服务、五个基础服务组成。考虑到冗余，其中网关、中心节点、基本微服务都可以部署为多份，以保证整个系统的高可用。

存储层分为两类：一类是以MySQL为主的数据库，用以存储字符类的数据，这样便于检索数据；另一类是文件存储，用于存储二进制数据，这两类都通过在云平台的基础上进行构建而实现，能很好地支持系统的扩展。底层的运行环境以云平台为基础，配以Linux云主机、Docker镜像，还可配以物理主机，节点数量可任意扩展。

3. 三维可视化管理系统

智慧园区的三维可视化管理系统以建筑三维数据库建设为核心，以三维数据库设计规范为重要的基础，以标准化三维数据库管理和更新机制为保证。在此基础上，建立空间信息支撑平台，为园区管理人员和公众提供高效、安全、可靠的三维空间数据应用服务，辅助园区部门直观、科学地决策，从而提高园区管理的效率。利用三维地理信息公共平台，可以将服务资源进行分发，为各业务部门及其下属单位以及开放了使用权限的企业用户所使用，结合公众需求开发相应的应用产品，从而实现数据服务的再增值。

4. 园区企业信息管理系统

建设智慧园区企业信息管理系统，利用信息化手段实现园区企业的信息管理功能，旨在帮助园区运营管理者及时有效地查询园区企业信息，合理有效地利用企业资源，并对园区运营管理者及时掌握园区企业运营情况提供有力的技术支持，帮助园区运营管理者实现对园区企业的有效管理和合理利用。

园区企业信息管理系统根据园区企业的相关数据，可以做到及时的业务指导和政策扶持工作，也能为上级管理部门提供详细有利的数据分析报表。系统功能包括企业信息管理、企业经营数据管理、企业人才和专利管理、园区企业统计报表管理、园区信息统计报表等。

5. 大数据分析平台

大数据分析平台是对园区长期以来积累的历史沉淀数据信息、当前正在产生的业务信息、大量行为数据信息进行存储、分析、挖掘、计算工作，找出具有潜在应用价值的数据信息，并将这些形成的数据按照不同的业务类型、不同的使用场景、不同的利用方式进行归类整理，形成规范的、专业的、可信的、有针对性的、有价值的园区信息分析结果数据。最终将这些分析结果通过可视化图形、文字、列表等形式进行展现再提供给园区中各个岗位、各个层面、各个类型的人群，为这些人群在日常的工作、管理、决策中提供高质量的数据支撑和决策依据，从而为企业和园区实现快速发展打下坚实、可靠、高效的数据基础。

6. 众创空间管理系统

众创空间以科技型创业项目为主要服务对象，以团队孵化为主要任务，通过提供联合办公和"前孵化"服务，提高创业团队素质和技能，降低创业成本和门槛，引导和帮助创业团队将科技创业点子转化为实业创业的各类科技创新创业场所。众创空间是"众创空间—孵化器—加速器"科技创业孵化链条中的重要环节。

众创空间管理系统主要功能是为创业者、创业团队、初创企业提供低成本、便利化、全要素、开放式的孵化服务。通过创新与创业相结合、线上与线下相结合、孵化与投资相结合，以专业化服务推动创业者应用新技术、开发新产品、开拓新市场、培育新业态，帮助创业者把想法变成产品、把产品变成项目、把项目变成企业。

7. 物业管理系统

物业管理系统是现代化办公园区不可缺少的一部分。结合计算机的强大功能与现代的管理思想，实现提升园区的管理水平、建立现代的智慧园区的目的。物业管理系统重视现代化的管理，重视细致周到的服务是园区工作的宗旨，提高物业管理的经济效益、管理水平，确保取得最大经济效益是服务目标。客户可以通过基于自主研发的高性能工作流引擎来自由定制工作流程，结合综合管理系统提供的业务数据聚合方案将各个管理、服务环节构成有机整体，提高物业管理工作的效率，防止资源浪费。

6.5 智慧园区运营服务平台

智慧园区运营服务平台是利用 IT 技术，采集运营的各项数据，针对数据进行实时分析，为园区内企业提供各项服务。主要为门户网站及移动客户端，企业商情信息服务系统，园区招商租赁管理系统，企业社区，视频会议系统和公共设施租赁系统。运营服务平台所包含的各项系统都能在企业运营过程中为企业运营提供保障。

1. 门户网站及移动客户端

门户网站包含统一数据中心、统一认证中心和统一用户界面，通过 Web/WAP 网站对园区多种形式的信息系统进行集成和展示。门户网站既用于园区的展示、推介、新闻发布等，也作为园区各类应用服务的统一接入窗口。政商服务平台、信息服务平台、民生服务平台、园区管理平台、信息安全平台都可通过门户网站对用户提供服务，为提供对应用户角色的服务，门户网站还需要提供鉴权认证功能。园区门户网站功能架构图如图 6-11 所示。

2. 企业商情信息服务系统

在当今信息时代，一个组织（如公司、企业、社团、政府等）若想要在激烈的竞争中占据优势，必须能有效掌握大量、全面、深度的信息资源，并充分利用和整合，这一切都离不开准确、具体和及时的信息服务。

对于企业而言，较好地了解顾客、市场、供应、资源以及竞争对手等商务背景至关重要。如何做好商务运作的历史、现状总结以及未来形势预测，包括商务业绩管理、竞争情报、标杆管理和预测分析是当前企业面临的重大现实问题。没有足够的数据和精确分析，许多企业就不能进行有效的市场分析，也难以比较类似产品的

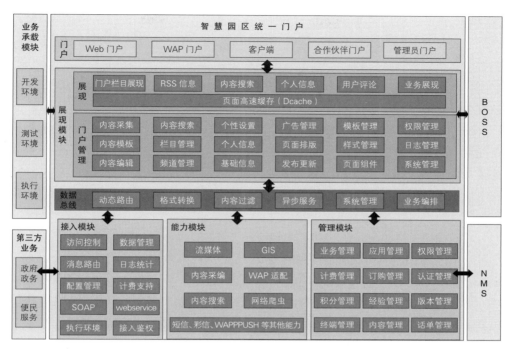

图 6-11　园区门户网站功能架构图

顾客反馈，发现其竞争对手的优势和缺点，留住高价值顾客，做出合理的商务决策。

　　当前社会，网络媒体已经成为影响力最大的公共媒体。它的出现和迅速发展带来了一个媒体信息极其丰富的时代，但也存在信息量巨大、消息真假难辨的问题。如何去粗取精、去伪存真、由此及彼、由表及里地对信息进行科学加工制作与分析研究成为信息爆炸时代信息利用的难点，而现阶段缺乏为不同用户提供针对性服务的切实有效的手段。

　　智慧园区的企业商情系统为企业提供定制化的网络商情搜集、分析服务，对网络信息进行科学筛选、量化统计和分析研判，能够为企业提供快速、全面、准确的商情信息，为企业科学决策提供依据。本系统提供商情信息的开放平台，企业登录后，既可以在此平台上浏览系统提供的所有商情信息，也可以配置商情关键词，只浏览与自己相关的商情信息。未来也能为企业提供多样化、专业的、内容丰富的商情服务，作为企业进行商业决策的科学依据，为企业挖取更具价值的商业情报，提高企业的核心竞争力。系统能提供多渠道的信息推送方式，如 PC、iPad、手机等，让企业用户可以随时随地订阅查看商情信息。

　　3. 园区招商租赁管理系统

　　园区建设的核心目标是为企业提供智慧化服务，实现这一核心目标的基础条件是建立一个丰富的企业资源数据库，而招商管理以企业客户为中心展开的各项活动，包括从售前策划、招商、企业档案的建立到售中客户洽谈、客户跟踪、协议签订，再到售后交易管理、财务管理及售后服务等，在这一系列的活动过程中，可以获取大量与企业相关的数据资源，这将是建立园区企业资源数据库不可或缺的部分，是园区建设的关键环节。

经过详细分析，明确房源资产的构成、集成客户关系管理功能、纳入完善的流程管理方案、对接财务业务建立起房源—客户—合同—账单之间的关系，通过向系统管理员、招商团队、园区领导层、财务人员提供完善的业务功能为园区招商工作的顺利开展和稳定运行提供支持并解决用户痛点。

4. 企业社区

为园区企业用户主要提供基本的协同办公、财务管理、CRM 管理（Customer Relationship Management，用户关系管理）、ERP（Enterprise Resource Planning，企业资源计划）管理，以及园区商城等轻量化的企业应用。系统面向企业人员提供两类范围的应用：一是面向全员开放的业务，无须授权，全部人员都可使用的业务；二是企业级的业务，通过企业管理员的再次授权，用来限制企业人员对相关业务的访问。

5. 视频会议系统

智慧园区的入园企业可利用视频会议系统召开在线视频会议，使用园区的公共会议室或虚拟视频会议室，通过云顶视频会议系统与远端视频会议室、笔记本电脑、移动终端建立连接，借助智慧园区的云平台，召开稳定、流畅的视频会议。

视频会议室系统可以提供多路高清音视频轮巡切换，内置电子白板、文件共享、网页同步浏览、多媒体播放、在线电子投票等丰富会议数据模块。

6. 公共设施租赁系统

公共设施租赁系统通过园区的基础网络及各类智能终端，利用信息化技术手段，对园区公共场所的预约、租用、付费、场景设置等进行智能管理，为园区用户提供方便快捷的租赁信息查询和租赁业务办理，同时为园区运营管理提供公共场所管理服务，提高园区公共场所的利用率和管理效率。

6.6 智慧园区招商可视化平台

可视化平台是指利用 IT 系统，让管理者有效掌握企业信息，实现管理上的透明化与可视化。在智慧化园区中设立招商可视化平台，其主要作用包括区位优势展示，企业与人才监控和产业发展分析。

1. 区位优势展示

区位优势（图 6-12）作为投资者的首要考虑因素，介绍了园区的各方优势，综合考虑园区交通、城市群、人才、周边环境、经济圈和政策等各方因素，展示园区的地理优势、交通优势、人才优势、环境优势等，突出园区及所在城市能提供的资源及生活便利。区位优势的大小决定着相关公司是否进行对外直接投资和对投资地区的选择。

交通优势：介绍园区的具体地理位置，周边公共交通覆盖程度，乘用公共交通所需时间等交通信息，方便管理者、意向投资企业了解园区的交通优势。

区域资源：展示园区所在城市能提供的市场、城市群效应、人力资源、生活配套等。

中心地图：展示园区附近配套服务设施、交通网络、研究机构等。

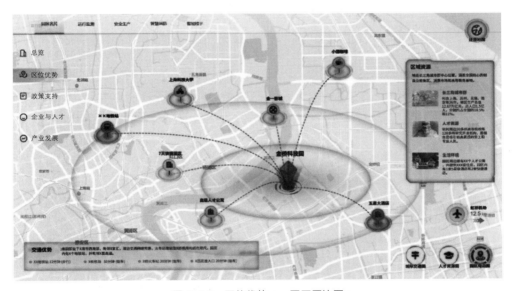

图 6-12　区位优势——园区周边图

2. 企业与人才监测

介绍园区现有企业与高端人才，对已入驻企业进行统计分类，结合园区发展战略部署和区域现状，创造商务生态系统。展示园区内明星企业，展示企业示范标板，同时介绍各企业的优秀人才，既能方便园区人才互相交流沟通，也能体现园区对优秀企业和高端人才的吸引力。园区人才分布图与公司人才分布图见图 6-13和图 6-14。

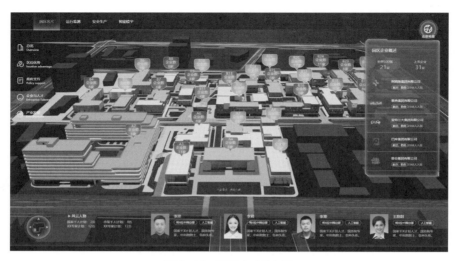

图 6-13 园区人才分布图

图 6-14 公司人才分布图

企业概述：展示园区内企业总量，500 强／上市企业数量。

明星企业：展示园区内明星企业数量、企业简介、主营领域、员工数、园内位置分布、企业 Logo 等基本企业信息，便于管理者了解园区内优秀企业的基本信息。

风云人物：轮播展示园区内优秀人才种类及数量，人才的个人信息、任职企业、研究领域等基本信息，方便管理者了解园区内已有人才的信息及分布。

中心地图：展示明星企业在园区内的位置分布，点击可查看相应企业所属大楼、地址信息、占地面积、入驻时间、入驻员工数、主营领域、主要产品、企业资质等信息。

3. 产业发展分析

展示园区内集聚的产业链及对应产业链企业的主营领域及发展现状，介绍园区内企业的主营领域，产业集群及产业链，了解并分析市内及周边地区的关联领域发展，如图 6-15 和图 6-16 所示。

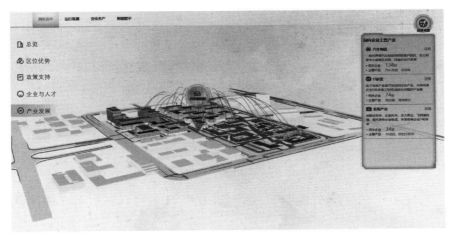

图 6-15　园区产业类型

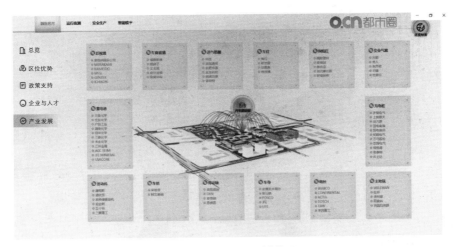

图 6-16　园区产业链发展

产业分类：展示园区内各企业主营产业分类及数量，详细展示某一指定产业中所涉及的领域，便于管理者查看园内企业所属领域及相应领域企业发展。

园内及周边地区关联产业分布：展示园区内、市内、周边地区不同产业相关企业的基本信息。

6.7 智慧园区运行监测平台

运行监测平台是基于互联网为广大宽带用户提供的低成本、高性能的电信级远程监控运营服务管理平台。在智慧园区中搭建该平台，采集园区运行相关的数据，对园区整体的基本情况实施监控，能够有效地分配资源和解决问题。

1. 能耗分析

能源消耗在园区绿色生产、可持续发展中扮演重要角色，整合园区内能耗数据，实现能耗统计、能源动态监测、能耗趋势分析、能耗产出分解等功能，对各能源系统运行状态进行实时监测，帮助管理者了解能耗状况及公司的运行和经济生产情况，合理调配资源，实现节能减排，如图6-17所示。

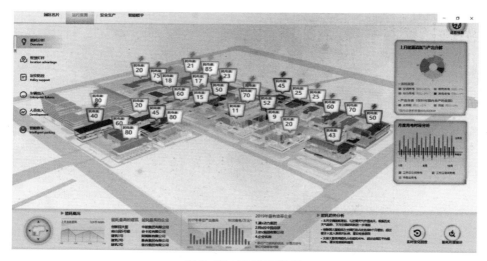

图6-17 园区能耗情况

能源概况：展示园区每月总体耗能、能耗变化、耗能最高的建筑和企业，统计全年园区单位能耗产出及变化、产出比最高的企业，方便园区管理者了解园区能源消耗及企业发展情况。

能耗趋势分析：展示在参考园区能耗变化的情况下，给出的能耗趋势变化分析，方便管理者制定应对能耗增长或异常的措施方案。

上月能源消耗与产出分解：展示园区内能源消耗类型、各类型在能源消耗中的占比、同比增减变化；展示园区自产能源在能源消耗中占的比例及作用；清晰直观地让管理者知晓具体能源消耗去向。

月度用电时段分析：展示园区工作日、节假日日间和夜间的能耗，方便管理者了解主要用电时段以及园区内企业加班情况。

中心地图：沿时间轴展示园区内各楼宇在不同月份的能源消耗排名、具体耗能数值及楼宇内部各楼层能耗情况。

2. 治安监控

支持集成视频监控系统、电子巡更系统、卡口系统等园区安全防范管理系统数据。对园区重点部位、人员、车辆、告警事件等要素的实时状态进行可视化监测，支持安防报警事件快速显示、定位，实时调取事件周边监控视频等功能，提升园区安防响应效率，如图 6-18 和图 6-19 所示。

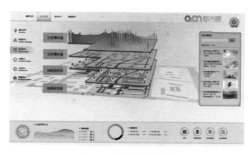

图 6-18　园区治安管理　　　　　　图 6-19　治安防控—视频监控

异常事件汇总：展示异常事件类型、发生次数及区域分布，便于管理者了解异常事件的出现概率，加强对高发事件预防和高发区域的监控巡查。

异常时间列表：展示具体异常事件内容、上报时间、事件照片、发生地点及处理情况，便于管理者掌握异常事件的处理进度。

安防摄像头：展示园区内安防摄像头的类型、具体位置信息、监控画面及是否存在异常情况，便于管理者实时调取查看各摄像头的画面。

中心地图：展示各异常事件的分布、处理进度，安防摄像头分布，各大厦配备的安防摄像头数量、出现的异常事件数、具体发生楼层、历史事件记录等信息。

3. 车辆出入

深度集成停车管理系统数据，对园区内各停车场负载量进行可视化监测，帮助管理者实时了解车流态势，掌握园区内部实时交通态势。

出入统计：展示园区内不同时间段车流量统计、流量变化趋势、车辆类型分析及来源分析，便于管理者掌握园区内车流情况。

实时监测列表：展示园区内进出车辆的牌照、出入口、进入时间、车辆画面等信息，便于管理者调取车辆具体信息。

中心地图：展示园区出入口位置、当日不同时间段该出入口进出车辆变化情况。统计当日、7d 内、30d 内以及 3 个月进出不同出入口的车流量。

4. 人员管理

园区、各写字楼出入口处设置门禁，员工刷卡进出，访客则需提前预约申请。对园区内人员出入进行统计，方便园区管理者掌握园区人流变化，保证园区安全，避免闲杂人等影响园区正常运营。

出入统计：展示园区内不同时间段内人流量统计、流量变化趋势、外来人员来源分析，便于管理者掌握园区内人流情况。

实时监测列表：展示园区内进出人员的个人信息、出入口、进入时间、入园画面等，便于管理者调取具体人员信息。

中心地图：展示园区出入口位置、当日不同时间段从该出入口进出的人员数。统计当日、7d 内、30d 内以及 3 个月进出不同出入口的人流量。

5. 智慧停车

智慧停车旨在实现对车辆调度与引导，加强对停车场的使用及管理，如图 6-20 和图 6-21 所示。

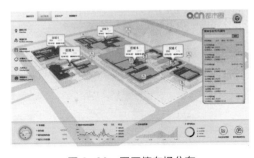

图 6-20　园区停车场分布

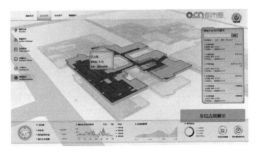

图 6-21　车位占用展示

停车统计：展示园区内车位数、车位配比、不同时间段各停车场剩余车位变化趋势、停车时长等，便于管理者对停车场的调度管理。

停车场运行实况：展示各停车场总车位数、空余车位数及近 1h 内车辆进出情况，方便管理者掌握停车场实时使用情况。

中心地图：展示各停车场的位置及辐射范围，辐射范围内常驻人员数量、车位配比数、近 30d 内空闲车位变化趋势及空闲车位在停车场的分布，便于管理者了解车位使用情况及趋势。

6. 访客管理

加强楼内访客的管理，统计访客的基本信息，发放访客胸牌，设置访客权限，对访客进行定位追踪，避免其误入禁止访问区，减少人员流动，方便管理，如图 6-22 和图 6-23 所示。

图 6-22　访客逗留报警　　　　　　　　　图 6-23　访客越界报警

访客记录：展示楼内访客数量、访客个人信息、到访时间、目的地及访问事由，便于管理者管理访客。

访客情况查询：展示已到访访客实时位置信息及历史路径记录，避免出现越界或停留过久等情况的出现，便于管理者保障楼内安全，方便访客管理。

中心地图：展示访客在楼内的动态位置，入口处的实时访客申请及楼内出现的访客警报。

7. 查询引导

基于园区全景展示系统，将企业信息挂接到房间，可通过企业名称定位具体位置，或通过进入室内模式查看企业分布，实现园区的地图显示、楼栋标识，可对企业进行查询定位并显示基本信息，实现虚拟的路径导航。

查询机引导系统是部署在楼宇内部，便于用户查询企业的查询装置。支持根据名称查企业位置和根据位置查找企业两种方式查询，其中图 6-24 所示的企业检索模块体现了根据名称查找企业位置的方式，首页与其他楼栋模块体现了根据企业位置查看企业信息的能力。

查位置：展示查询机所在楼宇信息，包括：总有楼层、总面积、入驻企业数、使用面积及企业入驻清单。

图 6-24　查询机引导系统

找企业：输入关键词可搜索园区企业并查看该企业名称、行业分类、所在地址等信息，实现导航功能。

其他楼栋：查看园区所有楼宇图，并点选需查看的楼宇。

基于园区全景展示系统，通过企业名称或切换室内室外模式展示园区企业分布及其详细信息。

用户可选择点选查询、关键词查询、列表查询任一方式检索企业，如图 6-25 所示。

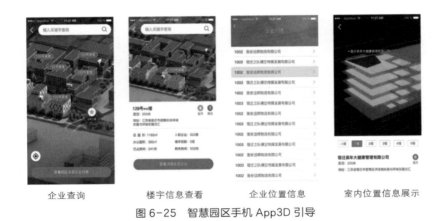

| 企业查询 | 楼宇信息查看 | 企业位置信息 | 室内位置信息展示 |

图 6-25　智慧园区手机 App3D 引导

6.8　智慧园区经营分析平台

智慧园区经营分析平台是对经营分析活动的信息化支撑，更重要的是对经营管理活动的信息化支撑，是经营管理信息化的具体实现。它具体实现了一个从数据到信息再到知识的转化过程，是一项较为完整的从技术到管理的活动。

1. 智慧控制中心

智慧控制中心（图 6-26）可通过园区的营收情况、产业分类及重点企业数据等展示反映公司经营管理，了解园区产业分类，并为园区完整产业链构建提供依据。本主题展示如下六个指标。

企业招商合同数：展示有意向签订租赁合同的企业与合同即将到期的企业，并展示产业招商情况，为制定园区下一阶段的经营目标及重点关注企业提供数据支撑。

本年园区营收情况：展示园区收入与利润总金额以及同比增长率，便于管理者直观看到园区营收情况。

收入与利润增长趋势：展示园区收入与利润随时间变化的增长趋势，并支持钻取查看不同楼宇的收入与利润增长趋势，便于管理者了解区内营收增长趋势。

园区产业分类占比：展示园区内产业分类及每类产业的企业数量与投资金额。同时可按照时间轴切换园区在不同时期的产业分类及占比，便于管理者支持钻取查看这些企业信息。便于管理者了解接下来的商务合作。

各园区企业分布：展示园区的企业数量及企业投资总额，便于管理者了解各园区企业分布情况。

重点企业列表：展示园区商务合同金额最高的七家企业及其所在园区，便于管理者了解重点合作对象。

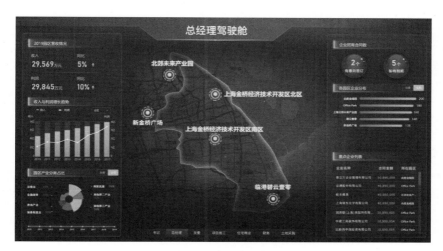

图 6-26　智慧控制中心

2. 项目施工控制中心

项目施工控制中心可反映工程项目的总体情况，包括工程项目招标投标、建设管理、安全生产等。

本年招标投标项目：展示园区本年招标投标项目数量及中标总金额，并做同期对比查看增长率，便于管理者直观了解园区项目情况。

招投标项目与中标金额增长趋势：展示园区项目总数及中标总金额随时间变化的增长趋势，并支持区域钻取查看园区项目情况。

各领域引进项目数量与金额：展示园区引入项目分类，并按时间维度排列，便于管理者查看园区引入项目分类及发展趋势，为构建产业链提供数据支撑。

项目性质：展示预备项目与在建项目占总招投标项目的比重，便于管理者安排之后的项目。

重点项目类型：展示园区千万级投资的重点项目，并支持按区域钻取查重点项目分布。

在建项目分布：展示在建项目的分布情况，便于管理者了解需重点关注的区域。

3. 住宅商业控制中心

住宅商业控制中心可反映住宅商业地产的总体情况，包括住宅、商业运营管理、广场公司运营管理、产业招商等指标。

累计签约额：展示住宅商业地产租赁签约额，并按时间维度分为日签约额、月签约额。

签约额排名：展示住宅商业地产租赁的签约额排名，根据签约金额与签约面积展示排名前十的企业。便于管理者了解重点合作企业。

签约额增长趋势：展示住宅商业地产租赁的签约额增长趋势，便于管理者了解园区租赁发展趋势。

租出区域分布：展示园区租出的区域分布情况。为管理者制定之后的营销策略做数据支撑。

4. 财务控制中心

财务控制中心可反映园区资金管理情况，包括财务、投资管理、现金流等。本主题展示指标如下。

会计要素：展示公司资产、净资产、收入、净利润、资金余额等了解园区财务情况。

会计指标：展示公司净利率、资产回报率、资产周转率、净资产收益率等指标，便于管理者了解园区的盈利能力及运营能力。

投资概况：展示园区总投资规模、总投资现值、投资收益，便于管理者了解园区投资概况。

投资金额：展示园区投资金额及投资变化趋势，便于管理者了解园区投资概况。

合同金额、应收账款、实到款：展示园区与企业签订的合同金额、应收账款、实到款信息，并支持按年钻取查看，便于管理者了解园区账款回收情况。

5. 土地采购控制中心

土地采购控制中心可反映园区规划土地及土地采购的总体情况，包括规划土地、目标成本、招投标住宅商业地产数量、土地利用率、招商情况等指标。

规划土地：展示园区公司规划土地分布，便于管理者了解园区规划土地。

目标成本：展示土地采购的目标成本，让管理者了解成本情况。

招投标住宅商业地产数量：展示招投标住宅商业地产的数量。

土地利用率：展示园区土地利用率情况，为提高土地利用率提供数据支撑。

园区招商情况：展示园区招商入驻企业、有意向入驻企业及空置单位。

第7章 物业智慧运营

物业是指已经建成的各种类型房屋及其配套的相关设施、设备和场地。而物业主要分为五种类型，分别为居住物业、商业物业、工业物业、政府物业和其他用途物业。本章主要介绍物业智慧运营的概述以及物业智慧运营的基本路径。

7.1 物业智慧运营概述

物业作为一种托管服务行业，主要负责对建筑及相关设施的管理。我国物业起步较晚，在其发展过程中，国家也先后颁布过多项政策用于规范物业管理，对物业管理发展具有指导意义。物业智慧运营是当前物业行业发展建设的主要方向，主要针对住宅类提供物业管理服务。

7.1.1 物业智慧运营的含义

物业智慧运营是物业管理的重要组成部分，是指业主通过选聘物业服务企业，按照物业服务合同的约定，对房屋、配套设施及相关场地进行的维护、养护和管理的工作。一般情况下，国内物业管理企业的选用由业主大会决定，业主委员会应当执行业主大会的决议。经专有部分占建筑物总面积50%以上且总人数50%以上的业主同意，业主委员会应代表业主大会与物业服务企业签订协议。国内物业管理行业的基本商业模式为基础服务与增值服务并行，基础服务主要是以物业管理服务、工程服务形式为主，增值服务根据服务对象的不同，分为非业主增值服务和业主增值服务。

物业智慧运营是结合AI技术、物联网、云计算、大数据等技术的发展，从软硬件方面部署智慧平台管理系统并实现智能应用。物业智慧运营可实现全场景覆盖，实现业务与数据全面融合，确保物管服务流程可追踪，操作更科学、管理更便捷，全方位打造集移动化、信息化、智能化的小区管理与运营模式。利用"智能化设备及软件平台"连接社区内居民、物业、商业、政府，通过实现居民生活智慧化、物业管理智慧化、社区商圈智慧化、政府服务智慧化，从而达到以下效果。

1. 居民生活更安全、更舒适、更和谐

通过"智能设备及软件平台"的部署，可以高效、精准地管理社区内的人员及车辆，包括道闸、翼闸、监控、火灾、楼宇对讲等设备，为社区居民提供安全、舒适的生活环境。

2. 物业服务更全面、社区生活更方便

通过基于物联网的智能化升级，建立连接社区内全部居民的有效通道，整合全部第三方服务及商品，充分赋能社区物业公司，为社区居民提供更全面专业的产品与服务。

3. 政府社区治理更精准、社区服务更高效、特殊情况防控更快速

通过"系统平台"及进入千家万户的"智能屏幕—智慧管家室内机"，让政府与社区居民建立双向的信息通道，让政府的社区治理更加精准与高效，让政府的应急处理能力得到巨大提升。

7.1.2 物业管理服务的政策演变及发展趋势

我国的物业管理行业诞生于 20 世纪 80 年代。1981 年 3 月 10 日，深圳市首家涉外商品房产管理的专业公司——深圳市物业管理公司成立。1985 年底，深圳市房管局成立，1988 年，由企业实施管理、房管局进行监督的住宅小区管理体制在深圳市已基本形成。1992 年 6 月，广州世界贸易中心大厦交付使用，并由香港第一太平有限公司和广州珠江物业酒店管理公司共同管理，开创了国内甲级写字楼管理的先河。1993 年 6 月 30 日，深圳市物业管理协会正式成立。1994 年 3 月 23 日，国家建设部颁布了《城市新建住宅小区管理办法》，标志着我国物业管理开始迈向法治化的轨道。1994 年 7 月，深圳颁布了《深圳经济特区住宅物业管理条例》，是我国第一部地方性物业管理法规，并于同年 11 月 1 日开始执行。

2003 年，《物业管理条例》（国务院令第 379 号）公布，成为物业管理行业的纲领性文件，标志物业管理的法律法规建设的完善。同年，国家发展和改革委员会、建设部发布《物业服务收费管理办法》，规范物业服务收费行为。2017 年，国务院取消一批行政许可事项的决定，取消物业服务企业一级资质核定审批，由住房和城乡建设部加强事中事后监管。

2018 年 3 月 8 日，住房和城乡建设部正式发出消息，《住房城乡建设部关于废止〈物业服务企业资质管理办法〉的决定》已于 2018 年 2 月 12 日第 37 次部常务会议审议通过，现予发布，自发布之日起施行。

根据"中国房地产业中长期发展动态模型"，结合内外部宏观经济环境，2018—2020 年，全国商品房加保障房的销售面积将超过 40 亿 m^2，以 2017 年全国 246.65 亿 m^2 的管理面积为基准，到 2020 年全国物业管理规模将超 287 亿 m^2。按百强企业管理项目平均物业费计算，未来五年全国基础物业管理市场规模约为 1.5 万亿元。

随着物业管理行业规模的不断扩大、经营业态的不断丰富，物业管理行业的营业收入同步增加。但物业企业仍有诸多难题需要解决，如经营成本持续上涨、行业集中度低和物业纠纷时有发生等。随着现代科学技术水平的发展，物业管理企业将从简单密集型劳动输出转变为针对不同业主需求的集约化现代物业服务模式，业内物业服务企业致力于发展人工智能应用，打造智慧服务社区。如采用 AI 领先技术，打造云—边—端 AI 全栈解决方案，利用人工智能和物联网的深度融合，将物业服务场景智能化、平台化，整合线上线下资源。

基于相继出现的智慧物业平台服务，以往传统服务所无法实现的功能均已实现。例如，通过移动互联网和智能手机，可以将原本烦琐的维修流程简化，可以预订服务、购买商品。相关智能 App 的开发与普及已经成为物业行业的一个发展方向，"互联网 +"思维加速渗透到物业服务领域。从物业服务企业对互联网"看不到、看不懂、看不起"的发展初期，到如今"物业 + 互联网"模式逐步迈入成熟期，互联网在物业服务领域的应用已实现了从 0 到 1 的跨越和从 1 到 N 的转变。

7.2　物业智慧运营系统

物业智慧运营系统分为两大平台。第一个平台将社区各种智慧化子系统串联起来进行综合联动管理，更加高效更加安全，同时平台兼容性很强，能够灵活、便捷接入第三方子系统和平台。第二个平台以家庭室内机为核心，把物业服务、社区商务运营出来，实现居民生活智慧化、物业管理智慧化。形成了智慧社区综合管理、服务、运营系统。两大平台融合于智慧社区云平台，且平台具有开放性，对内可以与智慧家居融合，对外与智慧政府、智慧商业融合。

7.2.1　物业日常管理的智慧化——智慧社区综合管理平台

1. 平台概述

平台旨在依托现代信息技术，整合社区管理服务各方资源，构建一个面向社区服务的管理部门，支撑多元化应用渠道，集社区内部管理、社区服务、志愿服务、公益服务等为一体的综合性智慧社区服务平台。通过平台建设和应用，支撑业务用户对全局信息的深度把握，对动态信息变动的实时监控，实现对社区服务资源的高效管理和配置，服务需求直接传达和快速响应，业务管理智能高效，满足日益增长的服务需求。智慧社区综合管理平台如图 7-1 所示。

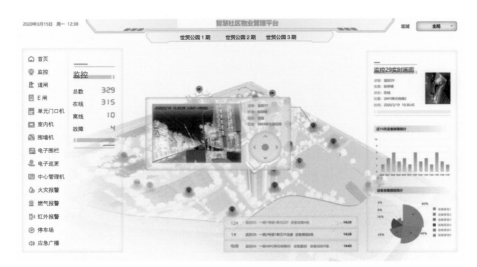

图 7-1　智慧社区综合管理平台

2. 平台架构

智慧社区系统平台架构如图 7-2 所示。

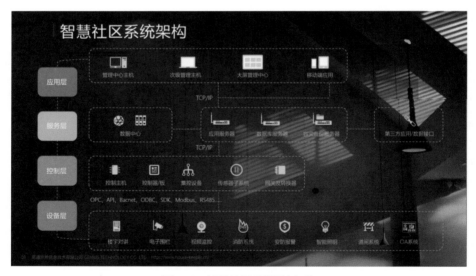

图 7-2　智慧社区系统平台架构

3. 部署方式

考虑到接入的设备大多为本地离线设备，部署方式采用本地化部署，方便第三方设备集成接入，同时与社区智能化设备厂商形成对接，更快地将平台落地。

4. 平台功能

图 7-3 为智慧社区综合管理平台功能。

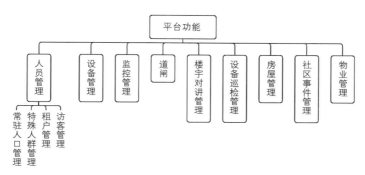

图 7-3　智慧社区综合管理平台功能

（1）人员管理

1）常驻人口管理

通过"人脸识别翼闸、围墙机、人脸识别梯口机、监控、电子围栏"等设备的综合管理，实现对社区内在籍人口及流动人口的精准管控。同时通过与"公安部人口数据库"的连接，实现对特殊性人群重点管理。

2）特殊人群管理

通过"人口管理"等设备平台的综合管理，对特殊人群分类，通过硬件设备统计人员出入，并对数据进行分析。如对孤寡老人标记，当 48h 内无进出门记录时，平台将发送报警信息，管理人员安排上门服务查看具体情况。

3）租户管理

当持卡人员刷卡时，人脸识别设备拍照进行比对，持卡人员与录入人员人脸匹配，超过三次匹配不成功，系统发出警告，管理员查看。通过硬件设备对社区内出现租户进行管理，社区内租户要进出小区时，必须通过管理人员下发卡片，下发时进行租户信息采集。

4）访客管理

在访客进出时，需要来访人员扫描进出口二维码，填写拜访人员姓名、选择楼栋，后台进行比对，比对完成后，即可生成开门密码或二维码，即可实现进出。后台分析社区内到访人员次数、比对人员信息，对访客进行分析管理，可以精确监管到是否存在恶性群聚。对频繁出入人员如快递公司等经常出入小区服务人员，可以通过管理人员办理临时出入二维码，扫描即可进入社区，同时平台拍照记录。

（2）设备管理

平台可接入第三方智能化设备，让第三方智能化设备在同一个平台上进行监控管理。

（3）监控管理（图 7-4）

通过"视频监控"的集成化管理，对接监控设备，在平台电子地图上进行展示，免去低效的人工寻人寻物的工作模式，通过人工智能化分析，显示有用的监控信息。实时监控设备在线和离线状态，设备故障时实时发出设备维修报警。通过行为分析，聚集人员超过预警人数时，提前预警。

（4）道闸管理（图 7-5）

通过"道闸及停车场（位）系统"的集成化管理，实现对出入小区的车辆的有效管理，包括业主车辆、临时车辆，车与人和房关联，杜绝乱停乱放的现象，为社区居民提供舒适的生活环境。

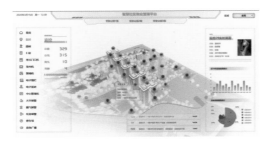

图 7-4　监控管理　　　　　　　图 7-5　道闸管理

（5）楼宇对讲管理（图 7-6）

对"楼宇对讲"系统进行静态和动态管理。对设备的在线和离线状态实时监控，当设备故障时实时发出设备维修报警。分析显示单元门口机呼叫记录；实时监控单元进出口，在平台显示呼叫自动抓拍。

（6）设备巡检管理（图 7-7）

设备巡检管理是全自动化平台，能对社区内所有智能化设备进行巡检，可以快速定位到具体设备故障，故障分析完成生成故障列表，故障列表可以自动下发至对应维修人员手机端，后续进行跟踪处理。

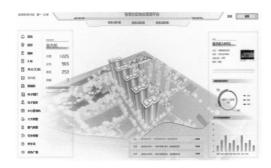

图 7-6　楼宇对讲管理　　　　　　图 7-7　设备巡检管理

（7）房屋管理

社区房屋在社区建立完成后，在平台生成房屋。通过"添加房屋"和"人员列表"功能可以将人员添加到固定房屋中，并给予身份定义，如房东身份、租客身份、物业管理人员等。图 7-8 为某社区房屋管理相关界面。

房屋管理是社区管理的基本单元之一，社区管理平台可以对社区内所有的房屋进行管理，通过对房屋类型、入住人数、是否绑定车位、入住情况、自住或出租等信息进行统计显示。房屋管理不是独立单元，房屋与人员、车辆、保修记录、缴费记录同步关联，在管理房屋的同时也可以查看到当前房屋绑定的其他信息，为使用者带来更好的管理体验。

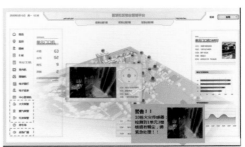

图 7-8　某社区房屋管理相关界面　　　　图 7-9　社区事件管理

（8）社区事件管理（图 7-9）

对"社区事件"进行日常和突发事项管理，通过对"火灾报警、红外报警、燃气报警、监控系统、电子围栏"等设备的集成，实现对突发事件的及时报警和迅速响应，保障社区生活的安全性。同时报警信息与"公安系统"直接对接，确保及时有力地应对。

通过对接摄像头和监控画面分析聚集性事件。当画面人数超过预设值时，屏幕自动弹出报警信息，管理人员查看监控可以看到具体情况来判定是否需要进一步处理。

通过与烟雾报警、燃气报警设备联动进行火灾事件预警。当设备发生报警信息时，屏幕自动弹出信息，通知管理员具体报警位置，安排巡逻人员前去查看。

通过电子围栏与视频监控联动进行防区入侵事件预警。防区内有异常情况，屏幕自动报警信息和对应视频监控。

平台与小区背景音乐、广播系统、室内屏幕实现互联，有紧急情况时，可以同时联动通知。

通过集成"智能门禁、道闸、监控、电子围栏、人行翼闸、火灾报警、燃气报警、红外入侵检测"等智能化设备，对人员、设备、事件在统一平台上进

行监控与管理。平台建设之初坚持开
放性，兼容各种品牌的智能安防设备，
并提供对外接口，方便第三方设备接
入，根据项目不同功能需求，可新增
智能安防设备。

图 7-10　物业员工管理界面

（9）物业管理（图 7-10、图 7-11）

物业平台把在职员工进行登记，通
过职务划分，手机小程序分配到每个员
工手机上，可以实现物业员工管理。当
平台有订单时，平台通过职务划分可以
把维修订单发送至物业员工手机端。业
主可以通过手机端或室内机端上报维
修，后续进行跟踪维修订单。

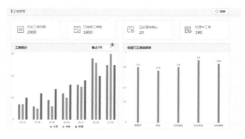

图 7-11　工单管理界面

7.2.2　物业社区增值经营的智慧化——智慧社区运营平台

1. 平台概述

智慧社区运营系统，提供社区内居民生活习惯、居民消费偏好、使用频率等
大数据，结合当地特色，社区运营人员协助社区商户优化运营策略，同时根据大
数据分析为社区居民提供准确有效的社区服务、商务、广告，为社区居民带来方便、
优惠的信息。社区运营后台按年月日准确分析统计交易、订单、金额等详细信息
并展示，为运营人员提供准确的数据分析，同时社区周边的商家信息所编辑的商
品信息、店铺信息、店铺资质等在运营后台都可以通过审核后展示出来。平台首
页图如图 7-12 所示。

图 7-12　平台首页图

2. 平台功能

智慧社区运营平台功能见图 7-13。

（1）社区公告发布

社区公告发布功能可以帮助物业人员更好地发布物业信息。很多物业公司因信息无法及时传达到业主处，导致处理社区管理工作事倍功半，最终导致业主对物业公司的不信任。物业发布平台能够及时、高效、定点发送物业信息到业主家室内机平板上，或者业主移动端上，而且能够根据业主对物业信息的查看情况进行二次通知，确保信息被有效传达。

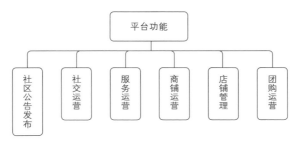

图 7-13　智慧社区运营平台功能

撰写发布公告流程：

1）选择公告类型—输入公告标题—输入公告正文—选择发送对象；

2）公告编辑完成，支持定向人群发送，可以按楼栋、单元或单个住户筛选发送；

3）点击"预览"可以查看编辑内容的最终展示效果；

4）如果暂时不发布，可以保存草稿；

5）点击"发布"后，被选择社区居民家中室内机将弹屏显示该条公告，后期平台还可以查看住户的阅读率，体现出高效管理。

（2）社交运营

社交运营功能基于物业管理云平台，能够打破当今社会邻里间的陌生现状，使小区焕发活力，具体功能如下：

1）页面上部分展示"社区新鲜事"发帖情况统计；

2）页面下方为社区内所有的居民发布的所有内容的列表，可以按照内容类型筛选查询；

3）点击单条内容操作页面中的"预览"，可以查看内容详情；

4）点击单条内容操作中的"置顶"，可以将该内容在室内机和手机 App"社区新鲜事"模块中置顶显示，再次点击则取消置顶；

5）点击单条内容操作中的"屏保"，可以将该内容在室内机和手机 App"社区新鲜事＂模块中屏蔽不显示，再次点击则取消屏蔽。

（3）服务运营

1）服务产品管理

服务产品主要以社区生活中的维修、安装服务为主，都是上门服务，所以管理尤为重要。对提供服务的商家和服务人员都要进行严格的审核和相应的管理，以保证服务的品质。在服务平台上通过列表展示提交到本社区的所有服务产品，通过服务分类、服务提供商、服务状态、服务名称进行查询。在单条服务产品操作中点击"预览"，可以查看该服务产品在室内机上的显示效果。运营人员能够对服务进行相关审核操作。

2）服务订单管理

每项社区服务都以订单的形式在运营平台上显示，对服务进度和服务质量进行追踪管理。通过对历史订单数据进行大数据分析，有助于运营人员分析社区服务的需求和服务的改进方向。

"服务订单管理"页面上部分显示本社区产品服务订单的数据统计分析结果，方便运营人员进行数据分析。

3）服务商家管理

服务商家管理功能可以实现更好地运营社区，确保服务的质量。在管理平台相关页面上以列表形式展示本社区入驻的所有服务商家，可以通过服务类型、审核状态、店铺状态及店铺名称来筛选查询，并进行管理操作。在系统界面，点击单个商家可以审核该商家是否通过审核，通过了的商家则可以在本社区上架服务商品，未通过则不能在社区上架服务产品。

4）投诉纠纷管理

运营服务必然会遇到投诉纠纷，如何快速妥善地处理纠纷，也是一个平台完善程度的体现。页面以列表形式展示本社区所有服务订单交易产生的投诉，可以通过服务商名称、服务分类、处理状态和投诉时间来筛选查询。在系统界面点击列表中的单条投诉，可以查看该条投诉的具体内容。在投诉详情中可以填写该条投诉的处理结果以备查询。

（4）商铺运营

运营系统页面以列表形式显示本社区所有商品，可以通过商品名称、商家名称、店铺类型和审核状态来筛选。切换点击单条商品可以切换该服商品的上下架状态。上架的商品将在室内机及手机 App "慧生活"模块显示，下架产品则不显示。商家还能够及时查询产品上下架申请的审核状态、结果。

（5）店铺管理

管理页面以列表形式展示本社区入驻的所有商家，可以通过入住分类、审核状态、店铺状态及店铺名称来筛选查询。找到对应的商家，然后进行审核。商家是否通过审核取决于其自身资质和诚信度。若通过平台审核则该商家可以在本社区上架商品，未通过则不能上架商品，平台不向业主展示未通过审核的店铺和商品。

（6）团购运营

社区拥有广泛的消费群体，社区团购运营有着很大优势。商家通过运营人员的审核给小区业主带来实惠的商品，在运营平台强大的宣传推广能力的帮助下，能实现业主和商家的互惠互利。

平台可以通过室内机弹屏提醒居民参与团购活动，通知将在社区居民家中的室内机上弹屏显示，信息发送前，平台可以预览查看弹屏的展示效果。

第8章 建筑智慧化系统工程案例

本章主要介绍建筑智慧化系统相关工程案例，案例涉及多种建筑类型，多元化呈现各种智慧化系统在不同建筑类型中的应用，从一般建筑的设计、施工到建筑的后续运营，到园区、社区的建造与运维，以及一些特殊建筑的相关系统，充分展示了相关智慧与信息化系统的高参与度，全方位展示了建筑智慧化系统的功能和发展前景。作为优秀的建筑智慧化系统应用案例，将为相关建设工程的后续设计、建造和运营等过程提供实际应用参考，为今后建筑智慧化系统工程提供重要的数据支撑和理论支持。

8.1 北京德威特工厂配电室智慧化改造提升工程

1. 工程概况

北京德威特公司生产基地配电室智慧化改造提升工程项目位于北京市顺义区，建筑面积 $7000m^2$。改造前该生产基地负荷主要有一般生产负荷、办公区域负荷、实验室冲击性负荷三类，无特大型负荷，但在实际生产中由于实验室的存在，在进行特殊实验时，经常会影响系统稳定性，给正常的生产造成了一定影响，同时由于系统的利用率低，造成较大程度的能源浪费。在进行智能化改造提升后，系统冲击型负载与普通负载并存的用电需求环境等问题得到很好的解决，大幅度提升了系统的实际使用效率和经济环境效益。图 8-1 为工厂配电室示意图。

2. 主要的智慧和信息化技术

工程原有配电系统采用 GGD 配电柜，柜内装设 4～6 只开关，同时由于使用较长时间，陆续增加了若干微断设备。系统改造后要求实现系统的数据智慧化运维，全面的数字化保护，真正做到保护措施分级选择性要求，同时对厂区所有配电回路实现穿透式运维，及时发现隐患，杜绝事故发生。针对厂区用电效率低等问题，运用智慧运维技术完成系统能源管理，采用智慧化优化运行方式，提升系统实际运行效率。图 8-2 为智慧能源管理系统示意图。

综合多方位需求，升级系统采用德威特公司生产的 DM6Z 系列智能断路器设备产品，使用新型固定式柜体，每柜内装设 8 只智能开关，取消全部测量仪表、计量仪表、温度测量仪表、保护设备等二次设备，拆出除一次电缆外全部配线。

升级系统通过巡检摄像功能进行动态智能化巡检，电气系统由云平台智能化运维，全天候动态调整负荷平衡匹配状态，24h 不间断进行安全状况分析，实时提供毫秒级安全保障措施。真正做到不误动、不拒动、不越级，用技术手段保障系统的安全可靠和最优运行状态。图 8-3 为云平台智能断路系统示意图。

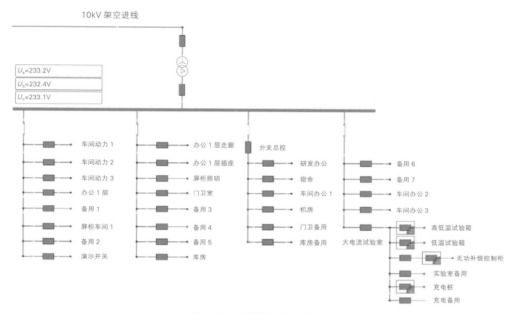

图 8-1 工厂配电室示意图

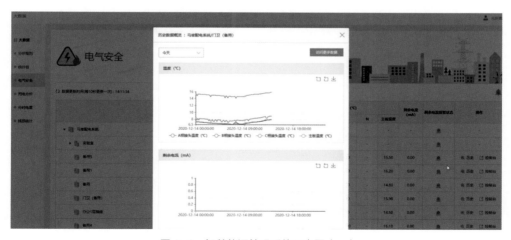

图 8-2 智慧能源管理系统示意图（一）

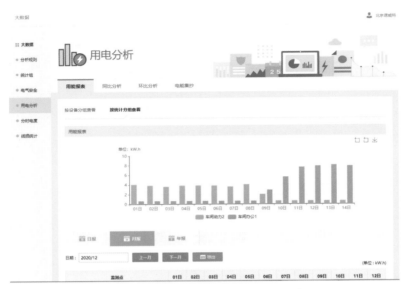

图 8-2　智慧能源管理系统示意图（二）

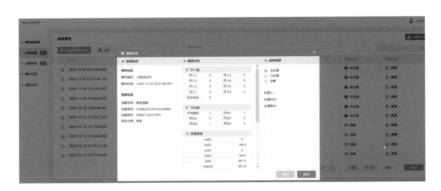

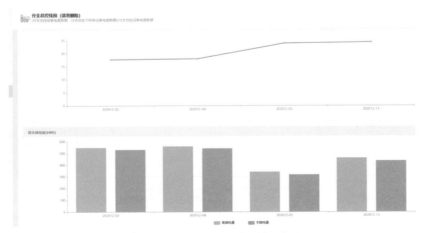

图 8-3　云平台智能断路系统示意图

系统具备全景式录波功能，实时精准分析所有细微扰动，精确捕捉任何异常情况，实时高效分析并预警系统存在的潜在风险，见图 8-4。

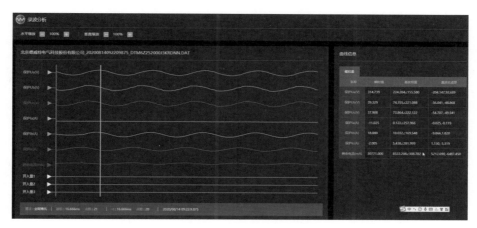

图 8-4　全景式录波

3. 创新点

　　该系统采用 DM6Z 系列智能断路器及云平台系统，采用"一二次系统融合"配电技术，突破常规低压开关产品仅有的热保护和磁保护模式，采用全周期 256 点采样频率，高速运算处理，快速有效地提供系统保护安全措施，结合低压系统全数字化保护能力，同时融合配电系统在线温度测量，并提升为温度保护能力，成为能监看能管理的温度监测系统。系统具有高达 0.2 精度的测量能力，系统计量精度达到 0.5 级，计量方式无限制，不仅能够实现时域型计量，还可以更多地结合生产生活需要及相关法律法规进行灵活按需设定。全智能化的自动运维管理实现系统云平台代替人为监管，自动化智慧化运维能够防止人为干预的不全面性，通过语音技术、网络透传技术等多种技术以不同级别告知运管人员与责任人，高效提升了系统安全可靠性和可用性。

4. 技术、社会经济效益等

（1）技术效益

　　新系统投入运行近三年，以实际效果验证了基于"一二次系统融合"技术的低压断路器所构成的智慧配电系统的设计理念。对物联网技术在实现配电智能化的作用做了实验性的探索和尝试。取得了第一手的实验数据，为进一步的产品开发和完善提供了实际的依据。

（2）经济效益

　　智能配电系统安装后，系统成为企业自身的能管系统，企业各个部门和单位的电能使用情况一目了然，帮助企业杜绝了很多电能的浪费，发现了企业的严重的三相不平衡问题，通过线损分析和电缆头测温以及漏电测量发现了安全隐患。使企业的配电维护变为以预防为主的形式。

（3）社会效益

厂用配电室改造完成后，先后接待几百次，涉及上千人次的参观（图8-5），对推广"一二次融合"技术，对促进智能配电技术的进步和发展都起到了一定的积极作用。电气行业逐渐接受了物联网断路器所代表的新一代低压智能配电技术的理念。在德威特的推动下已发布2项团体标准，正在报批中的2项团体标准都为这一技术的推广和普及起到了纲领性的作用。而就这一技术对未来的建筑设计和招标可能起到的颠覆性作用，德威特也正在与一些建筑设计院展开可行性研究和探讨。未来的建筑电气设计是否可以利用这一技术在保障高可靠性和安全性的前提下大幅降低设计冗余，实现绿色设计，智能设计未来可期。

图8-5 2020年10月中国配电技术高峰论坛，国家电网领导参观
华为宽带载波技术HPLC的物联网断路器所搭建的智能配电台区展台

（4）获得的专利、标准、奖励等

本项目获得47项专利，已经推出《多功能智能化低压断路器》《低压智能电器广域网通信技术要求》两项中国电气工业协会标准。正在与中国勘察设计协会共同推出《物联网智能低压断路器配电技术标准》，与天津电气科学研究院等单位共同推出《物联网低压成套开关设备技术标准》。本项目从2014年立项，获得北京市发展和改革委员会授予的"北京市工程实验室"；2017年获得国家发展和改革委员会授予的"国家地方联合工程研究中心"的国家级实验室；2017年与小米科技有限责任公司、中国航空工业集团有限公司、中国民航信息网络股份有限公司一起成为北京首批获得工业和信息化部授予的"服务型制造示范项目"；2017年，在人力资源和社会保障部授权下建立"博士后工作站"；2018年获得工业和信息化部制造业"双创"平台试点示范项目；2019年获得中关村5G创新应用大赛优秀奖，2020年获得工业和信息化部"两化融合贯标企业"。

8.2 北京城市副中心信访中心项目案例

1. 工程概况（表 8-1）

本工程位于北京市通州区潞城镇，总工期为 538 日历天，总建筑面积 47900m²，地上建筑面积 32400m²，地下建筑面积 15500m²，主要功能为办公用房。房屋建筑高度 31.5m，地上 7 层，地下 2 层。结构形式为钢框架—支撑结构，中间裙房地上层数为 4 层，结构形式为钢框架结构；地下共两层，采用钢筋混凝土框架结构。质量目标为北京市结构"长城杯"及建筑"长城杯"，安全文明目标为北京市绿色施工文明安全工地，科技示范目标为住房和城乡建设部绿色施工科技示范工程，绿色目标建筑设计绿色建筑二星认证、LEED-CS 金级认证、WELL-CS 金级。图 8-6 为信访中心概况图。

图 8-6　信访中心概况图

工程概况　　　　　　　　　　　　　　　　　表 8-1

项目	内容
工程名称	北京城市副中心行政办公区信访中心
建设单位	北京城市副中心行政办公区工程建设办公室
设计单位	北京市弘都城市规划建筑设计院
建筑面积	47900m²（地上 32400m²，地下 15500m²）
建筑高度	31.5m（地上 7 层，地下 2 层）
工期要求	要求工期：538 日历天；开工日期：2020 年 3 月 20 日；计划竣工日期：2021 年 9 月 8 日
BIM 相关要求	在本工程实施过程中的 BIM 应用遵守《城市副中心 BIM+ 智慧建造应用指导手册》及北京城市副中心行政办公区工程建设办公室发布的《基于 BIM+ 的城市副中心智慧建造标准》

（1）项目背景

本项目是北京市城市副中心一期建设的附属工程。在此之前，中建一局已经承建了 B1、B2、C1、C7 等工程，具有很好的技术延续性，如：平台的持续应用，在研究和应用过程中不断改进平台的功能使其越来越适合一线的使用；项目数据的积累，如水电定额数据的收集，到信访项目上进行分析修正，而且业

161

主单位也对本项目的 BIM 技术应用有更高的要求，如：全周期全专业的 BIM 管理等。

（2）施工重难点

本项目作为北京市首个 BIM 招标的全周期 BIM 管理的项目，对副中心二期工程的建设有示范意义，需要从设计阶段就考虑模型的建造和使用问题，通过将 BIM 模型的使用放入招标活动，检查投标单位应用 BIM 技术的能力，到施工阶段的 BIM 流程管理、模型信息传递、模型检查标准等工作内容，模型的验收依据以及运维的模型信息传递都是需要形成标准并为后续二期工程提供依据。

2. 工程 BIM 应用实施策划

（1）BIM 应用范围（全生命周期）、应用目标

BIM 应用范围：副中心模型的全过程管理及交付。

智慧建造目标：立项北京市 BIM 示范工程。

经济效益目标：利用 BIM 技术碰撞检查辅助图纸会审，提前规避施工问题，避免出现返工等问题造成的施工进度延误和成本损失，利用 BIM 技术进行材料过程管控，通过优化节点、材料、用工分析，提前验算分析，做到节材节能，创效总额不低于 100 万元。

质量安全目标：实现质量安全问题的采集，形成 BIM 数据记录智能分析，形成验收信息、资料及可视化记录。

进度管控目标：将 BIM 技术与工程进度计划相结合，提前检验工程进度的合理性，材料合理化管控、劳务功效的有效化等方面确保按时按质按量完成。

环境目标：通过智慧建造平台对环境的智能管控，符合绿色施工规范，优化场地布置。

人才培养目标：10 人项目级 BIM 团队；2 人以上取得中国图学学会 BIM 一级等级考试证书。

（2）人员组织架构和职责

表 8-2 为相关软、硬件设备及其用途。图 8-7 为人员组织架构示意图。

相关软、硬件设备 　　　　　　　　　表 8-2

名称	用途
Revit2016	模型建造软件
Navisworks2016	用于进度模拟
Lumion	用于展示图形和漫游
tekla	钢结构设计和出图

图 8-7　人员组织架构示意图

3. 拟组织实施的 BIM 应用

（1）BIM 基础应用

1）BIM 技术投标方案（图 8-8）：在投标策划阶段，依据招标文件要求，对模型局部进行深化，建立临时设施模型，模拟现场临建布置方案，模型、临建讲解视频作为投标文件组成部分，用于评标时对投标单位的 BIM 实施能力的检查。

2）BIM 辅助方案编制（图 8-9），三维动态可视化交底：针对工程重、难点施工方案，绘制节点 Revit 模型，进行可行性模拟，编制施工方案，例如高大模架施工方案、钢结构施工方案等，利用模型进行三维动态可视化交底，保证三级交底的信息传递贯通。

解决的问题：施工过程中方案编制和比选，以及交底过程的信息传递问题。

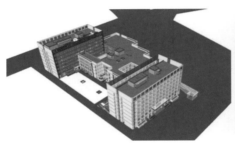
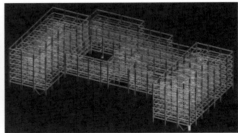

图 8-8　投标方案模型结构三维模型

图 8-9　BIM 技术辅助方案编制模拟图

3）施工工艺／工序模拟（图 8-10、图 8-11）：利用模型模拟钢结构的安装过程、施工通道的架设、墙体模架搭设等过程进行工艺模拟和交底，辅助工人理解现场施工工艺。

解决的问题：提高了工艺交底的信息传递效果。

4）碰撞检查（图 8-12、图 8-13）：对各专业模型进行汇总，并进行详细的碰撞检查，进一步检查设计图纸中的问题。

解决的问题：提前解决专业间的协同问题。

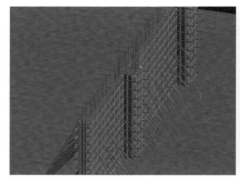
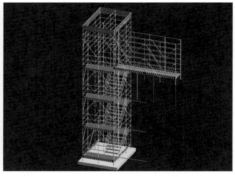

图 8-10　BIM 模架工序模拟图　　　　图 8-11　BIM 上人马道工序模拟图

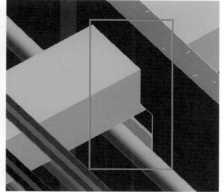

图 8-12　机电专业模型碰撞检查图　　　图 8-13　机电与土木专业模型碰撞检查

5）专业深化设计（图 8-14）：利用 BIM 技术辅助钢结构、装饰、机电深化设计，进行施工效果预览和错漏碰缺检查，防止专业分包管理缺失时，对工程造成不必要的损失，加强专业分包管理。

解决的问题：通过对原设计进行深化，提高深化工作效率，减少碰撞情况。

H 形钢与混凝土连接节点　　　主次梁连接节点　　　圆管柱变截面　　　梁柱节点

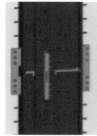

十字形劲性钢柱对接　　H 形劲性柱对接　　转换层十字钢柱与钢梁连接及节点　　十字柱与 H 形钢柱对接节点

图 8-14　钢结构深化设计图

6）二次结构、砌体施工：结合机电及装饰装修工程，完成预留洞口的确认，对条板墙体进行深化设计，提前预加工，减少现场工作量，出图并进行可视化交底，解决二次结构后期开洞、尺寸偏差等问题。

解决的问题：对二次结构及砌筑施工进行工程量统计和洞口预留分析。

7）进度优化辅助分析（图8-15）：通过平台对进度计划校核和优化，根据实际进度相对于现场进度的提前落后进行分别着色，可以直观显示现场实际与计划之间的偏差，有利于发现施工差距，及时采取措施，进行纠偏调整；即使遇到设计变更、施工图修改，也可以很快速地联动修改进度计划。

解决的问题：用于辅助进度分析和纠偏工作。

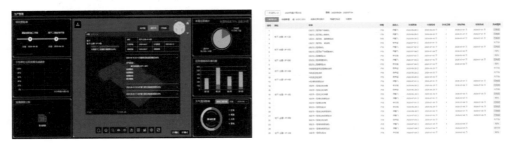

图8-15 进度优化辅助分析

8）安全、质量管理（图8-16）：通过手机对质量安全内容进行拍照、录音和文字记录，并上传平台，协助生产人员对质量安全问题进行管理。同时可一键导出整改单，大大降低相关人员工作量。管理层可随时随地通过网页端进行质量安全问题查看，并在质量、安全例会上进行交底。实现质量安全问题留痕的闭环式管理，做到有据可查，责任到人。

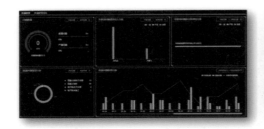

图8-16 安全质量管理平台

其中安全管理的主要措施如下。

a. 劳务实名制封闭管理：利用门禁设备和云筑劳务管理系统，可以对工人的实际信息进行管理，通过提前获取工人的征信信息，并采取措施，将有过不良信用记录的工人排除在外，进而在源头上减少现场工地纠纷。并且工人需要通过进场教育才能获得入场资格。再利用门禁设备对进场工人进行管理，确保现场人员都是符合要求的人员。

b. 应用 AI 技术进行人脸识别、安全帽识别、反光马甲识别：利用人脸识别技术提高进场管理的安全性，利用安全帽和反光马甲识别加强现场安全管理。

c. 应用安全 App 进行现场安全管理：应用安全管理 App，在平台上进行安全问题的整改和检查。

d. 应用塔式起重机、外用电梯等监控系统进行大型设备安全管理：应用监控设备对塔式起重机的塔司视野和塔式起重机状态、外用电梯状态、司机人员进行监控，提高安全施工保障。

e. 应用体检一体机对工人身体状况进行排查：应用体检一体机对施工人员的身体状态进行检查，提前发现如高血压等异常体征人员，减少现场发生安全事故的情况。

f. 高大模架的安全监控：应用高大模架监控设备对高大模架进行安全监控，一旦现场施工超过安全值，就立刻发出声光警报。

解决的问题：提高了安全、质量管理的效果，减少安全、质量事故发生。

9）基于 BIM 的总平面管理与进度协同：应用扫描仪获得现场真实数据，作为场地建模依据。结合进度计划和材料进场工作，利用 BIM 模型协同材料堆放，进行动态的平面布置。

解决的问题：通过准确的模型对场地进行规划，提高场地利用效率。

（2）BIM 创新应用

1）利用自研发软件辅助临建成本计算

项目背景：在副中心区域，临建的布设费用较高，且为配合副中心的建造过程，现场临建做了多次"拆迁"，这其中产生了大量费用，无论是拆迁还是重新布置，都需要对临建费用进行快速和准确的统计。因此项目自主设计了一个软件，配合自己建造的族系，即可实现对临建模型的快速计算过程。

应用过程：在投标阶段进行了临建模型的布置，进入施工阶段，在投标临建模型的基础上，根据现场情况进行临建布设，并通过扫描仪对现场进行三维扫描，获得现场的准确信息，再以扫描成果作为依据，对模型进行调整，通过使用特殊的族，配合软件和外部造价信息，对临建的成本进行快速计算。

应用效果：项目通过模型进行临建布置，临建布置的协同性，商务部门将模型用于和分包核对工程量的依据，并提出了完善模型的意见，如增加基坑上部的返台等内容。图 8-17 为通过 3D 扫描仪创建点云模型，复合现场平面布置模型示意图。

2）基于区块链的施工信息管理技术

应用背景：习近平总书记在 2019 年年底中央政治局学习时要求推进区块链的应用，建筑业目前应用仍处在起步阶段。2020 年 3 月项目即开始通过自主研

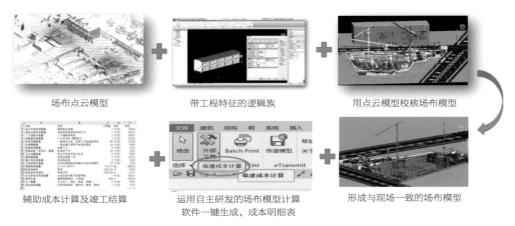

场布点云模型　　　　　带工程特征的逻辑族　　　　用点云模型校核场布模型

辅助成本计算及竣工结算　　运用自主研发的场布模型计算　　形成与现场一致的场布模型
　　　　　　　　　　　　软件一键生成，成本明细表

图 8-17　通过 3D 扫描仪创建点云模型，复合现场平面布置模型

发的软件系统，采取区块数据与原始数据分离的方案对疫情资料进行离线入链管理，实现资料的每日入链，进而督促管理人员落实疫情措施，后续又对各类现场巡查照片、施工记录、验收记录、方案、模型等工程电子文件进行入链处理。通过实际应用，逐渐摸索出建筑工程领域应用区块链的经验，形成了基于项目节点的部署方案，分析出建筑工程领域区别于金融领域应用的特点，在"哪些信息需要入链，如何入链，由谁实施，何时实施，如何检查"等问题上有了清晰的解决思路。

应用过程如下。

a. 建立基于区块链的管理流程

通过与建设单位、设计单位、监理单位的沟通，项目建立了基于区块链的信息共享机制，建立一个服务器统一保存各方信息，通过区块链的节点共享能力处理模型的确认、从设计到施工的过程的模型信息跟踪，以及施工日志、质量验收照片等信息的跟踪过程。

b. 建立基于区块链的流程体系，应用区块链进行模型信息的传递，具体实施过程如下：

项目建立一个元数据备份服务器作为项目节点，从各个节点下载元数据。

建设单位、设计单位、监理单位、施工单位等各单位都可以作为节点添加区块入链，内容可包含通知单、函件、变更、模型、日志、验收文件等内容。

各方通过链条上的区块确认往来的信息，如设计单位公布模型区块；建设单位公布确认收到区块，而后公布审核完毕区块，并要求监理单位确认收到；监理单位公布收到区块，并向下传递信息；各方信息在链条上可查，不可篡改。

采用 Revit 插件比对两个模型，可获得模型之前有差异的图元列表，以便于检查模型之间的差异。

c. 应用区块链技术管理疫情资料（图 8-18）：

项目原预计在 2020 年底可能出现疫情反弹，因此考虑应用区块链技术对疫情期间的资料进行封存管理，用以督促每日疫情措施的落实工作。

可将日常的测温记录、点对点记录、消毒记录、入门登记等信息拍照留存，并存入区块链，用以向检查单位证明相关工作为当日完成。

应用效果：这些应用可以为项目提供了一种很便携的工作轨迹跟踪手段（不可篡改，可追溯），同时提供共享的信息协调机制，以及数据备份机制。

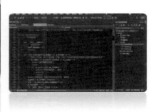

图 8-18　区块链技术管理疫情资料

4. 基于 BIM+ 物联网等信息技术融合应用情况（项目的智慧管理）

（1）智慧管理平台应用

项目使用智慧建造平台进行信息集成管理（图 8-19）。在平台上统一协调劳务、安全、质量、生产、技术、危大工程、场区监控等工作。通过共享数据的形式实现了新老平台的数据通信。

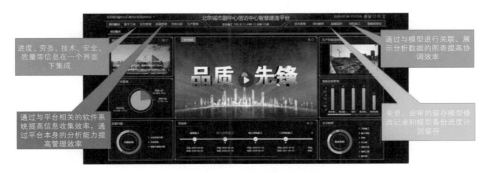

图 8-19　北京市城市副中心信访中心智慧建造平台

项目使用了新版本的智慧建造平台，但是在数据传递方面，新平台和老平台可有效地进行协同，施工单位只需要填写一遍数据，旧平台从新平台内自动抓取如安全、质量信息、视频信号、进度信息等内容，形成了智慧建造平台的持续应用。表 8-3 为智慧建造平台对比。

智慧建造平台对比   表 8-3

类别	早期平台	甲方平台	现有平台
模块个数	5 个	7 个	11 个
功能	项目概况、生产管理、质量管理、安全管理、BIM 数据库	进度管理、智能监控、参建单位、文件管理、新闻中心、模拟方案、环境监测	项目概况、数字工地、安全管理、质量管理、劳务分析、生产管理、技术管理、BIM 模型、视频监控、绿色施工、智能体检仪
应用效果	1. 进度对比信息需要人工二次录入； 2. 文件上传局限性较大； 3. 平台内容较简单	1. 各模块上信息上传有局限性； 2. 与各项目管理平台信息不能互通	1. 平台内容丰富，基本涵盖施工过程中各部门、各要素的信息化自动收集和统计； 2. 打通了不同平台间的信息共享壁垒； 3. 平台匹配了智能水电表、AI 识别摄像头等设备，依托区块链、人工智能、大数据、云计算等技术，实现更高层次的智慧建筑

（2）人、机、料、环、质量、安全、进度、视频监控智慧管理内容

1）劳务管理（图 8-20、图 8-21）

项目劳务管理的主要应用是实名制管理。现场的工人要通过黑名单检测、入场教育、体验教育等前置条件之后才能录入数据。通过刷脸进入现场，用工数量的分析可以帮助掌握现场总人数。工种比例分析，用以优化工种结构，减少窝工

图 8-20　体检一体机劳务管理界面

实名制管理
门口人脸识别进入
只有通过实名制录入
和进场教育的人员才能进场

每日用工数量分析
累计进场人员数量
总在场人员数量（落实缺勤原因）

年龄比例分析
55 岁以上 6 人（都已定位，有
钢筋工、木工、混凝土工、杂工）
体检重点关注

劳务预警（黑名单）
超龄预警（已开始安排友好劝退）
频繁更换单位（2 人）

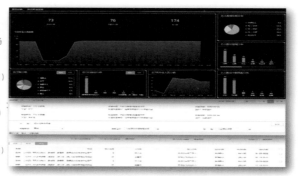

图 8-21　劳务数据分析

现象；年龄分析，帮助定位高龄人员，减少健康问题导致的事故；劳务预警和黑名单可以减少现场工人信用问题。

为减少现场突发疾病的影响，项目在现场配置了一台体检一体机，通过身份证启动，可以快速检查 5 项指标，直接给出合理范围值，再由医生进行专业分析，每季度测量一次，一旦发现异常数值立刻送医。

2）安全、质量管理（图 8-22）

在安全和质量管理方面，平台的应用给项目提供了一个更加透明的信息管理手段，项目经理可以很方便检查到现场安全、质量发现的问题，并对超期情况进行督促执行，并且通过对问题类别的跟踪，检查管理要求的落实情况。

这种安全质量管理更加透明，问题的描述、照片、整改要求、时限、整改人等信息随时检查，每晚检查超期情况，予以处罚。通过领导关注降低安全、质量问题发生，通过问题的类型分析检查工作落实情况（两会期间防火检查频率提高）。

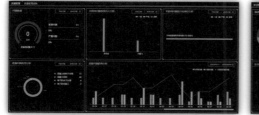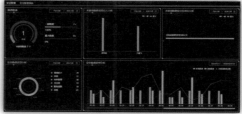

图 8-22　安全、质量平台管理界面

3）进度管理（图 8-23）

项目应用进度模块主要用来实现直观的进度展示，进度计划在这里被分解给各个工长进行排布，由项目经理确认。通过利用模型和列表直观地展示计划和实际的偏差，工长还要对滞后的进度进行原因说明，以方便后续的分析。

图 8-23　进度管理界面

4）现场监控管理（图 8-24）

项目配置了 4 台 23 倍高清摄像头，采用 4G 技术（现可利用 5G 技术）传输，项目人员利用视频对现场进度和文明施工进行检查管理，为提高安全管理效果，项目在两个摄像头上增加了 AI 服务，分别是安全帽识别和夜间反光马甲识别。

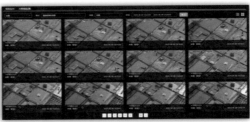

图 8-24　现场监控系统和 AI 识别系统

5）绿色施工管理（图 8-25）

a. 节地管理

通过三维扫描获取现场场地的准确信息用以确保模型建造与现场的匹配性；利用模型对场地进行布置，在投标策划的基础上，进一步提高场地利用率；现场的模架、钢结构、钢筋、砌筑材料等场地管理使用模型进行优化，各方材料进场信息汇总到 BIM 工作组，使其同意安排现场布置。

天气情况的记录

用水量记录　　　　　　　　　　　　　　　　　　　　　用电量记录

图 8-25　绿色施工管理

b. 节能管理

通过智能电表自动收集用电数据，并将信息传递到平台上；利用平台的数据统计和分析功能，检查各阶段的用电信息和预期的用电定额的比较情况，对于超额的情况予以分析；结合区块链数据收集的施工日志内容和成本核算内容，分析各阶段的用电定额。

c. 节水管理

通过智能水表收集数据，并传递到平台上，利用平台进行数据分析，为后续定额计算提供依据；通过现场设备收集现场 $PM_{2.5}$ 数据，一旦灰尘含量超标，自动启动雾炮进行降尘，通过自动管理实现水资源节约。

d. 节材管理

通过模型对装配式钢结构建筑进行深化设计，从源头上减少拆改，达到节约材料的目的。

5. 工程 BIM 研究

（1）预期的目标成果（表 8-4）

工程预期成果　　　　　　　　　　表 8-4

序号	类别	名称
1	规范标准	《基于 BIM 的装配式钢结构建造标准》
2		《工程 BIM 运维系统的交付规范》
3		《智慧建造平台使用标准》
4	专利	《基于区块链的 BIM 模型管理技术》
5	论文	《装配式钢结构全生命周期的 BIM 管控》
6		《基于区块链的工程资料管理》

（2）效益分析

1）根据业主合同规定，要求 BIM 模型达到运维标准，需求模型精度达到 LOD500 细度，项目旨在培养出项目型 BIM 团队。由传统的管理模式转变为基于 BIM 的管理模式，提升各部门工作的协调性，提高工作效率。

2）经济创效方面：利用 BIM 技术碰撞检查，提前规避施工问题，避免出现返工等问题造成的施工进度延误和成本损失，利用 BIM 技术和智慧管理平台进行材料、用工分析，提前验算分析，做到节材节能。

3）预计在前期利用碰撞检查和图纸深化工作，做到零失误、零返工，提前完成工期目标。

4）建立一套虚拟质量样板文件和施工工艺样板文件，减少项目样板区的投入，做到节地、节材。

5）合理优化进度计划和材料配置，节约成本、缩减工期。

6）建立智慧工地管理平台，主要对人、机、物等进行统计分析，积累数据，为后续工程施工提供合理化经验。

8.3 上海宝冶海尚云栖中心项目

1. 项目简介

（1）项目概况

项目建设地点位于上海市浦东新区金杨社区 Y001003 单元 02 街坊，基地北至规划成武路、南至栖山路、西至友林路、东至益凯小区，图 8-26 为工程鸟瞰图。

图 8-26　工程鸟瞰图

项目用地性质为商务办公、四类住宅组团混合用地，总用地面积 30578.8m²，总建筑面积为 119447m²。其中，地上建筑面积 77447m²，地下建筑面积为 42000m²。基坑深度为 10.3m。

建设单位：上海海瑄置业有限公司。

施工单位：上海宝冶集团有限公司。

监理单位：上海工程建设咨询监理有限公司。

设计单位：华东建筑设计研究院有限公司。

勘察单位：上海岩土地质研究院有限公司。

（2）前期准备

本项目前期准备阶段根据上海宝冶建工集团和项目的整体要求，依据"项企一体化，软硬一体化"的思路编制了 BIM＋智慧工地专项方案。

（3）项目创新性

项目目标上海白玉兰奖。全过程使用 BIM 技术，服务于建筑设计、施工整个过程，包括 PC 构件深化设计、各重要节点的施工模拟、三维可视化技术交底、构件跟踪及安装验收工作。利用 BIM 模型与监控设备、物联网结合，组建成智慧工地，包含门禁人脸识别、群塔监控、在线安全巡查、噪声扬尘检测等，实现项目信息化管理。

（4）项目难点

1）桩基施工受周边环境影响较大；

2）深基坑施工难度大，质量要求高；

3）文明施工要求高，难度大；

4）PC 构件数量多，安装精度高，矫正难度大。

（5）应用目标

1）创优目标：项目施工过程中全面推进信息化技术应用，保证完整性、系统性及创新性，争取获得"白玉兰"奖和上海市建筑安全文明施工样板工地。

2）业务目标：

a.利用 BIM 技术优化设计，规避施工风险，从而减少返工，达到节约成本的目的，并逐步提高各部门间信息提取和共享的效率，打破部门信息壁垒，优化流程，提高效率；

b.通过智慧工地和 BIM 的结合，增强数据积累能力与分析能力，利用项目大数据辅助项目管理，从而达到精细化管理的目的。

3）人才目标：通过引入数字化、信息化管理手段在岗位以及项目级的落地应用，促进项目全体人员对于新技术的了解及认识，积累项目管理经验，探索基于数字化模式下的项目管理新思路，并为公司培养输出一批新技术应用型管理人才。

4）方法总结目标：通过 BIM 应用，验证并优化总结出上述业务目标的应用流程、推进方法、岗位职责和检视制度等，最终输出可以在公司其他项目进行复制推广的方法和配套推广文件。

2. 技术应用及成果

（1）BIM 应用目标

通过本项目的试点应用，积累 BIM 相关经验，完善形成公司 BIM 应用指导文件，包括人员配备情况、项目应用流程、应用结果及应用价值，积极推进新开项目全部采用 BIM 技术进行项目管理，最终可以在集团其他项目上进行复制推广，搭建企业级 BIM 平台。

（2）应用准备

根据企业 BIM 实施标准，在项目实施前建立了针对本工程的 BIM 实施统一标准包括管理办法、管理流程和统一各专业工程的建模标准，使用的软件和技术，为项目 BIM 技术的实施打好基础，减少因标准不统一造成的不同专业模型无法整合的情况。

（3）BIM+ 智慧工地应用情况

1）图纸管理（图 8-27、图 8-28）

施工总包 BIM 部门在收到设计单位的图纸第一时间将图纸上传到技术平台上，方便项目各方随时在线查阅最新的图纸文件，同时将建立的三维节点模型上传到三维交底中，已上传图纸文件共 3000 份。

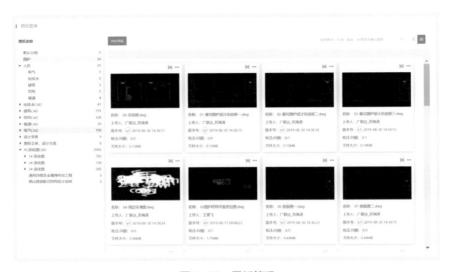

图 8-27　图纸管理

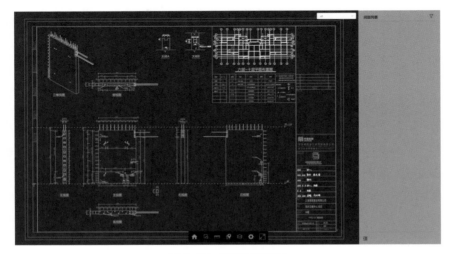

图 8-28　在线预览图纸

2）变更管理（图 8-29）

施工现场经常出现变更执行遗漏，易造成返工，签证洽商结算，缺少过程支撑材料等情况，针对以上情况由总包智慧工地负责人将变更问题与通知进行关联，并根据生产进度及时进行通报提醒，做到变更与图纸协同查看，提升效率 30%，保证现场变更执行到位，减少返工，保障结算资料完整，避免结算损失。

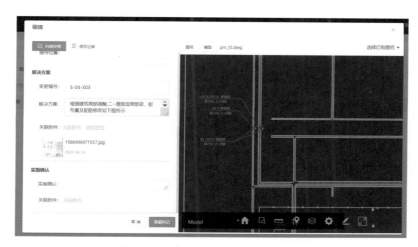

图 8-29　变更问题与图纸精细关联图

3）施工模拟（图 8-30）

施组方案模拟将模型与计划进行关联，BIM 部门需要定期更新平台上的模型，同时在 BIM+ 技术管理系统的 PC 端根据最新的项目进度更新施工进度模拟，实现三维模型动态展示计划与实际的对比，定期对项目进展情况进行汇报。

图 8-30　施工模拟界面

4）生产进度跟踪，实时把控

生产管理系统对项目每周计划进行详细管控，监理例会上各部门使用数字例会一目了然查看进度关键数据，截至目前，已经连续十几次在监理例会上使用数字例会（图8-31）功能召开例会；平台同时可以追溯查看详细数据，对项目进行动态控制和调整，使项目进度更加可控；及时暴露进度问题，包括各分包任务完成率、滞后原因分析等，发现问题便于及时采取应对措施，保证工程项目如期交付；对进度数据进行对比分析和监控报警等处理。

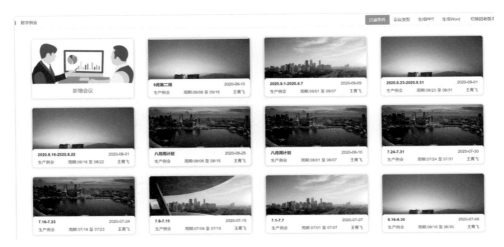

图8-31　数字例会

5）劳务实名制管理（图8-32）

劳务管理系统真正实现了现场用工的实时掌握，通过多工种、多分包、多角度数据呈现，为项目拿到第一手资料，供项目部结合现场施工情况及时对劳务调整提供有力支持，按照项目管理要求，所有进场工人进行实名制登记，目前身份信息完整率达到100%。

通过不同维度数据分析，便于劳务管理方向上决策，降低劳务管理的风险和纠纷。针对劳务工人现场人脸考勤多刷漏刷的情况，采用设备反潜回，同一人不得短时间多次进行人脸考勤帮助其他工人进入现场，有助于项目精细管控现场出勤率。

由于处在疫情期间，同时宿舍在施工区外，所以项目每周定期使用手持速登宝检查宿舍区工人，避免工人与外部人员同住一个宿舍，在过程中发现没有登记的工人，询问工长并现场进行登记，如果存在外部人员，直接对相关人员进行处罚。同时根据疫情测温要求，所有进出工地的工人都需测温，现场采用测温＋人脸认证方式进行现场测温控制。

图 8-32　劳务管理系统

6）智慧工地硬件数据融合（图 8-33）

BIM+ 智慧工地决策系统集成工地的硬件设备，通过数字化手段呈现出硬件的使用状态、运行信息以及预警情况，扩大了项目管理人员的感知范围和对工地实时信息的感知速度，从而提升了管理人员的管理能力，以及项目生产的透明度、安全性；通过一张图，项目领导能对项目整体运行情况基本了解，同时在参观汇报时能体现项目在智能设备上的管理水平。

图 8-33　数字工地

7）BIM＋智慧工地集成应用（图 8-34）

BIM＋智慧工地决策系统提供数据可视化看板、整体呈现工地各要素的状态和关键数据，对劳务、进度、质量、安全相关数据进行多维度的分析。

满足日常业务管理的同时，支持外部检查、行管部门巡检、业主单位飞检及集团公司的检查的应用场景。通过此模块对项目进度、人员、质量安全、智能设备有整体的了解。

图 8-34　BIM＋智慧工地集成应用

（4）效果总结

在项目实施阶段，根据用户要求进行 BIM＋智慧工地平台配置并制定相应的实施计划及项目相关人员培训计划，解决项目专业分包多、对平台学习掌握能力不一、项目图纸变更多、BIM 技术应用落地、过程质量安全管理难度大等问题，具体使用效果如下：

1）通过劳务管理系统的使用，对项目现场各专业分包劳务人员进行实名制录入。项目管理人员能随时了解项目现场工种分配是否合理，随时了解项目现场实时到岗人员是否满足项目现阶段施工进度。

闸机和人脸控制相结合杜绝工人直接跨越门禁的情况，同时人脸设备的反潜回功能减少工人代刷情况。

2）BIM 部门实时将图纸上传至 BIM＋技术管理系统中，并对所有图纸目录标上对应日期，解决项目因变更多造成图纸版本过多，无法确定用哪份图纸的问题，同时项目各方单位能随时随地在线查看相应图纸。

3）通过生产系统的使用，使任务派发和任务跟踪能够形成闭环，且所有过程资料能够留存在云端，方便项目进行追溯。过程中质量安全问题有对应的汇总分析，为项目智能决策提供依据。每周数字例会可以对一周的任务完成情况直接与人材机的计划实际对比进行分析，为决策提供数据支撑。

（5）提升计划

1）进一步将劳务管理系统应用至项目管理中，实现真正的项目封闭式管理，劳务实名制管理系统管理项目实现现场人员安全管理，要求所有进出人员必须登记在册，进出项目现场只能通过人脸全高闸，同时按照项目要求穿戴安全帽和反光衣进入项目现场；

2）在技术管理上严格按照最初设计的变更管理流程，将变更内容与图纸进行精细关联，并将变更信息及时通知到对应负责人，避免现场的误工返工情况出现；

3）持续推进施工业务信息化，提升项目人员的施工业务信息化水平，让相关人员在生产进度、技术、劳务、BI 等业务更加高效地使用平台进行项目管理。

8.4　陕西省西咸新区凌云商务工程信息化系统工程

1. 公司介绍

陕西建工控股集团有限公司（以下简称"陕建"）始建于 1950 年 3 月，是陕西省政府直属的国有独资企业，注册资本金 51 亿元，旗下拥有国际工程承包、建筑产业投资、城市轨道交通、钢构制作安装、商混生产配送、工程装饰装修、古建园林绿化、锅炉研发生产、物流配送供应、地产开发建设、医疗卫生教育、旅游饭店经营等产业。

所属的核心企业陕西建工集团股份有限公司是拥有建筑工程施工总承包特级资质 9 个、市政公用工程施工总承包特级资质 4 个、石油化工工程施工总承包特级资质 1 个、公路工程施工总承包特级资质 1 个，甲级设计资质 17 个，以及海外经营权的省属大型国有综合企业集团，具有工程投资、勘察、设计、施工、管理为一体的总承包能力。

凭借雄厚的实力，陕建荣列 ENR 全球工程承包商 250 强第 24 位、中国企业500 强第 191 位和中国建筑业竞争力 200 强企业第 5 位。陕建现有各类中高级技术职称万余人，其中，教授级高级职称 139 人，高级职称 1982 人；一、二级建造师 6317 人，工程建设人才资源优势称雄西部地区，在全国省级建工集团处于领先地位。

近年来，陕建取得科研成果数百项，获全国和省级科学技术奖 88 项、住房和城乡建设部华夏建设科技奖 21 项，国家和省级工法 535 项、专利 494 项，主编、参编国家行业规范标准 90 余项。先后有 62 项工程荣获中国建设工程鲁班奖，63

项工程荣获国家优质工程奖，2 项工程荣获中国土木工程詹天佑奖，21 项工程荣获中国建筑钢结构金奖。

陕建坚持省内省外并重、国内国外并举的经营方针，遵循"为客户创造价值，让对方先赢、让对方多赢，最终实现共赢"的合作共赢理念，完成了国内外一大批重点工程建设项目。国内市场覆盖 31 个省、直辖市、自治区，国际业务拓展到 27 个国家。正向着挺进世界 500 强和实现整体上市迈进。

2. 工程概况

（1）项目概述

凌云商务工程位于陕西省西咸新区空港新城曹参路以北，总建筑面积 82337m^2，结构安全等级二级、抗震设防分类丙类、耐火等级二级、抗震设防烈度 8 度、人防抗力级别为核六级、常六级。

建设单位：西部机场集团置业（西安）有限公司空港新城分公司。

设计单位：中冶南方工程技术有限公司。

监理单位：西安西北民航项目管理有限公司。

勘察单位：西安中勘工程有限公司。

施工单位：陕西建工集团股份有限公司。

工程监督单位：西咸新区空港新城建设工程质量安全监督站。

（2）项目管理目标（表 8-5）

项目管理目标　　　　　　　　　　　表 8-5

序号	目标名称	目标内容
1	质量管理目标	"鲁班奖"
2	文明施工目标	陕西省省级文明观摩工地、陕西省省级文明工地、全国 AAA 级标准化诚信文明工地
3	绿色施工目标	全国绿色施工示范工程、省级绿色施工示范工程、省级绿色施工科技示范工程
4	创新技术应用目标	陕西省建筑业创新技术应用示范工程
5	安全管理目标	杜绝重大安全事故，轻伤事故频率控制在 3‰以内，预防职业病发生，对易产生职业病岗位控制率 100% 施工现场安全考评优良
6	工期目标	550 日历天
7	科技指标	专利、工法、QC 各 1 篇

3. 项目应用准备

（1）项目应用目标（图 8-35）

（2）应用框架（图 8-36）

凌云商务项目依托于 BIM 技术、信息化管理和物联网，基于广联达 BIM+

项目施工过程中全面推进信息化技术运用，保证运用的完整性、系统性及创新性；争获省市级文明示范工地、观摩示范基地。

利用数据辅助项目管理，并逐步提高各部门间信息提取和共享的效率，打破部门信息壁垒，优化流程，提高效率；

通过智慧工地和 BIM 的结合，增强数据积累能力与分析能力，利用项目大数据辅助项目管理，从而达到精细化管理的目的。

通过引入数字化、信息化管理手段在岗位以及项目级的落地应用，促进项目全体人员对于新技术的了解及认识，积累项目管理经验，探索基于数字化模式下的项目管理新思路，并为集团公司培养输出一批新技术应用型管理人才。

图 8-35　项目应用目标

图 8-36　应用框架

智慧工地系统平台，开展各层级管理活动，包括施工组织设计、质量、安全、生产、技术、资料、智慧工地和党建教育等，过程产生的业务数据，一方面用于内部的数据交换与共享，另一方面用于数据的分析与可视化表达，形成数字化管控指挥中心，不仅对外展示方便、直观，项目领导也能够一眼纵观全局，做出智能化决策。

（3）实施流程（图 8-37）

图 8-37　项目实施流程

4.项目应用

（1）智慧长廊（图 8-38）

项目部将班前教育廊道打造为科学、现代化的智慧长廊，将集团安全教育流程、项目数字沙盘室、BIM+智慧工地展示厅、BIM+VR质量安全体验室、技术质量二维码交底室、劳保用品展示厅、作业人员休息室、职业健康医务室、吸烟室等集成为班前教育廊道。将质量、安全、生产管理要求，系统地呈现给作业人员，达到了容易接受，印象深刻的教育目的。

图 8-38　智慧长廊

（2）BIM 5D+智慧工地决策系统（图 8-39）

本项目应用了BIM+智慧工地平台，集成了现场的生产、质量、安全、劳务实名、物料等方面的数据，从各个职能部门的手机上收集数据，汇集到平台，最终利用大数据处理，供项目或公司决策者对项目进行实时资源调配。

图 8-39　BIM 5D+智慧工地决策系统

（3）劳务管理系统（图 8-40）

劳务实名制系统，构建工人数据库，有效评价和改善用工关系，保障用工安全；在工人进场前录入身份和人脸信息，使用中工人通过实名制通道刷脸入场，最终统计工人的出勤、工日，保障了劳务人员和用工单位双方的权益。

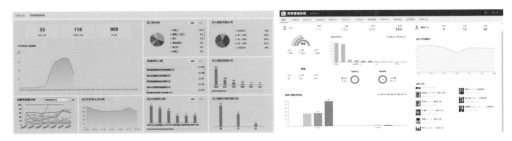

图 8-40　劳务管理系统

劳务实名制系统，应用物联网和云计算技术，构建工人大数据库，有效评价和改善用工关系，保障用工安全。在工人进场前录入身份信息，可以根据身份信息初步筛选出超龄或存在不良用工记录的人员，禁止入场。

（4）质量安全管理应用（图 8-41）

本项目质量安全巡检中做到每天至少巡查两次，管理人员用云建造手机 App 将现场存在的隐患拍照或者拍视频上传到平台，简化了工作流程。

图 8-41　质量安全管理应用

（5）VR 安全教育（图 8-42）

基于施工现场 BIM 模型，通过现场 BIM 模型和虚拟危险源的结合，让体验者可以走进真实的虚拟场景中，通过沉浸式和互动式体验让体验者得到更深刻的安全意识教育以提升全员的生产安全意识水平。

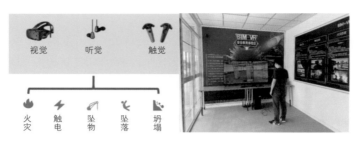

视觉　　听觉　　触觉

火灾　触电　坠物　坠落　坍塌

图 8-42　VR 安全教育

（6）物料管理（图 8-43）

物料现场验收管控系统，实现物资进出场全方位精益管理，运用物联网技术，通过地磅周边硬件智能监控作弊行为，自动采集精准数据。

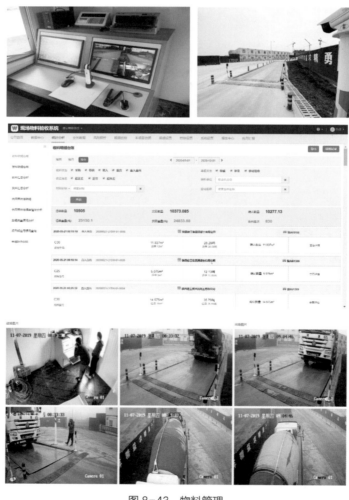

图 8-43　物料管理

（7）进度管理应用（图 8-44）

为解决现场协同，避免因信息沟通不及时造成不必要的损失，项目引进生产管理平台，实现各体系部门协同工作，数据信息共享和传递，同时利用信息化系统自身特性实现基于模型数据和现场过程数据集成应用，高效解决现场实际管理难题。

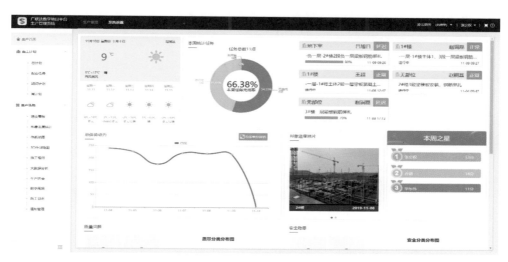

图 8-44　进度应用管理

通过生产管理系统，将三级计划通过 BIM 模型流水段进行数据串联，实现三级计划数据联动。生产经理将周计划通过网页云端派分到生产部门人员移动端，任务责任到人，工长利用移动端现场实时反馈各区域施工进度，实现进度数据逐级反馈，从而自动获取真实数据，可及时预警项目进度风险，把控项目进度。事前控制——逐级追溯，审视下级计划合理性，事中控制——动态跟踪现场工长执行情况。

5. 应用总结

（1）企业价值

现阶段通过应用 BIM、云、大数据、物联网、移动互联网等科学技术，辅助项目管理人员在总承包项目建设全过程中对劳务、质量、安全、生产等方面管理目标的执行、监控，借助大量数据的采集、汇总、整理和分析，提取用于项目管理、控制和决策的有效信息，提升项目管理的科学性、可靠性和有效性，实现项目精准化管理、精细化管理和精益化管理，图 8-45 为整体应用总结。

进度管理	● 进度管理可视化监控，进度影响因素分析预警 ● 智能生产，调度高效，减少停工窝工现象，保障整个施工现场忙而不乱
质量管理	● 质量检测全过程留存随时可以追溯原始记录 ● 动态监控质量通病，所有质量问题有依据，有程序，有记录，有结果
安全管理	● 安全检测履职履责全过程留存，帮助安全管理责任人做到尽职免责 ● 满足环保指标，做到零环保违规
技术管理	● BIM 技术深度应用 ● 异形结构模型应用的创新技术成果 ● 配套技术方案优化和协调管理
成本管理	● 项目物质的有效监控 ● 基于 BIM 模型成本优化和过程管理
创新优化	● "BIM+ 智慧工地"等新一代技术应用全过程数据自动采集 ● 满足项目部对内部、业主、政府与行管部门对工程 CI 形象要求

图 8-45 整体应用总结

（2）项目应用价值

基于项目管理数据的收集、整合和分析，提取用于项目管理、控制和决策的有效信息，实现项目的精准化管理。

1）基于信息化生产管理平台，将项目管理目标进行任务分解、分配和责任划分，并对项目管理痕迹监控，实现项目的精细化管理。确保项目生产要素和生产活动处于受控状态。

2）基于信息化物料管控平台，对项目大宗物资进行监管，混凝土车过磅，并在系统汇总记录送货单上的送货量。通过将积累数据计算分析发现，混凝土累计平均超负差比例为 1.8%，按照偏差量计算，月均节省成本约 10 万元。

3）基于新型信息化管理技术和手段应用，打造行业的项目信息化管理标杆和企业品牌工程，服务于项目评奖创优。目前项目已成功举办 2019 年陕西省级文明工地观摩会。

（3）岗位级应用价值

1）项目信息互联互通，获取便捷

通过信息化管理平台建设，实现项目信息的集成和共享，有助于各岗位项目管理人员便捷获取项目信息。

2）管理沟通方式规范，效率提升

通过项目生产管理的信息化协同平台，任务分工、职责划分以及质量安全管理等生产管理的协同能够直接基于平台进行交互，统一管理沟通工具，提升管理沟通效率。

3）工作任务划分清晰，责任明确

借助信息化生产管理平台，进行项目管理工作划分，明确各项目管理人员的阶段性任务分工，责任到人。通过信息平台的痕迹记录和过程留存，清晰呈现其任务目标完成情况，有助于项目实施状态分析和管理目标整体管控。

4）现场问题闭环处理，状态可控。

借助信息化管理平台，从发现问题—上传问题—整改问题—确认解决形成问题处理的闭环管理系统，任何已发现问题的所处状态都清晰可见，便于问题管控和处理。

5）BIM 技术服务虚拟建造，问题前置

借助 BIM 技术的多专业协同和三维可视化，进行项目设计多专业协同、施工深化和三维可视化交底，问题前置，有助于提升项目生产管理效率和效果。

6. 总结及展望

在 2018 年、2019 年实施 BIM5D+ 智慧工地的基础上，总结经验教训，特别是如何推动项目管理人员全面实现项目管理的数字化、智慧化、信息化的应用方面，改善推动方法，在培训方面要从应用功能角度的适用性方向进行引导性的培训，不能单纯培训软件。

8.5　西安浐灞自贸国际项目（一期）酒店工程

1. 工程概况

（1）项目简介

陕建九建集团秉承"真拼实创、幸福奋斗"的企业精神，紧跟市场发展脉搏，以做大做强为企业目标，不断优化产业结构和市场布局，西安浐灞自贸国际一期（酒店）工程则是陕建九建集团"高、大、精、尖"项目之一，该项目位于西安市浐灞生态区，世博大道以北，锦堤三路以西。该工程建设内容为洲际品牌的星级酒店，高级精装修，客房总数为 505 间，是一座集客房、会议、餐饮、休闲、商

图 8-46　浐灞自贸国际酒店工程项目效果图

业为一体的设计先进、功能完善的酒店综合体建筑。

一期浐灞自贸国际酒店总建筑面积为 69621m²，其中地上总建筑面积49220m²，地下总建筑面积为 20401m²，地上 24 层，地下 2 层。图 8-46 为浐灞自贸国际酒店工程项目效果图。

（2）工程管理目标（表8-6）

工程管理目标　　　　　　　　　　　　　　　　表8-6

文明施工目标	文明施工管理目标：省级文明工地及观摩会现场
职业健康目标	预防职业病，对易产生职业病岗位的控制率达100%
绿色施工目标	省级绿色施工示范工程
绿色建筑目标	达到绿色建筑二星标准
BIM技术应用目标	省级奖项1项、国家级奖项1项

（3）项目重点和难点（表8-7）

项目重点和难点　　　　　　　　　　　　　　　　表8-7

序号	重点难点	应对措施
1	整个工程量大、工期紧、节奏快、交叉作业多，施工难度大	（1）本工程施工内容涉及土方外运（受减雾治霾等不可预见因素影响非常大）、护坡桩、桩基、地下二层、主体核心筒、外幕墙、室内精装修、机电安装（消防验收高于国内标准）、弱电、智能、电梯等系统，工序多、制约多、交叉作业影响非常大，需要充分利用BIM技术，做到系统的策划和统筹排布； （2）本工程交付使用日期是关门定死的，实际施工工期不足定额工期的1/3，需要动态地进行施工进度计划设计，合理安排人、材、机进场，做到平行和交叉施工有条不紊
2	本工程施工场地狭小、基础施工阶段环形道路不能贯通，过程中可利用的场地较小	（1）合理利用现有场地，见缝插针； （2）施工总平面布置要根据抢工期要求，统筹考虑基础、主体、装修阶段的材料、设备布置及交通流线； （3）动态调整施工平面布置，严格控制现场场地使用； （4）做好计划管理，材料设备的进场要统筹安排，随到随用，尽量不长时间占用场地； （5）调整施工部署，地下结构施工阶段，部分地库区域后施工，作为临时加工厂场地
3	本工程为高级精装修工程，又是洲际旗下的华邑品牌，对材料、品牌、质量、观感、机电、智能等要求非常高	（1）提前进行方案、细部、创优等方面策划，做到精益求精； （2）实行样板引路制度，针对新材料、新工艺、新技术等及所有影响质量、观感的细部做法，均在现场做样板，确认后方可进行大面积施工； （3）牢固树立"粗活细做、暗活明做、明活精做"的思想，加强过程控制，严格按规范、创优策划等标准要求进行验收； （4）加强事后验收，不符合质量要求的工序坚决不允许通过，进入下一道工序施工
4	地下室大体积混凝土施工	（1）提前进行方案策划，确定施工方案具体措施； （2）提前准备方案所需要的专项物资； （3）施工过程中严格按照方案实施，降温管、测温芯片的布置，严格按照方案实施； （4）施工完毕加强保温及保湿养护措施的实施，严格控制内外温差及降温速率

续表

序号	重点难点	应对措施
5	高支模施工	（1）编制专项施工方案，明确该部位材料的选用，支撑体系的选型； （2）组织进行专家论证，确保方案的安全可靠； （3）施工过程严格按照方案执行，严格对方案中所涉及的各种材料的验收，确保方案的构造措施全部落实到位； （4）严格执行三检制度，加强过程控制，确保严格按照方案实施； （5）混凝土浇筑之前严格按照方案进行验收，验收通过之后方可进行混凝土浇筑
6	地下室、屋面、卫生间防水及防渗漏难点	（1）精心施工地下室底板、外墙及屋面结构混凝土，确保结构自防水；防水层施工前基层严格检查，查看基层有无空鼓、开裂等现象，如果有应进行处理并经验收合格才能施工； （2）对地下室穿墙管道、结构施工缝、高低差处，屋面女儿墙、设备基础、设备机房内的管沟、设备基础，外墙不同材料交界面、门窗口，卫生间管道洞口等易产生渗漏部位提前做好深化设计，完善构造确保无渗漏； （3）合理安排上述部位施工先后顺序，确保工序、专业间避免相互破坏成品； （4）跟踪检查涂层厚度和搭接宽度，对变形缝，穿墙预埋件，预留接口管部位等逐个检查，确保防水整体性

2. 项目创优目标

（1）BIM 应用目标

1）临建规划

使用 BIM 技术对场地进行临时道路、设施设备、材料堆放等进行仿真模拟布置，实现人、材、机统一分配，场地动态管理，办公区生活区合理布置，保证一次规划、施工全过程使用。

2）生产管理

实现现场生产任务有效下发与跟踪，实时采集施工现场人、机、料、法、环等生产要素数据，并利用 BIM 技术实现数据随时随地共享，逐步打破项目各部门信息沟通壁垒，降低沟通成本，优化生产管理流程，提升管理效率、决策水平。

3）质量管理

规范质量问题、隐蔽问题的管理标准，高效快捷管理质量问题、避免质量问题重复发生，实现无纸化办公，简化流程，聚焦质量管理目的，提升效率；同时对信息的留存做到有痕管理，同时通过数据汇总分析提高领导决策效率。

4）安全管理

规范安全管理业务流程，责任到人，隐患排查在线记录、规避风险、简化传统整改流程、提高问题处理效率，数据汇总清晰准确，安全例会决策有据，实现项目零安全事故。

5）技术管理

利用 BIM 技术提前进行图纸校核、模型优化，减少过程变更；提前进行施工模拟、工序穿插校核，合理编制进度计划、预留进度风险时间；同时提前安排配套任务计划、保证现场无窝工、无材料短缺、无机械滞留等情况，从而达到节约成本的目的。

（2）智慧建造目标

内外兼修，不仅要成为对内数字化管控项目的最佳实践者，而且要成为企业科技和经营实力的窗口，同时为项目班子提供项目整体状态信息呈现，监控项目关键目标执行情况及预期情况，为项目成功保驾护航。

（3）人才培养目标

通过引入数字化、信息化管理手段在岗位以及项目级的落地应用，促进项目全体人员对于新技术的了解及认识，积累项目管理经验，探索基于数字化模式下的项目管理思路，后续可根据个人发展情况更多地拓展 BIM 技术应用，提升个人综合能力。

（4）应用方案（略）

（5）组织架构（图 8-47）

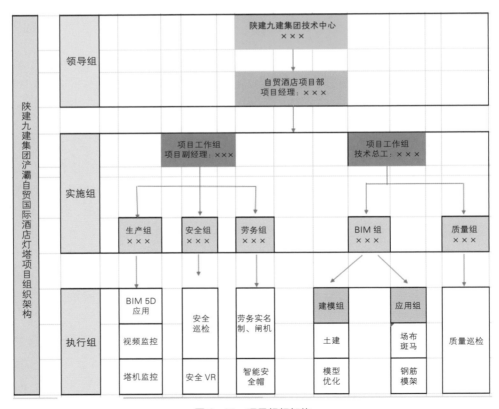

图 8-47　项目组织架构

3. 解决方案及创新应用

（1）场地建模（图 8-48）、场布方案优化（图 8-49）：

图 8-48　场地建模

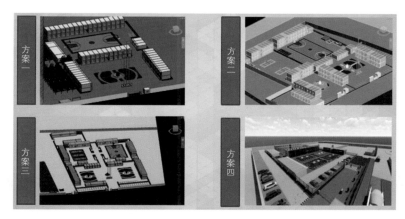

图 8-49　场布方案优化

本工程施工前期，采用计算机软件对所有的重点、难点部位进行了详细的综合排布，对施工图纸进行细化，对机电管线布置进行综合平衡，达到标高、位置不冲突；对复杂的装修施工与安装施工进行合理排布，对管线碰撞进行检测，尽早提出解决方案，方便下步施工，应用比例 95%，施工满足设计和施工规范要求。

（2）模型优化

通过提前建模进行问题汇总，共计结构 68 个，并在图纸会审上进行展示汇报，图纸问题发送设计院，得到回复变更，避免了后期施工中出现问题。如图 8-50 为管线综合排布地下室模型优化。

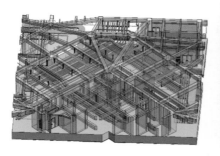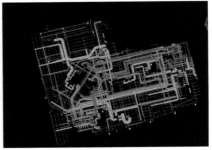

图 8-50　管线综合排布地下室模型优化

（3）可视化技术交底（图 8-51、图 8-52）

采用可视化交底方式，将交底文件和视频上传至云端，生成二维码，手持终端扫描二维码可随时下载阅览，使用方便快捷。

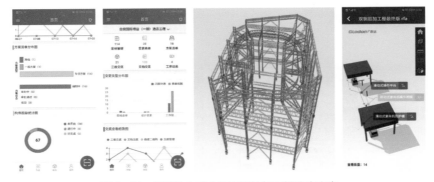

图 8-51　钢结构交底方案双钢筋加工棚交底方案

图 8-52　钢结构施工模拟方案

主楼电梯坑基底在开挖时基坑内发现含水层，确认为地层中的滞留水，项目部编制出滞留水处理方案，采用 BIM 技术进行工艺模拟，最终经过专家论证，确认了方案的可行性，在施工时实施该方案。

（4）创新应用

使用广联达数字项目管理平台（BIM5D+ 智慧工地）进行综合信息化管理。将项目日常管理与信息化平台、智能检测系统进行融合，提升项目综合管理水平。

（5）亮点应用介绍

本项目所涉及的 BIM、智慧工地等先进技术，是保证工程项目顺利开展的有效手段之一。建立了严格的管理制度及执行标准，通过"信息技术提高效率，智慧建造成就未来"的决心，用科技手段提升项目建设管理，将施工过程中遇到的人、机、料、法、环等要素进行实时、动态监控，助力建设项目有序实施。

基于项目重难点，建立了 BIM+ 智慧工地管理平台，主要由劳务实名制、智能安全帽、质量巡检、安全巡检系统、BIM 生产进度管理系统、视频监控、环境监测组成。核心解决现场人员、质量、安全、进度、环保等问题。

1）进度管理（图 8-53、图 8-54）

通过 BIM 模型流水段进行数据关联，形成总、月、周三级计划联动监控体系，生产经理将周计划通过网页云端派分到生产部门人员移动端，任务责任到人，工长利用移动端实时反馈现场各区域施工进度，实现三级实际进度数据逐级反馈，通过 3D 作战地图全面反映项目生产情况。

生产任务目标明确：责任到人、有效派分、逐项跟踪；当天任务当天完，确保各项工作有效落地。

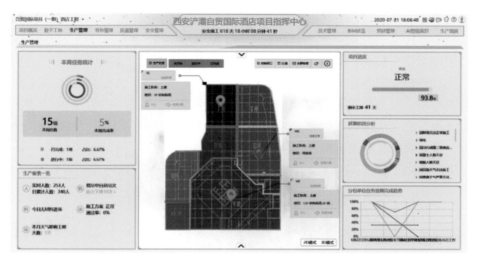

图 8-53　作战地图实时监控生产进度

图 8-54　生产进度管理

2）劳务管理（图 8-55 ~图 8-57）

应用劳务实名制对外是为响应政府要求，对内想解决人员登记、谎报人数、临时工等问题。目前现场实行全封闭式管理，采用智能安全帽和闸机相结合的方式，建立劳务用工管理制度，新工人进场做好安全教育，在办公室办理实名制登记，领取安全帽。各分包工人均佩戴智能安全帽进入施工现场，临时人员采用身份证的方式进入施工现场，同时禁止外来人员随意进出，实现进出和现场作业面有序管理，有效落实实名制管理。

从源头防范用工风险：人员入场登记环节，系统内置黑名单库并可从年龄、地域、民族、身份证真伪与过期等方面设置管控规则，把不合规人员拦截在入场初期。

改变了传统 Excel 录入的方式，采用身份证阅读器以及手持设备，极大地提高了现场工人登记效率，并且内置各种报表，可随时导出工人花名册、进出场统计表等各类报表。

图 8-55　劳务实名制管理

图 8-56　劳务作业人员花名册

图 8-57　用工动态管理

现场用工情况实时掌握、一目了然，通过移动端以及网页端，可实时掌控现场作业人员情况，各分包的现场用工情况，与实际形成对比，有利于项目后续劳动力安排。

3）材料管理（图8-58~图8-60）

建筑材料、构件、料具按总平面布局码放，采取防火、防锈、防雨措施，易燃易爆物品分类储藏在专用库房，并采取防火措施。建筑材料、垃圾有序堆放，做到工完场清。

图8-58 现场危险物品库房

图8-59 现场材料

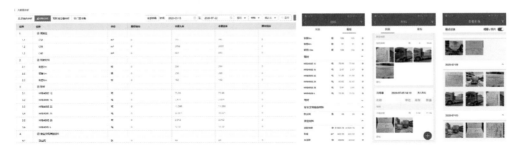

图8-60 材料管理

现场材料码放整齐：规范材料标准化管理，提升材料成本精细化管理意识；提高材料员业务水平及项目台账管理水平；规避现场管理人员频繁更换，台账不全、资料丢失的风险。

4）钢构跟踪管理（图8-61、图8-62）

钢结构各分项工程实施现场的主要材料、零（部）件、成品件、标准件等产品品种、规格、性能等应符合现行国家产品标准和设计要求。钢结构构件安装牢固、定位准确、焊缝饱满，钢架挠度检测合格，高强度螺栓连接紧密，抗滑移检测合格，符合设计及规范要求。

项目钢构管理，从进场验收、吊装、构件实际定位、实测实量、资料归档全过程管理，严格把控每个进度环节，把控每个质量控制点，做到精准安装。同时，项目上可依据不同使用场景需要分类导出【合格】与【预警】两类管控点数据，以及每个构件的实际施工工期等；为项目构件的合格率台账、质量验收表单等资料提供数据支撑。

图 8-61　钢结构

图 8-62　项目钢构管理

5）质安管理（图 8-63、图 8-64）

按照分部、分项工程进行技术交底，定期组织质量安全教育培训，使用质量安全巡检系统，按照要求对质量安全隐患及时整改，各分部分项验收签字齐全，程序合理。提供的照片或者视频，配合着责任区域直接确定问题并将解决方案上传到平台，现场管理人员将其解决，相关责任人员直接查看问题解决进度。做到更快、更准确，将危险降到最低。并且现场所有提交过的数据会在平台上记录、积累分析，使得项目变得更安全。

a. 轻松实现"检查—整改—复查"的管理闭环

发现问题，实时指派整改人以及指定整改日期，快速同步下发。问题可随时查看，人力资源的利用更为高效，提高工作效率。同时问题报表自动生成，为巡检员节省大量的时间与精力，从反馈不及时变成及时。

b. 规范检查形式和检查内容

从发现问题记录—指派—整改—销项，现场检查的所有流程都在手机端闭环完成，充分利用移动端随时随地的优势，提高现场检查和整改的效率。而且是线上闭环，保证现场发现的问题 100% 可以得到跟进解决。通过这样移动互联 + 模式，就能在现场检查的基础上，使工作得到更加精细化的管控。

图 8-63　质安管理

图 8-64　分部分项工程技术交底

c. App 可实现自主学习

既是检查工具又是学习工具，扩大了使用人员范围，无论是新入职员工，还是年长员工、普通员工，大家都可以对应详细的检查说明（规范、图集、企业创优做法等），进行条目检查，避免检查遗漏或检查不足的情况。

6）周报管理（图 8-65）

自动生成 PPT，PPT 内容全面（进度、质量、安全、人材机、下周进度计划）、图表分析明确、数据真实，提高了内业工作效率，增强了现场有效管理。

7）延期分析

延期原因专项分析，专题会议研讨，提质增效；资源高效调配、风险准确识别，任务有序高效展开。

8）周会管理（图 8-66、图 8-67）

项目周例会，各部门利用平台直接汇报，节约周例会准备时间，提升周例会会议效率和质量，直观呈现项目进度、质量、安全等关键指标，项目情况一目了然，实现周例会的数字化呈现，决策有据。

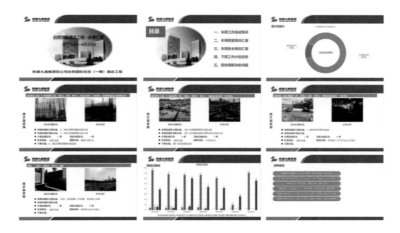

图 8-65　周报管理

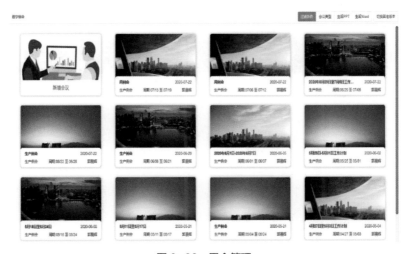

图 8-66　周会管理

图 8-67　周例会

9）施工相册管理（图 8-68）

施工相册的应用使项目实现影像资料在线化，优化了现场影像资料存储方式，照片分类存储、网页端和 App 协同应用，提高获取效率、有效归档、存储有效，避免多人手机相册存储难查询、难收集、易丢失等情况。

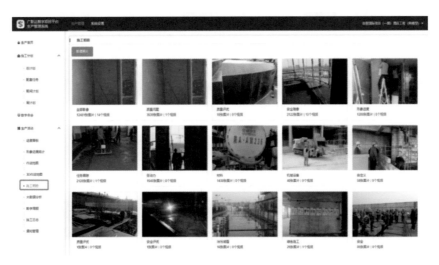

图 8-68　施工相册

10）施工资料管理（图 8-69）

资料协同应用将现场各个部门进行有效连接，实现信息互联互通，节约协调和沟通时间，同时使资料管理统一归档，框架清晰，避免丢失，有效辅助项目资料管理以及开展各项检查工作。

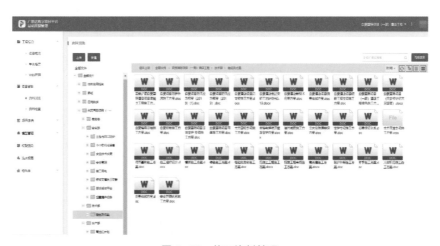

图 8-69　施工资料管理

11）视频监控（图 8-70）

本项目在施工现场各个重要地点共设置 6 个摄像头，并设有两个监控室，其中施工区、生活区的监控 24h 均有值班人员，项目管理人员均可通过手机 App 以及智慧工地平台实时监控现场。实时的视频监控可以让管理人员更加全面地掌握施工区、办公区、生活区各个重要部位、重点区域的情况。如有异常，可采取相应措施。

图 8-70　视频监控

12）环境监测（图 8-71、图 8-72）

施工现场狠抓治污减霾，严格贯彻省市"铁腕治霾"文件的相关精神和要求，现场切实做好扬尘治理工作，设置环境检测仪，进出车辆进行冲洗，对多余空地进行绿化，施工过程裸露黄土进行 100% 覆盖，施工过程中采取相应措施减少扬尘的产生。现场设置洒水车、雾炮机、喷雾系统。

在施工现场的主干道、办公区、施工现场分三个区域设置分系统、全覆盖的喷淋降尘系统。并且在大门口处设置环境监测仪，监测系统接入智慧工地平台，实现扬尘动态监测、实时预警响应喷淋降尘。

图 8-71　办公区、施工区喷淋系统　　图 8-72　主干道洒水车洒水降尘

4. 总结

项目从初期不适应、部分人不愿意应用，到最后成为标杆，取决于三个重要因素：领导重视、制度完善、项目执行力强。项目围绕两条生命线：质量安全以防风险、除隐患、遏事故为目标；进度以抓工期、找原因、提效率、控成本为目标，认真落实，积极推进，取得了集团的认可，项目人员也收获颇丰。

在 2019 年 11 月 25 日成功举办了中国施工企业管理协会第十五届信息化观摩大会（图 8-73），吸引全国多家单位前来参观交流学习，提升了公司品牌效益，输出了 3 名优秀的企业讲师。

加强科技质量工作方面，为企业高质量发展提供不竭的创新动力；创新驱动方面，为企业高质量发展提供强有力人才支撑；推进信息化工作方面，为企业高质量发展增添新动能。

图 8-73　多家单位参观学习

5. 下一步规划

通过浐灞自贸酒店项目的成功试点，为陕建九建集团输出了一定的项目管理价值，陕建九建集团已经在整个集团公司推广 BIM+ 智慧工地建设，目前已有 18 个 BIM+ 智慧工地项目，且大部分已获得"全国优秀标杆"的称号。同时作为陕建重点项目，是陕建生产指挥调度系统重点实践项目，不断总结经验，提升应用价值，为集团 2020 年生产指挥调度系统项目级推广奠定了坚实的基础，为集团战略目标早日实现作出新的更大的贡献。

8.6　西安浐灞生态区灞河隧道项目

1. 项目概况

（1）项目基本信息

本工程为陕西省西安浐灞生态区锦堤六路（欧亚四路）灞河隧道项目，线路总长 1.56km，属于市政道路，沿线分别下穿兴泰北路、灞河西路、灞河、灞河东路，段内包含道路工程、隧道工程、管线工程、照明工程、交通工程、供配电与照明工程、景观工程，由中铁一局集团铁路建设有限公司负责承建。图 8-74 为灞河隧道项目效果图。

图 8-74　灞河隧道项目效果图

（2）项目难点

1）项目施工线路下穿多条繁忙干道，交通导改难度大，难以确定最佳交通导改方案；

2）项目设计专业十三个类别，图纸审核除结构尺寸、标注等，还包含不同专业图纸协调是否合理，图纸审核难度较大；

3）隧道部分结构段为空间曲线段，对线形包含平曲线和竖曲线结构段传统方式计算工程量不精确，不能满足施工管理应用；

4）隧道下穿灞河，施工类型属于明挖式，基坑最大深度近 21m，监测困难，安全风险大；

5）迎接西安"十四运会"，制定不同阶段施工节点工期，施工工期压力较大；

6）项目管理采用专业分包模式，施工队入场多，交叉作业较为频繁，劳务人员管理难；

7）施工要求进度快，过程需求材料流转量大，工地进出场材料管控难。

（3）应用目标

本项目计划以 BIM 技术作为管理核心，对项目工程成本做到精准管控，结合进度计划合理安排工程资源，优化整合各专业施工，对过程进行动态模拟、施工方案评选优化，同时结合 BIM+ 智慧工地数据决策系统辅助 BIM 技术落地应用，使现场安全、质量、劳务、材料管理信息能及时地、准确地反馈到模型，实现工程质量的可视化、信息化控制，提高项目管理信息化水平，减少项目施工过程中的成本损耗，完成工期节点要求的施工内容，为 2021 年西安举办"十四运会"做好充分准备。项目部人员通过 BIM 技术应用，可以提升软件操作能力、模型建造能力以及模型后期应用能力，为公司后续项目推广 BIM 技术应用做好人才储备，同时为 BIM 技术在项目施工应用中创造价值提供依据和参考，树立 BIM 技术应用的典范。

2. BIM 应用方案

（1）应用内容

1）交通导改规划模拟，对比不同交通导改方案的优缺点，确定最合适的实施方案；

2）施工场地布置，确定临时设施最佳位置，"三通一平"确定，促使项目快速入场作业；

3）各专业施工图纸审核及深化设计，提前解决图纸错漏碰撞问题，为项目施工做好技术保障；

4）工程量精准统计，分阶段分结构提取工程量；

5）隧道空间线性坐标快速提取，并与传统坐标计算方式进行复核，落实施工坐标数据"双检制"要求；

6）方案、交底三维交互应用，类比确定最佳方案，以可视化、可分享特点推动隧道各专业方案、交底执行到位；

7）VR 虚拟模拟，实现施工场景动漫游态，获得沉浸式体验；

8）三维辅助快速出图，并生成施工竣工图备案，提高传统图纸绘制效率；

9）BIM+ 智慧工地项目管理应用，以 BIM 模型为载体进行施工安全、质量、进度等方面信息化管理，根据施工过程数据进行项目分析决策。

（2）应用方案的确定

1）软件选型（图 8-75）：

2）组织架构：

a. 项目经理为总负责人，确定 BIM 技术实施方针；

b. 项目 BIM 总监负责建立实施制度及业务分工；

c. 项目 BIM 工作站主要负责对 BIM 模型进行校核和调整，统筹管理施工阶段 BIM 模型，保证 BIM 模型与施工现场相结合；

d. BIM 咨询方负责项目 BIM 应用软硬件提供及培训工作；

e. 建模组负责施工各专业模型建立；

f. 维护组负责施工过程中模型数据提取及录入；

g. 商务组负责根据 BIM 数据进行项目成本管控、资源配置等工作。

3）实施流程：场地及环境模型建立→隧道各专业模型建立→智慧平台搭建→过程信息实时录入→模型数据维护→项目施工数据阶段分析→施工管理优化。

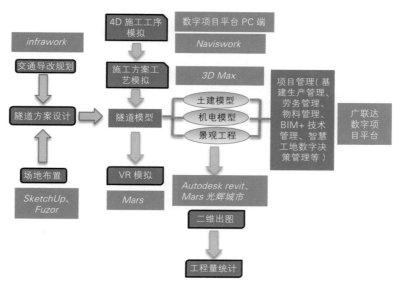

图 8-75　软件选型方案

3. BIM 实施过程

（1）实施准备

1）明确软件版本及数据导出格式；

2）确定周边环境模型与隧道模型的基准点位置；

3）建模组与商务组针对隧道进行按专业分类制定构件编码表；

4）项目 BIM 总监确定 BIM+ 智慧工地结合应用制度；

5）施工管理人员针对 BIM+ 智慧工地数据录入进行培训。

（2）实施过程

1）交通导改 BIM 模拟应用：使用 Infraworks 提取本项目途径周边的地理信息，建立真实完整的周边环境模型，在模型的基础上进行交通导改决策，从而确定该段隧道施工对已经建成通车的"灞河西路、灞河东路、华文路、世博大道"四条道路有影响，结合工期及周边路网，拟对"世博大道"进行交通导改；灞河东路、华文路拟采用封路施工；灞河西路前期保通，后期封路施工，确保项目能够快速进场展开施工作业。

2）施工场地布置：方案阶段借助 Revit、SketchUp 等软件快速建立大临设施模型，与 Infraworks 提取出灞河隧道周边的地理区域模型整合为一体，形成了整个区域的整体 BIM 模型，以此判断大临方案决策的合理性。

3）各专业施工图纸审核及深化设计：根据要求对隧道进行按专业分类制定构件编码表，在建模前期根据广联达数字项目平台基建生产模块对施工各专业进行分部分项分单元，根据单元构件编码开始建立对应模型。

三维模型精细度达到施工图纸级别，根据构件编码表严格按照图纸建立临时工程、道路工程、地下结构、地下建筑、管廊工程、交通工程、市政管线、供配电及照明、通风工程、隧道及管廊给水排水、消防、综合监控等精细化 BIM 模型。

按照图纸建立对应模型过程查找记录图纸中构件尺寸不对、标注错误、详图与平面图无法对应等基本问题。

将构件模型根据分部分项分单元进行逆向整合，得到对应各专业模型，各专业模型根据隧道空间线性确定对应位置，形成项目最终模型，通过 Navisworks 进行不同专业碰撞检测，提前发现设计问题，进行优化设计。

4）工程量精准统计：从 Revit 模型中可以快速提取隧道各专业工程量，并导出 Excel 材料量清单表格，解决了隧道空间线性结构和异形结构工程量难以计算以及常规施工中算量出错难以核查的难题，为现场的施工物资采购及施工预算提供数据保证。

5）隧道空间线性坐标快速提取：使用 AutodeskCivil3d 软件按照图纸坐标数据进行整合，建立隧道空间线形，确定坐标及高程位置，定位隧道各专业结构模型拼装时的空间位置，拼装完成后利用 BIM 模型可快速获取工程任意结构任意点的三维坐标用于测量放样。

6）方案、交底三维交互应用：三维技术交底，可视化方案研究，对隧道重点难点工艺进行可视化方案制作，形成三维交互式指导材料。如图 8-76 为隧道减光棚方案比选。

隧道减光棚

方案一	方案二	方案三

减光棚采用流线型钢格网造型，由直径为 299 的 Q235B 直段钢管焊接而成。采用全镂空形式且整体轻盈现代。减光棚跨度 27m，纵向最大长度为 30m，头部拱高为 2.1m，尾部拱高 1.0m。 工程费估算约：100 万元。	减光棚结构采用双圆拱造型，结构形式整体轻盈流畅，两侧隧道通过结构分隔，减小对向来车的干扰，钢结构表面喷涂白色涂料，色彩大方且与隧道装修能较好协调，型钢结构与隧道混凝土结构两者通过材质、形态形成动感与静谧、轻盈与浑厚的虚实对比。 减光棚跨度 13.5m，纵向最大长度为 30m，拱高为 4.2m。 工程费估算约 140 万元。	减光棚结构采用型钢与混凝土混合结构，中间支撑体系为混凝土结构，浑厚有力，顶部采用拱形型钢结构，张力十足，宛如弓箭。中间支撑在减小对向来车干扰的同时，将减光棚整体内分成两跨，与隧道双洞形式相协调，整体效果简洁大气、和谐统一。 减光棚跨度 13.5m，纵向最大长度为 30m，拱高为 3.5m。 工程费估算约：150 万元。
方案一现代、简约、轻盈，体量感小，能更好地跟周围城市环境相协调，且造价合理。方案二空间感较封闭，且顶部遮光板后期围护清洗等难度较大。方案三体量感强，但与周边环境的协调上不如方案一。综合对比，推荐方案一。			

图 8-76　隧道减光棚方案比选

7）VR 虚拟模拟：通过 VR 技术实现动漫游态，获得沉浸式体验。让施工人员身临其境地感受施工后的效果，提升了三维技术交底的效果。

8）三维辅助快速出图：辅助出图，由 BIM 三维模型生成二维图，即可一键出图，辅助现场施工节省了大量工期，并生成施工竣工图备案。

9）BIM+ 智慧工地项目管理应用（图 8-77）

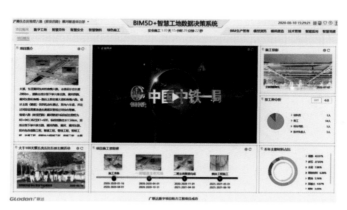

图 8-77　BIM+ 智慧工地项目管理看板

BIM+ 技术管理系统：为工程项目提供一个以 BIM 模型为支撑，覆盖图纸变更管理、技术交底、方案管理等内容的技术管理系统。

a. 施组方案策划：通过隧道各专业三维模型与现场进度、成本等信息相挂接，进行基于真实进度和成本信息的三维展示，清晰直观了解隧道施工各阶段资源配置情况，保障了项目施工组织策划的合理性。

b. 三维可视化交底：节点模型挂接交底资料，微信二维码分享、手机端随时查看。

c. 交底管理：线上签字考核、后台统计。保障交底各班组传达到位，提升了项目交底效果，减少施工错误，推动隧道各专业交底要求执行到位。

d. 企业技术管理：方案模板库及线上并行审批，项目方案监控看板，科研成果管理及技术资料积累。

e. 图纸及变更管理：在线图纸管理，手机便捷查看，变更与图纸以及对应结构模型自动关联，随进度推送，变更执行跟踪，照片留痕。

基建生产管理系统（图 8-78）：隧道施工现场问题即时在移动端以照片、文字记录至云平台，通过模型快速查看，提高了现场管理的便捷性。

项目采用移动终端（智能手机、平板电脑）采集现场数据，建立现场质量缺陷、安全风险、文明施工等数据资料，与 BIM 模型即时关联，方便施工中、竣工后的质量缺陷等数据的统计管理。经过严格筛选及确认被授权的管理人员通过

App 实时得到通知并查看。在安全、质量会议或者每周例会上统一讲解、统一解决，大幅度提高了工作效率，为班组进行绩效评估提供了重要的依据。施工进度情况实时与模型挂接，数字化展示现场施工进度。

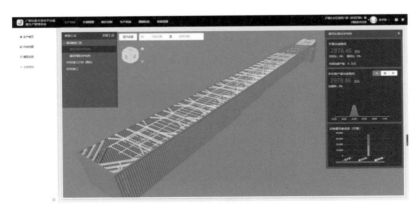

图 8-78　基建生产管理系统

物料管理模块：在隧道施工过程中，现场各结构单元材料消耗情况，管理人员通过手机端实时录入对应数据，通过后台页面可以查看设备编号、名称、进度、时间、相关照片、跟踪地点及历史跟踪信息，实时监控物料状态。

基于 BIM 的二维码应用，通过 BIM+二维码的介入，使得传统的现场物料管理更清晰，更高效，信息的采集与汇总更加及时与准确。二维码打印支持配置信息打印，方便查看重要信息。所生成二维码具有唯一性，关联相应构件。

BIM+智慧工地决策系统：远程实时管控，随时随地了解项目生产、安全质量、机械设备、视频监控、BIM 模型等项目信息。

4. BIM 应用效果总结

（1）效果总结

本项目通过采用 BIM 技术，使项目前期与各单位协调更加顺畅，减少了项目进场准备时间，同时确立临建方案，使项目快速进入施工阶段。以 BIM 技术进行施工各专业技术推演，提前解决图纸审核及优化，同时快速精准统计各专业工程量，保障技术实施的高效性，以 BIM 结合智慧工地数据决策系统，使管理层可以实时掌握现场施工安全、劳务、进度情况，施工数据通过模型展示，更加直观，对项目成本、技术、进度等进行了精准管控，以模型数据进行分析，大大提高了项目决策的正确性，规避了施工风险，极大减少了施工过程中材料的损耗，超前工期节点要求，助力 2021 年西安"十四运会"成功举办。

本次针对土建、机电等专业在项目建模过程中通过建模培训及数据交互培养出近 30 名建模工程师，可根据图纸独立进行模型建立交底应用。

本项目建立 BIM+ 智慧工地软硬件总计投入约 200 万元，在项目施工过程中物料管控节约近 550 万元，人力管控核算节约 265 万元，检查时施工进度已超前节点工期 35d。

（2）方法总结

通过应用 BIM 技术，项目确立了市政隧道技术信息化应用标准。技术部门提前对各专业进行分部分项编码确定，并建立对应编码构件模型统计出工程量，成果交付给商务部门作为项目成本管控的数据基础，以此在施工过程中根据施工进度进行成本分析核算，优化项目资源协调，为后续项目提供了依据和参考价值。

项目打造 BIM+ 智慧工地，通过 BIM 模型作为数字载体，管控项目施工的安全、质量、进度等，极大提高了项目管理的信息化水平，为公司后续项目信息化管理树立典范，为建筑行业 BIM 技术落地应用提供良好的项目案例。

8.7　甘肃省兰州奥体中心项目

1. 公司介绍

中国十七冶集团有限公司成立于 1957 年，是中国冶金科工股份有限公司控股的子公司，中国五矿与中冶集团整合后，成为中国五矿一类重要骨干子企业，位居中冶集团第一方阵和安徽省建筑行业"前三甲"，主营业务包括 EPC 工程总承包、装备制造及钢结构制作、房地产开发三大板块。

2. 发展背景

中国十七冶集团有限公司致力于打造"中冶管廊品牌"、炼钢精炼"国家队""中冶路桥品牌"、高端城建品牌和新能源品牌，先后承建了全国最大的西安城市地下综合管廊、全国技术领先的宝钢湛江钢铁基地炼钢工程和中冶集团投资额最大的兰州北绕城东段高速公路等重点工程，承担了包括宝钢、马钢、武钢、莱钢等国家重点钢铁项目的建设任务，为中国冶金工业的发展作出了卓越贡献，同时在高端房建、交通、建材、能源、化工、轻纺、旅游、环保、有色等多行业和领域作出了很大贡献，承建的中国南极科考站泰山站、中国南方最大的国门广西东兴口岸、甘肃省体育馆、兰州理工学院、南京长江国际航运中心、合肥东环中心、芜湖海螺大厦、蚌埠金融中心、沪宁高速等一批标志性工程均取得良好的社会效益。作为世界知名的承包商，中国十七冶集团有限公司施工足迹遍及世界几十个国家和地区，承建了科威特大学城、毛塔希望三角洲公路、马来西亚碧桂园等一批影响大、效益好的工程项目，受到项目所在国的普遍赞誉和欢迎（图 8-79）。

图 8-79　公司 BIM+ 智慧工地信息化发展荣誉

中国十七冶集团有限公司非常重视企业和项目之间的信息化管理，公司专门成立专项研究课题——"智慧工地建设下的数据集成分析与项目管理决策支持"，并在"兰州奥体中心"（以下简称"兰奥"）项目开展实践应用与研究，旨在将 BIM 信息化、大数据分析等新型科技与技术引入项目管理全过程，以规范化、程序化、标准化为方向，提升公司 EPC 总承包项目管理的能力与水平。

3. 工程概况

兰奥项目位于兰州市七里河区崔家大滩片区，总用地面 515989.30m²（约合 773.986 亩），总建筑面积 450080m²（地上建筑面积 321430m²，地下建筑面积 128650m²），其中体育场建筑面积 89800m²、总座位 60000 座；综合馆建筑面积 50050m²、总座位 8000 座（含活动座椅 2000 座）；游泳馆建筑面积 29800m²、总座位 2000 座；网球馆建筑面积 10150m²、总座位 3000 座；运动员公寓建筑面积 30180m²；体育产业用房建筑面积 240100m²；室外运动场地包括 23 片篮球场、12 片网球场、6 片笼式足球场、1 个标准足球场及 400m 环形跑道；机动停车位 4500 辆（地面停车 1500 辆、地下停车 3000 辆），非机动车停车位 4000 辆。图 8-80 为兰州奥体中心概念图。

图8-80　兰州奥体中心概念图

4.应用目的

（1）建设单位应用目的

1）依托于"广联达BIM5D+智慧工地决策系统"平台，汇总、集成项目管理信息，服务于项目整体的管理、控制和决策；

2）借助物联网技术、5G技术，加强项目现场人、材、机等生产要素的管控；

3）响应国家建筑行业信息化建设和数字中国发展战略，打造"兰奥"项目信息化管理标杆，服务于项目评奖创优；

4）在项目建成之后"智慧工地平台"将被二次利用，改造为"兰州奥体中心运维平台"，打造运维信息化、智能化、一体化，达到追求创新，追求更高、更快、更强的奥林匹克精神。

（2）项目管理目标（表8-8）

项目管理四大目标
表8-8

质量管理目标	单位工程一次验收合格率100%； 创钢结构金奖、飞天金奖、建筑工程装饰奖、詹天佑奖、鲁班奖
安全环保管理目标	创甘肃省安全文明工地； 创国家级安全文明标准化工地
科技创新目标	甘肃省智慧工地示范工程； 中冶建筑新技术应用示范工程； 住房和城乡建设部科技示范工程
团队建设目标	打造优秀项目经理部，打造钢结构工程专业团队，打造装饰装修工程专业团队，输出一批具有高水准的信息化人才

1）搭建智慧工地系统平台，实现对项目各生产要素的精细化管控

通过物联网设备、信息系统等技术手段对项目现场的生产要素信息（人员、材料、设备等）进行有效快速采集、汇总，并由管理人员进行后台的整合、处理、分析，辅助项目生产要素的精细化管理，并服务于项目管理、控制和决策。

2）全过程数据采集，信息集成可视化管理，实现各参与方互联互通

基于物联网设备、项目生产管理软件等，采集项目基础管理数据，并依托于项目管理信息可视化大屏，将项目各类型数据集成，直观呈现项目概况、生产管理（人员、材料、设备）、经营管理、安全管理、质量管理以及智慧工地等信息，实现项目信息的互联互通，辅助项目管理、控制和决策。

3）通过使用生产、质量、安全、劳务等软件应用来管理项目

通过部署项目信息化生产管理平台，将项目管理工作和总进度计划按照WBS结构分解到具有时效性的任务工作包层级，明确任务实施责任方，借助平台，管理、控制各项任务完成情况，监控项目质量、安全和进度管理工作，以及关键工作目标的执行完成情况，以实现项目的精细化管理。

4）运用BIM技术开展设计优化、施工深化、三维可视化交底等工作，提前虚拟建造，提升生产效率。

借助BIM软件工具，建立全专业BIM模型，凭借其可视化和虚拟建造特征，对设计图纸及其问题进行校核，提前发现图纸问题。各专业分包单位基于全专业BIM模型，进行项目多专业协同的施工深化，反馈于图纸，并进行三维可视化技术交底，指导现场施工。

5）通过新型信息化管理技术应用，响应国家建筑行业信息化建设和数字中国发展战略，打造行业的项目信息化管理标杆，并服务于项目评奖创优。

5. 应用内容

（1）应用框架（图8-81）

兰奥项目利用BIM技术、物联网技术和信息化管理手段，基于广联"BIM+智慧工地系统平台"，开展各层级管理活动，包括施工组织设计、质量、安全、生产、

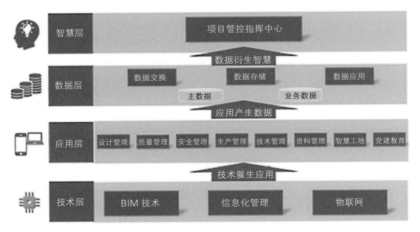

图8-81　应用框架

技术、资料、智慧工地和党建教育等，过程产生的业务数据，一方面用于内部的数据交换与共享，另一方面用于数据的分析与可视化表达，形成数字化管控指挥中心，不仅对外展示方便、直观，项目领导也能够一眼纵观全局，智能化决策。

（2）应用组织（图 8-82）

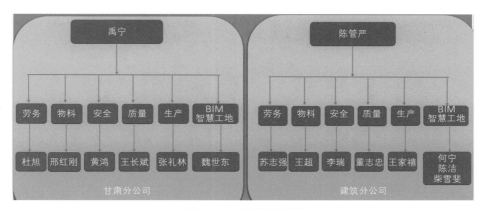

图 8-82　应用组织示例

6. 项目应用效果

（1）劳务管理系统（图 8-83 ~ 图 8-85）

兰奥现场采用中移人脸识别，现场工地宝探测信号的考勤方式，通过 10 通道全高闸，10 通道翼闸来规范工人进场工作，避免闲杂人等随意进出项目现场，也避免了因刷卡等考勤方式造成的人员代刷卡考勤不真实的情况。工人进场报到时，劳务管理人员通过手持设备自动读取人员身份信息，并采集人脸信息进行授权，相关信息自动同步至系统，工人日常考勤记录自动上传系统，劳务管理人员打开系统直接打印考勤表上报业主。既规范了出勤，又提升了管理效率。

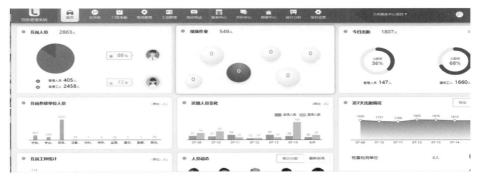

图 8-83　劳务管理系统

通过现场实时采集来的数据，系统会自动分析出工人的出勤情况，形成数据报表，为企业实现农民工工资线上发放提供了有利的证据，企业黑名单的建立防止恶意讨薪事件的发生。

图 8-84　出勤考核

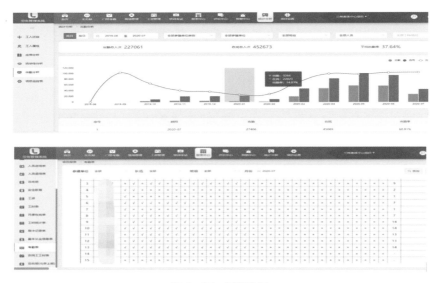

图 8-85　出勤数据

　　（2）质量管理应用（图 8-86）

　　通过移动端进行现场质量巡检与验收，线上下发质量整改通知单，大量节约项目上一线人员的时间，整改人及时回复消息，整改单打印出来纸质留档，通过大数据分析：

　　1）质量问题通病及原因分析，针对性加强管控；

　　2）对质量问题增长趋势分析，在问题爆发时间段加强项目管控；

3）对质量问题整改效率分析，督促责任单位及时整改；

4）施工质量问题责任主体分析，对最差责任分包单位进行罚款等处罚处理，其他单位引以为戒，保证施工质量。

图 8-86　质量管理系统

（3）安全管理应用（图 8-87）

安全员每日对施工生产过程中可能存在的隐患进行巡查，发现问题后通知分包负责人进行整改，组织分包单位整改后，通知安全员进行复查，复查合格后，问题关闭，整个闭环流程线上打印，极大地减轻了一线人员烦冗的工作；同时安全隐患排查、安全教育、安全交底以及类似安全管理工作可在手机端进行。

在使用的数据积累后，可以按照各种维度进行数据分析。通过 Web 网页端，利用碎片时间随时掌握公司和项目的安全运营状况，发现问题可第一时间追溯责任人进行处理。可实时准确反映项目安全运营情况，追溯记录，明确责任归属。

图 8-87　安全管理系统

（4）塔吊（塔式起重机，俗称塔吊，此系统用"塔吊"，为对应文中延用）监测应用（图 8-88）

实时采集塔吊运行的载重、角度、高度、风速等安全指标数据，传输平台并存储在云数据库。实现塔机实时监控与声光预警报警、数据远传功能，并在司机违章操作发生预警、报警的同时，自动终止起重机危险动作，有效避免和减少安全事故的发生。

兰奥通过手机端的预警提示，项目安全员会实时关注核查预警信息，并定期地给塔吊司机进行安全再教育，塔吊可视化，节省了指挥人员和对讲机使用，在塔吊司机视野被遮挡和夜间施工时提供了极大的帮助。还有人脸识别系统，有效地阻止了一些分包人员的违规操作，避免了谁上去都能开得动塔吊的情况。

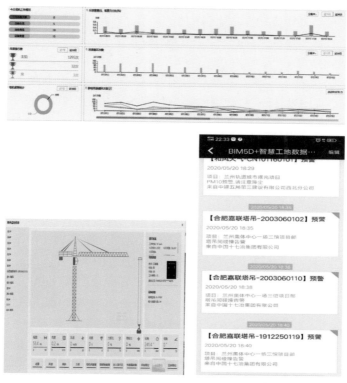

图 8-88　塔吊监测

（5）绿色施工应用（图 8-89）

项目上搭建工程环境自动监控系统，建筑工地扬尘、气象、噪声进行实时监测，当出现超出设定的正常值时，平台可以进行报警。同时可接受政府相关的监督自检，预防市民投诉，共建绿色环保建筑工地，体现国有企业的社会责任。

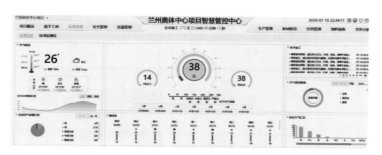

图 8-89　环境自动监测系统

通过智慧工地平台，实现自动喷淋系统与扬尘在线监测系统联动，设置空气质量扬尘上限阈值，实现超限报警自动启动现场喷淋系统，改善工地的施工环境。

（6）进度管理应用（图8-90、图8-91）

项目通过信息化管理平台，线上编辑、报送项目的总计划、月计划、周计划，同时查阅项目以往周、月进度计划与总进度计划，方便前后计划协调一致，并严格控制里程碑节点进度。线上进行计划任务下发，施工管理人与班组均能查看本阶段计划安排，周末或月末对计划内容逐条填报，量化完成率，对未完成计划进行原因分析并填写具体改进措施。

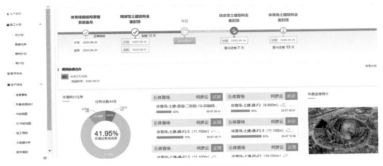

图8-90 进度管理系统

图8-91 生产管理系统

通过生产管理系统，将三级计划通过 BIM 模型流水段进行数据串联，实现三级计划数据联动。生产经理将周计划通过网页云端派分到生产部门人员移动端，任务责任到人，工长利用移动端现场实时反馈各区域施工进度，实现进度数据逐级反馈，从而自动获取真实数据，可及时预警项目进度风险，把控项目进度。事前控制——逐级追溯，审视下级计划合理性，事中控制——动态跟踪现场工长执行情况。

（7）BIM+ 技术管理系统（图 8-92）

兰奥项目施工过程中，资料多、格式多、查阅难，通过将施工过程中各种格式的电子图纸、技术方案、交底资料、标准规范、公发资料等上传到平台，可实现工程资料的精准分类、高效共享。通过手机端即可实现构件相关信息的快速查阅。

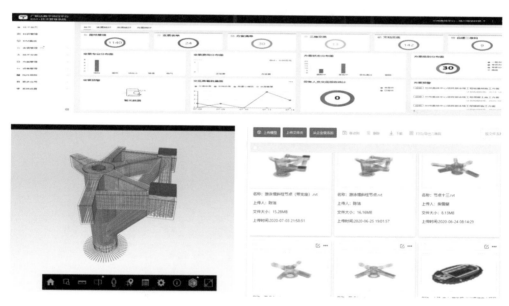

图 8-92　BIM+ 技术管理系统

三维交底在项目上使用较广，因为节点复杂，工艺繁复，之前的纸质版的交底很难去清晰掌握如何去做，分包对三维交底接受度高，可以扫描二维码自己学习、查看，大大提高了交底流程和时间。资料管理方面：各参建方基于协筑平台，负责各自范围的资料上传，确保更新及时准确，实现资料内部互通共享。建立盖章审批、联系单下发等项目部审批流程，规范流程管理。

（8）BIM+ 智慧工地决策系统（图 8-93）

兰奥项目现已接待大小观摩几十余场，市政府领导检查和同行业学习几十次，"BIM+ 智慧工地决策系统"起到了非常重要的作用，以往迎接检查需要较长时间准备展示的内容，过程中资料保存不全，影响观摩效果，现如今通过"BIM+智慧工地平台"在科技馆就可以给各位领导展示项目的全过程、全要素，通过劳务、生产、质量、安全、BIM应用、物料验收、智慧党建等关键内容，对问题指标进行红色预警，每个指标可逐级展开、查看详细分析和原始数据。为决策层/管理层提供项目的整体管理指标（安全、质量、进度、成本以及工程款回收等），监控项目关键目标执行情况及预期情况，为项目成功保驾护航。

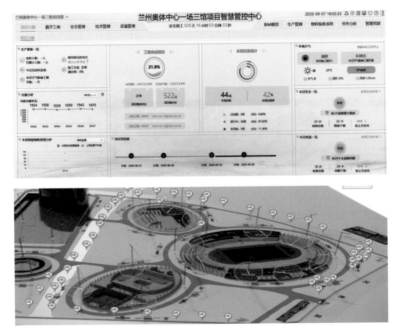

图 8-93　BIM+ 智慧工地决策系统

7. 应用总结

（1）企业价值

兰奥现阶段通过应用 BIM、云、大数据、物联网、移动互联网等科学技术应用，辅助项目管理人员在总承包项目建设全过程中对劳务、质量、安全管理、生产等方面管理目标的执行、监控，借助大量数据的采集、汇总、整理和分析，提取用于项目管理、控制和决策的有效信息，提升项目管理的科学性、可靠性和有效性，实现项目精准化管理、精细化管理和精益化管理。

（2）项目级应用价值

1）基于项目管理数据的收集、整合和分析，提取用于项目管理、控制和决策的有效信息，实现项目的精准化管理。

精准化管理（精确化管理）强调客观精确的决策数据支持，是通过具体的、客观的、数据化的信息，检查、分析项目管理的实施情况，针对性地进行项目管理薄弱点进行精准化治理。

2）基于信息化生产管理平台，将项目管理目标进行任务分解、分配和责任划分，并对项目管理痕迹监控，实现项目的精细化管理。

精细化管理强调细节和过程，是通过工作分解结构（WBS），将项目按进度计划和工作内容分解为具有期限限制的任务工作包级，分配到各个任务实施责任主体，开展项目全方位、全过程的精细化管理控制和痕迹留存，确保项目生产要素和生产活动处于受控状态。

3）基于信息化生产管理平台，对项目生产要素投入进行监管，对项目管理行为进行规范，实现项目的精益化管理。

精益化管理强调管理有效性和管理结果，是基于信息化生产管理平台，通过监管生产要素投入和规范项目管理行为，减少浪费，让生产要素和管理行为充分转化为项目的建设效果和管理效益，实现项目的精益化管理。

4）基于新型信息化管理技术和手段应用，打造行业的项目信息化管理标杆和企业品牌工程，服务于项目评奖创优。

（3）岗位级应用价值

1）项目信息互联互通，获取便捷；

2）管理沟通方式规范，效率提升；

3）工作任务划分清晰，责任明确；

4）现场问题闭环处理，状态可控；

5）BIM 技术服务虚拟建造，问题前置。

8. 总结及展望

项目和课题研究仍处于不断探索研究完善，但从整体实施框架来说，BIM+智慧工地部署集成的整体路径已基本明确，标准化解决方案基本形成。

（1）存在问题

1）标准化信息化管理系统与现有总承包项目管理模式之间存在一定差异，影响使用效果，有待于解决提升；

2）数据分析层面的探索深度较浅，数据价值无法充分体现，分析方法与模型有待于构建；

3）项目整体成本投入较高，比较适用于重点建设项目，对于一般项目如何应用，需要将 BIM+ 智慧工地建设内容进一步分解并进行价值分析，提供特征化方案。

（2）发展方向

1）推动试点项目最终的竣工数字化交付，为项目数字化运营提供支持，并形成公司的数字化交付解决方案；

2）针对 BIM+ 智慧工地部署后产生的数据，能够形成一整套数据分析方法与模型，搭设数据库管理架构，为项目管理决策提供支持；

3）结合云端数据库与数据可视化技术，进一步强化公司项目群的数字化监管体系。

8.8 北京中国尊（中信大厦）项目

1.建筑概况

中国尊（中信大厦），位于北京市朝阳区 CBD 核心区 Z15 地块，项目总用地 11478m²，地上 108 层，总高度 528m，建筑面积 35 万 m²；地下 7 层，建筑面积 8.7 万 m²。为目前北京市第一高楼。大楼建筑外形似古代礼器"樽"，外轮廓尺寸从底部的 78m×78m 向上渐收紧至 54m×54m，再向上渐放大至顶部的 59m×59m，呈曲线造型。中国尊（中信大厦）效果图如图 8-94 所示。中国尊是 BIM 技术在超大型超复杂项目上应用的标杆。BIM 技术帮助这一 528m 超高层建筑在 62 个月中完成施工，施工速度达到同类项目的 1.4 倍。中国尊是国内第一个完全依据 BIM 信息同步设计管理并指导施工的智慧建造项目，实现了 BIM 技术在工程中的全关联单位共构、全专业协同、全过程模拟、全生命周期应用。

图 8-94　中国尊（中信大厦）效果图

2. BIM 应用关键技术

项目由业主单位中信和业投资有限公司推动实现项目建设全生命周期 BIM 技术应用，要求所有参建单位使用 BIM 技术。项目的 BIM 数据需要由设计阶段、施工阶段、运维阶段逐级传递。项目各方经过充分调研和讨论，编制了《中国尊项目 BIM 实施导则》，作为中国尊项目在建设全周期内所有参与方共同遵循的 BIM 行动准则和依据，并随着项目推进及 BIM 应用经验的积累，逐步深化和完善。

施工 BIM 团队超过 100 人，涵盖 28 家单位，涉及总包 9 大职能部门，由总包 BIM 管理部统筹，对接业主、设计共同完成项目 BIM 工作。

考虑模型互通及数据交换的需要，总承包团队 BIM 管理部对最终提交的模型格式做以下要求：

• 最终提交成果模型有原始格式模型、Revit 格式的链接模型和 Navisworks 绑定的浏览模型；

• 最终的可编辑模型是基于 Revit 平台，进行多种数据格式的集成与整合；

• 最终浏览模型是基于 Navisworks 平台，集成多种数据格式；

• 对于其他数据格式，经业主同意，可提供原始的模型文件，并提供 Navisworks 模型。

在常规 BIM 应用基础之上，团队创新了大厦超精度的深化设计、超难度的施工模拟、超体量的预制加工、全方位的三维扫描等深度应用。

（1）设计阶段 BIM 应用（图 8-95、图 8-96）

KPF 型体　　ARUP+BIAD 结构　　PB+BIAD 机电　　BIAD 建筑

图 8-95　设计阶段 BIM 模型建立

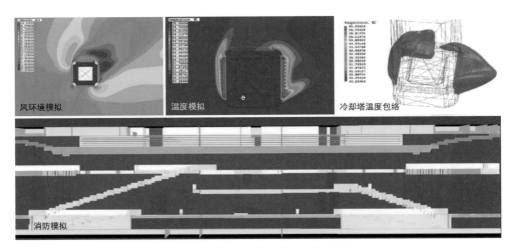

风环境模拟　　　　温度模拟　　　　冷却塔温度包络

消防模拟

图 8-96　基于设计模型的设计性能模拟

（2）BIM 辅助施工深化设计（图 8-97～图 8-105）

1）土建深化设计

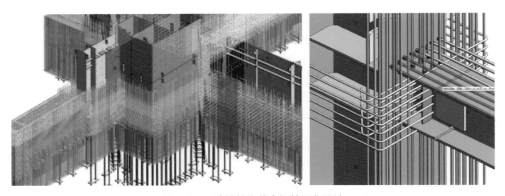

图 8-97　劲性结构节点钢筋深化设计

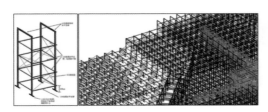

图 8-98　底板钢筋支撑深化设计

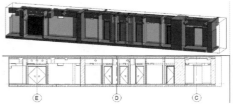

图 8-99　二次结构深化设计

2）钢结构深化设计

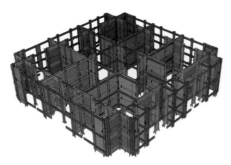
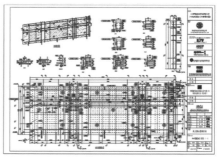

图 8-100 核心筒钢结构深化设计

3）机电与装饰装修深化设计

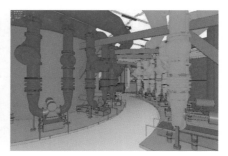

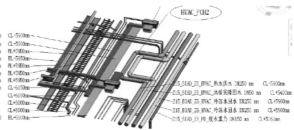

图 8-101 机房管综深化设计排布

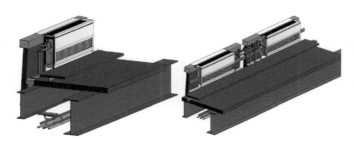

图 8-102 风机盘管系统优化

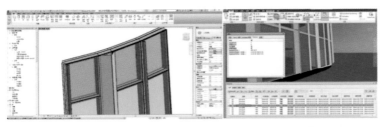

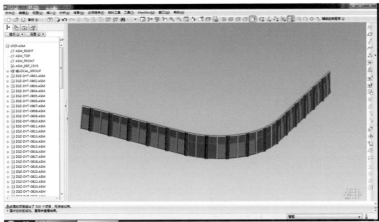

图 8-103　幕墙深化设计

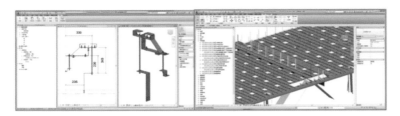

图 8-104　装饰装修深化设计之初装修深化设计

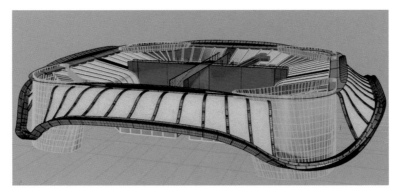

图 8-105　装饰装修深化设计之精装修深化设计

（3）综合协调管理（图 8-106、图 8-107）

图 8-106 机电管线与二次结构的碰撞协调

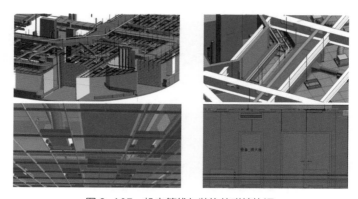

图 8-107 机电管线与装饰的碰撞协调

（4）施工模拟（图 8-108 ~图 8-115）

项目 BIM 团队全过程参与重大施工方案的编制，采用 Autodesk Navisworks 软件对施工方案进行模拟，将空间、进度、资源等要素之间的矛盾作为主要分析目标，优化施工部署和工艺流程，保证方案能够顺利实施。

对于节点复杂和多专业交叉施工的部位，提前细化 BIM 模型节点做法并协助分析，共形成约 30 个涵盖施工方法、工艺、设备选型等关键信息记录的视频文件，用于技术交底及施工过程的指导。

例如：

• 底板串管及溜槽设计

• 大体积混凝土浇筑

• 多腔体巨型柱组合结构施工

• 地下室组合结构施工

- 智能顶升钢平台施工
- 核心筒钢板剪力墙施工
- 机电大型设备选型运输
- 幕墙单元体运输及安装
- 塔冠安装及塔式起重机拆除

以 BIM 模拟结果为依据来选择并确定施工方案，是本项目的创新之一。

利用 Navisworks 将工期进度文件与三维模型进行关联，自动实现计划工期与实际进度的对比，直观表现工期进度及关键线路。

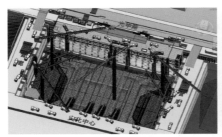

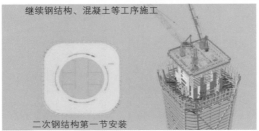

图 8-108　施工工艺模拟

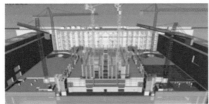

图 8-109　施工进度模拟

图 8-110　预制化加工：预制组合立管安装

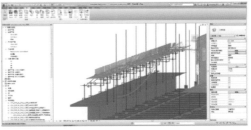

图 8-111　工程数据共享与协同：　　　　　图 8-112　BIM+ 激光扫描：
　　　　　PW 协同平台　　　　　　　　　　　基于点云模型的深化设计

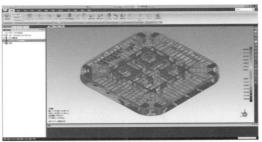

图 8-113　BIM+ 三维激光扫描：　　　　　图 8-114　BIM+ 三维激光扫描：
基于点云模型的预埋件校核　　　　　　　基于点云模型的结构偏差对比

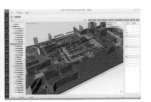

图 8-115　竣工及运维阶段 BIM 应用：智能化运维管理平台

中国尊（中信大厦）的施工团队始终以打造全球第一栋实现建筑全生命周期BIM管理的超高层建筑为目标。项目在施工阶段的BIM应用，作为大楼建设过程中的关键一环，不仅成功将设计阶段的成果进行了延续和拓展，更是将BIM与深化设计、BIM与现场管理、BIM与绿色建造完美结合，真正做到了全员参与和全专业协同，是BIM技术在大型复杂工程应用中落地的典范，将引领建筑行业BIM发展的新方向。

8.9　广东省广州市沥滘污水处理厂工程

1. 工程概况

沥滘污水处理厂三期工程、沥滘污水处理厂提标改造设计—采购—施工总承包（EPC）位于广东省广州市海珠区小洲村。服务范围包括：整个海珠区（除洪德分区污水西调至西朗污水处理系统外）、番禺区的大学城小谷围地区和黄浦区的长洲岛等总服务面积115.5km^2。工程采用设计—采购—施工总承包（EPC）模式建设。工程包含三期扩建工程及配套厂内进水管网和一二期提标改造工程、一二期进水管网改迁、出水管网以及厂区管网等内容。本工程范围包括土建工程、机电设备安装工程、综合管道、管件、检查井、作业井、电气电缆、自控、闭路电视及仪表、通风空调系统、消防系统等专业，图8-116为工程鸟瞰图。

图8-116　工程鸟瞰图

2. 主要信息化技术

广州市沥滘污水处理厂工程智慧工地系统，包含了劳务实名制管理、物料智能管理、进度动态管理、智能塔式起重机管理、智能钢筋加工、智能绿色工地、视频监控、BIM技术应用等功能，建设了适用于大型污水处理厂工程的智慧工地系统，实现了工程建设阶段的数字化项目管理。

（1）劳务实名制管理（图 8-117、图 8-118）

劳务实名制是通过实名签认以达到控制工程实体质量目的的管理制度，采用智能安全帽、门禁、人脸识别机、定位设备等硬件，进行软件设计并集成应用，结合项目管理特点，设计符合施工特点与实名制签认记录相结合的信息管理模块，完成工程项目的劳务实名制管理。

实名制网络系统按工作分工和用户类别划分为 7 个模块。分别是系统管理模块、工程划分设置模块、员工管理模块、材料管理模块、工机具管理模块、验工信息设置模块和用户查询模块。

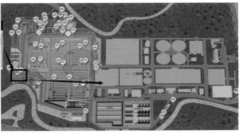

图 8-117　定位设备与人员分布图

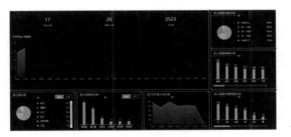

图 8-118　劳务实名制管理图

（2）物料智能管理（图 8-119、图 8-120）

现场验收管控系统通过软硬件结合、借助互联网手段实现物料现场验收环节全方位管控，达到提升企业及项目部经济效益的目的。

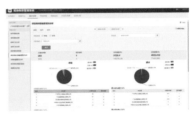

图 8-119　过秤抓拍　　　　　　　　图 8-120　大数据分析

现场的泵房边装有摄像头，可防作弊、实时动作瞬间图像抓拍、全程视频监控、软件数据自动生成。单车料标准偏差分析，可自动预警提示（含手机移动端）、移动端远程监控与分析等，杜绝项目供应商缺斤少两。

（3）进度动态管控

应用进度管理系统，通过实时动态更新项目生产进度管理的目标执行情况、网络计划、形象进度、产值进度等，辅助项目生产管理人员进行科学决策分析。主要功能包括：开累进度分析、计划完成产值分析、项目网络计划以及现场形象进度。

（4）智能塔式起重机管理（图 8-121）

智能塔式起重机管理基于一个采用单目视觉测量塔式起重机吊钩高度的视频传输系统，该系统不但能够实时显示测得的吊钩距离地面的高度信息，还能显示视频图像信息。系统包含视频采集端和视频接收端，采集端安装在塔式起重机吊臂的变幅小车上，摄像头竖直向下安装，监控吊臂下方工地场景，接收端放在驾驶室中供驾驶员查看。两个终端通过 Wi-Fi 无线网络实现通信连接。系统的工作过程是：视频采集终端通过 USB 摄像头采集视频数据信息，并通过图像处理计算出吊钩距离地面的高度信息，然后通过无线网络将数据信息传输到视频接收端，并在 LCD 显示屏上显示出实时高度信息以及视频信息。

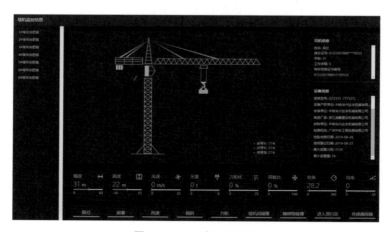

图 8-121　设备运行状态

（5）智能钢筋加工（图 8-122）

智能钢筋加工厂通过集成系统，在 BIM 技术、云计算的基础上对钢筋原材进场、加工、半成品出库均有详细记录，同时根据 BIM 技术达到自动化配料，严格管控原材的同时，极大节约项目成本。在运行过程中需要 BIM 模型精确度高、模型提早建完、加工设备能满足生产。

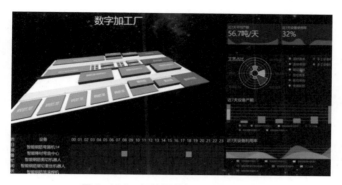

图 8-122　智能钢筋加工平台主界面

（6）绿色工地（图 8-123）

绿色工地设计了自动雾泡喷淋和环境监测。自动雾泡喷淋是根据现场的环境情况，通过降尘喷淋提高施工环境，与塔式起重机喷淋同理。环境监测是监测项目施工现场环境，现场大屏显示检测数据，平台显示实时数据，设置 PM_{10}、$PM_{2.5}$ 及噪声超标值并进行平台和手机 App 同时报警提醒，获取最近 3d 的天气预报数据，便于更好地安排工作。

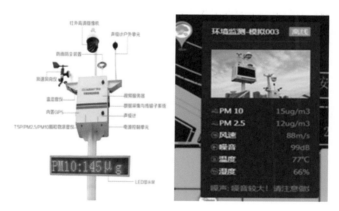

图 8-123　绿色工地图

（7）视频监控

视频监控 PC 端也可直接接入智慧工地平台中，将数据集中化，真正体现智慧办公的含义。

（8）BIM 技术应用（图 8-124、图 8-125）

基于 BIM 技术，建立厂区的结构模型，合理安放塔式起重机，直观显示塔式起重机的覆盖范围，利用 BIM 模型辅助设计塔式起重机喷淋，建立了可视化的设计应用。

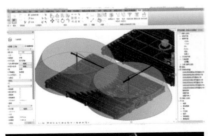

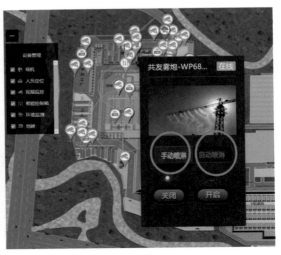

图 8-124　BIM 辅助设计面　　　　图 8-125　喷淋系统面

3. 创新点

水务工程现场管理的特点有：一是远离总部，获得企业总部支持滞后和方式有限；二是现场管理的移动性，导致多是走动式管理场景；三是管理的综合性，同一场景下既有对人的管理又有对物的把控，既要考虑质量安全又要考虑成本等；四是人员的流动性，特别是劳务人员，按工程进度分专业、分阶段分批进出；五是现场管理既有有形的管理，如物资管理，又包含无形的管理，如现场培训、走查、品牌建设等。通过一体化的智慧工地系统进行管理，能够树立品牌形象，建立标杆效应；做到了目标智能监控，风险防范；具有生产高效调度，项目精益管理的效果。

4. 取得的技术效益、经济效益、社会效益等

（1）技术效益

通过施工现场智慧建造手段，借助智慧工地平台可视化管理，数据实现在线、及时、准确、全面，生产目标下达清晰、风险预警及时、纠偏措施得当，根据经验测算，现场一线岗位作业人员工作效率提升，包括现场劳务管理员、施工员、材料员、经营人员等，安全检查、质量检查，施工人员工作均有效提升，有效地支撑安全和质量管理履职履责，保证安全和质量目标顺利实现。

（2）经济效益

实行智慧工地管理举措以来，项目部管理体系得到了优化，整体的管理水平有了显著提升。对大型地埋式污水处理厂的快速建造起到了巨大推动作用。在项目的劳务管理、安全管理及进度管理方面为项目直接带来的降低成本收益约 3000 万元。

8.10　甘肃省庆阳市米家沟选煤厂 EPC 项目

1. 公司介绍

大地工程开发集团持有国家颁发的工程咨询、工程勘察、工程设计甲级资质证书和高新技术企业证书，通过 ISO 9000 质量管理体系认证，可承担矿区规划、露天矿、井工矿、选煤厂、水煤浆厂、煤化工项目、煤干燥项目、油页岩矿以及各类工业与民用建筑的咨询、勘测、设计、工程总承包、设备制造与系统集成、企业托管运营等业务。

2. 项目背景

甘肃省庆阳市米家沟选煤厂为一座群矿型选煤厂，服务于核桃峪矿、新庄矿两座矿井。选煤厂原煤系统、洗选系统设计为相对独立的两部分，一部分服务于核桃峪煤矿，另一部分服务于新庄煤矿；产品储运系统、生产辅助设施、生活福利设施为公共部分，两矿共享。项目建设规模与两座矿井生产能力相匹配，设计规模 16Mt/ 年。核桃峪矿及新庄矿两座矿井的生产能力均为 8.0Mt/ 年，选煤厂的建设规模需与两座矿井的处理能力相匹配，即选煤厂生产能力为 16.0Mt/ 年，图 8-126 为米家沟选煤厂项目示意图。

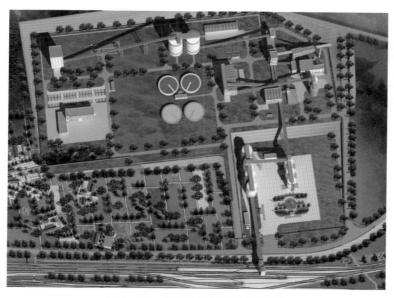

图 8-126　米家沟选煤厂项目示意图

3. 管理难点（表8-9）

项目管理难点及说明表 表8-9

序号	管理难点	难点说明
1	位置偏远，管理难度大	煤炭行业项目位置一般位于偏远山区等地，公司监管难度大，日常管理协调难度大，缺乏有效项目信息看板
2	设备众多，难以协调	煤炭行业项目设计众多设备进场环节，对于设备进场进度及环节难以做到及时掌控
3	人员混杂，用工风险大	项目用工情况，人员素质情况不能有效监管，现场人员配置情况不能得到及时的掌握，不能有效规避用工风险
4	安全质量难监管，难落实	现场安全质量监管停留在电话和微信层面，数据不能有效地留存、追随，一旦发生安全质量问题不能快速地定位到人
5	物资监管漏洞百出	物资监管难度大，车辆进出场状态不能得到很好地留存，一旦发生超负差等情况不能很好地追根溯源

4. 实施流程（图8-127）

图8-127 项目实施流程图

5. 系统应用效果

米家沟选煤厂项目作为大地集团的智慧工地标杆项目，全面应用了平台BIM+智慧工地产品，涵盖劳务、物料、安全、质量、技术、生产业务管理系统及智慧工地数据决策系统。各业务模块也与生产实际相结合，在施工管理现场实现了部分业务升级与替代。

（1）安全管理系统

根据安全管理系统的内部导向，公司确立了本项目的组织机构管理图，为项目制定了与其管理模式相贴合的检查表，完善了安全管理要素，为项目落实使用安全管理系统提供了管理执行上的监督保障。在完善安全管理要素后，依据现场实际管理情况，对责任区域在平台上进行了划分。隐患排查治理业务由以往的粗放式记录与管理，通过使用平台的业务升级极大地方便了项目安全管理人员的台账记录工作，并形成有效促进隐患整改的闭环路径。

除了隐患排查治理这种标配应用，每日通过平台生成安全日志也成为项目安全管理人员的习惯动作。大地作为总包方，其下有众多专业分包队伍，项目充分利用平台优势，将分包安全管理人员亦加入安全管理系统中，参与班前安全教育，通过平台成功形成安全记录习惯。

（2）质量管理系统（图 8-128、图 8-129）

项目上成立了以总工为首的质量巡检小组，定期在现场巡检施工质量情况，存在质量问题的会通过平台手机端上传质量整改记录，并闭环整改复核流程。没有质量问题的，生成质量检查记录，做到检查有台账，巡检有记录。

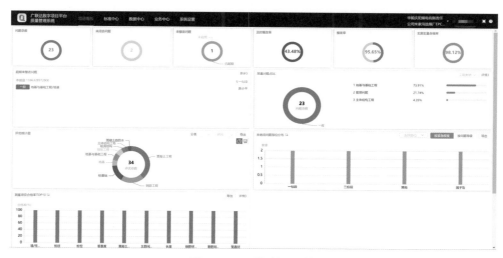

图 8-128　质量管理系统

质量管理系统中的实测实量模块在米家沟项目上，也得到了良好使用。项目要求各标段技术员在单体的分部及子分部分项工程完成后，按百分比挑选，通过平台的实测实量模块现场测量并记录数据。

图 8-129　质量管理系统记录

（3）技术管理系统

公司工程部上传项目所有土建专业 PDF 格式图纸，根据公司的管理要求设置项目统一专用的角色权限。在此权限限制下，项目人员只能够在线查看图纸，不能够下载图纸。

项目被要求所有以往通过线下审批的方案，都通过平台上传文档并选定相应的审批流程走审批程序。

（4）生产管理系统

项目上有效地将斑马进度与生产管理系统结合使用，大大提高了现场生产任务跟踪，进度反馈的效率。本项目单体众多，在施工流水段的管理划分上较为繁杂。但作为顺利编排周计划以至关联期间计划与总计划的先决条件，条理清晰、层次鲜明的流水段划分是必不可少的。

（5）劳务管理系统（图 8-130）

选煤厂项目专业分包较多，班组管理上遵从易于管理的原则进行了划分。项目劳务管理员定期导出花名册进行纸质版归档。工人入场三级教育形成电子版台账，对过程中形成的影像资料和签到表等扫描件进行归档。米家沟项目现场不具备封闭条件，因此采用了工地宝配合智能安全帽的考勤方式。项目在当前施工区域合理配置工地宝，通过平台可以查看各工地宝扫描范围内出勤人员及其行动轨迹。

图 8-130　劳务管理系统

（6）物料管控系统（图 8-131、图 8-132）

物料管控系统首页直观查看多项目、多维度核心数据，集约化管理有抓手。物料系统通过运单数量与实际收料数量的统计分析，在三个月的时间内为项目节省材料费近 10 万元。积累数据核查各厂家供货信誉，识别优质和劣质厂商，提高供货保障。

　　摄像头全方位监控,自动抓拍8张图片,及时发现问题,追溯有依据。自动识别、填写车牌,留存车牌照片,提升过磅效率,可视化监管。高拍仪自动扫描运单、质检报告等凭证,问题追溯、对账结算有依据。系统软硬件结合遏制供应商作弊,收发料过程抓拍图片、留存影像,对于项目提升效率、节约人力作用非常大。

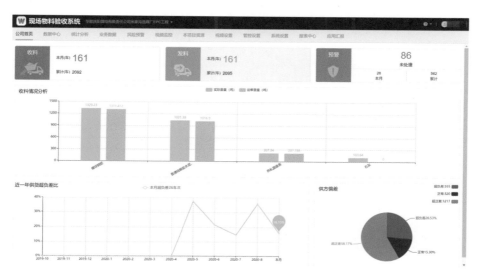

图 8-131　物料管理系统

图 8-132　监控抓拍系统

6. 应用总结（表 8-10）

　　通过公司集团制度的要求,以及项目将近半年的系统应用,各岗位人员已经逐步养成了应用习惯,逐渐形成了业务替代,项目上普遍认为系统应用切实减少了日常工作量,有效释放人员精力。

应用产品特点 表 8-10

应用产品	总结
安全	主要应用了隐患排查治理、班前安全教育、安全日志等主要功能，部分实现了业务替代，实现了无纸化办公的目标，并且分析安全高频问题，助力安全有效快速制定整改策略
质量	主要应用质量巡检，通过质量巡检完整闭环过程留痕，作为分包评价及结算的主要依据。通过实测实量记录质量数据，为提供质量保障呈现依据
技术	主要应用了图纸管理、方案管理、设备巡检和自建二维码，实现了项目的全标准图纸的共享，对项目的方案编制提出统一规范要求，而且对项目的方案是否及时上报进行预警，避免了现场无方案施工的情况发生
生产	主要结合斑马进度软件使用，全面掌握计划和实际现场的工期差距，并及时调整施工计划。生产周会可以直观了解现场质量安全的整改情况、进度情况、劳动力情况，会上根据高频问题研讨方案，针对性输出施工策略
劳务	主要用于工人登记考勤以及各类报表的自动生成，并且按照公司制度要求入场三级教育要做到 100%，工人身份信息完整性达 100%，人证对比通过率达 100%。特殊工种录入劳动合同，录入登记数据，方便后续工人信息查询。项目相关人员管理岗位全部安装数字项目平台 App，对当日、当月工人进场情况了如指掌，提高工作效率，避免恶意讨薪
物料	实现物资进出场全方位精益管理，运用物联网技术，通过地磅周边硬件智能监控作弊行为，自动采集精准数据；运用数据集成和云计算技术，及时掌握一手数据，有效积累、保值、增值物料数据资产；运用互联网和大数据技术，多项目数据监测，全维度智能分析；运用移动互联技术，随时随地掌控现场、识别风险，零距离集约管控、可视化智能决策

通过不断地摸索和努力，基于 BIM+ 智慧工地建设过程精细化信息管理平台已在米家沟选煤厂 EPC 项目上成功推行，项目已逐步形成并完善项目 BIM+ 智慧工地应用推动方案。项目生产建设过程信息的填报与检查逐步固化：创建新开工的项目，在平台上传项目 BIM 模型及项目基本信息，通过系统录入总进度计划，按月、周在总进度计划中进行细化分解，并填报实际进度、劳动力数量等信息，实现责任落实到人，避免扯皮现象发生，实现项目生产精细化管控。管理人员通过 BIM5D 生产管理平台可以及时了解项目进度及相关数据信息。平台的数据整合自动形成的报表用于领导日常决策、项目例会点评等。

7. 展望与未来（图 8-133）

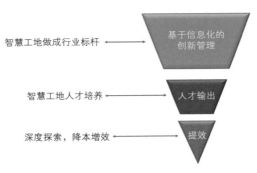

图 8-133 智慧工地展望

8.11　江苏省泰兴新城吾悦广场项目

1. 工程概况

泰兴新城吾悦广场项目（图 8-134）：工程位于江苏省泰兴市，由泰兴新城万博房地产开发有限公司建设，AMS 生产，两栋楼首次在国内采用钢结构核心筒—模块建筑体系，预制装配率高达 98.19%。

图 8-134　泰兴新城吾悦广场项目

2. 主要智慧化和信息化技术

（1）设计阶段（图 8-135）

采用模块设计的思想，依据工程设计院所出具的图纸，将每户划分为若干个可用以生产、制造、运输的模块单元，再根据单个模块的结构、水电、暖通及装饰方面的设计要素，将三维的模块转化为可用于工厂生产的二维图纸；生产图纸经过计算，比传统施工图纸多出数十倍设计细节，设计精细化程度高。

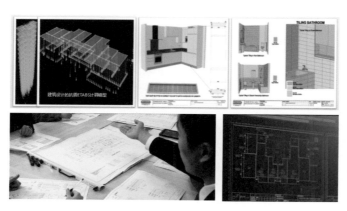

图 8-135　设计阶段图纸

（2）制作安装阶段（图 8-136 ~ 图 8-138）

根据深化设计的二维生产图纸，在第一道生产线上将组成模块围护结构的各个墙体焊接、封板完成，并预留好墙体内的 PVC 电路管线等，通过铣床将墙体的精度控制在设计及规范要求的范围之内，之后转入第二道生产线，进行墙体泡沫混凝土的浇筑、蒸压养护，达到龄期后进入第三道生产线组装平台，进行墙体组装，同步制作安装内隔墙、钢架吊顶及烟道等，此时模块已初具三维雏形。

图 8-136　模块拼装

拼装完成后即转入第四道生产线进行承重底板钢筋绑扎、焊接及混凝土浇筑养护作业，混凝土浇筑完成并达到一定强度后即可通过运输平台进入第五道生产线，进行吊顶内水电暖通等设备管线的安装调试、厨卫间瓷砖铺贴、内墙批腻子、橱柜安装等精装作业。

图 8-137　模块装修

全部完成后即可装车，通过专用的气垫运输车运至现场进行搭建。

图 8-138　模块运输

（3）现场搭建环节

1）模块搭建前准备工作（图 8-139 ~图 8-141）

模块搭建前需施工好核心筒及模块地梁，核心筒的主要使命是承担模块传递的水平荷载，避免地震横波对模块结构造成影响。地梁调平前需先施工好地梁调平端板，选用 TrimbleDiNi03 水准仪（精度范围 ±0.3mm）进行测量调平，将端板水平偏差控制在 ±0.5mm 范围内，在将端板下部灌浆固定好后将工厂预制好的地梁吊放定位，再通过初调及精调两次调平过程，将所有承重点部位的水平偏差也控制在 ±0.5mm 范围。

图 8-139　端板调平地梁调平

图 8-140　起重机吊装示意图

起重机械方面，根据模块最大重量、吊距、楼层高度、吊装时间、设备价格等因素综合考量确定吊装设备。通常超过 8 层选用 260t 履带式起重机，低于 8 层选用 350t 汽车式起重机。为确保吊装期间起重设备稳定性，一般选用履带式起重机时需将行走地面进行硬化找平处理，选用汽车式起重机时视土壤密实度决定是否硬化处理，或采取加铺钢板、箱型板等形式增大受力面积处理支腿部位地基；吊装期间也需连续监测履带式起重机路基、汽车式起重机支腿部位下沉情况，并根据监测结果决定是否做相应调整以确保安全。

为便于模块搭建精度测控及后续施工，模块建筑外围一般采用升降平台来替代传统的脚手架进行作业施工，目前升降平台可满足 100m 高度范围内的施工需求，升降平台具有模块化设计、安全性好、安装拆卸方便、周转率高，既可充当脚手架又可充当垂直运输平台等优点。

图 8-141　升降平台使用作业

2）模块搭建期间（图 8-142 ~图 8-144）

在施工条件具备及设备安装调试到位后即可根据标准作业流程进行模块搭建工作，模块搭建由专业吊装团队负责施工。

首先根据工厂计算好的吊点图调整好吊具吊点布置，在首层模块进场后挂好相应吊点，将模块调平后起钩离开运输车平板约 10cm 高静置 10min 左右，观察起重机械、吊具等有无异常情况，若无异常即可起吊至模块相应位置就位，首层每个模块就位后，需将模块与地梁承重块部位进行焊接。

首层模块就位后，在模块外立面四周布置控制网，并用全站仪测量模块底部钢梁垂直度的原始参考值。

接着即可进行二层及以上标准层模块的搭建工作，每个模块严格按照事先确定好的吊装顺序进行吊装，以确保模块吊装高效有序安全，模块吊放至相应编号位置后，楼面作业人员使用撬棒等工具将模块撬至符合要求的位置，在模块外立面底钢梁所测垂直度数值偏差满足规范要求（±5mm）后即可脱钩，脱钩后即可进行模块内外水平及竖向连接等焊接工作，使模块形成一个整体受力体系；二层及以上标准层搭建完成后即可进行模块—核心筒水平抗侧力连接件的安装焊接作业，使模块承受的水平荷载可以传递至核心筒；每搭建完成 3 层后对所有承重块顶部相对标高进行测量，确保所有承重块相对标高偏差控制在 ±0.5mm 范围内。

顶层模块搭建完成后，即可进行屋面叠合板的吊装，将每块叠合板吊放至相应位置并确保外立面与顶层模块顶部承重块齐平后即可脱钩，脱钩后将顶层模块与叠合板之间的承重块进行焊接连接，并按图纸要求将叠合板之间进行水平连接，并做好临时防水构造施工；同时需将叠合板与核心筒的水平抗侧力连接件安装焊接完成。

图 8-142　首层模块吊装及焊接防腐示意图

图 8-143　二层及以上标准层模块吊装及外部焊接示意

图 8-144　屋顶叠合板吊装及焊接等示意

至此，模块与核心筒之间的水平抗侧力体系、模块与模块之间的竖向荷载承载体系已形成一个完整体系。

之后即可开展模块外部及内部焊接部位的封板工作，主要是防止外部雨水进入模块内部，并为外墙保温装饰提供完整作业面，以及为室内精装收尾创造作业条件。

3. 创新点

（1）技术优势

通过将二维的梁柱墙板划分整合成为三维的空间模块，相比较常见的三板装配式建筑及钢木结构装配式建筑，模块技术体系可以大大提升建筑的装配率（目前装配率最高可达 98.19%），同时通过工厂集约化生产，模块建筑体系具有节能环保、工期短、劳动力需求少且人工效率高等优点，目前每个项目现场模块搭建仅需 12 名工人 +2 名管理人员即可完成全部作业。核算意见见图 8-145。

（2）质量质控（图 8-146）

通过工厂标准化生产，模块的精度、墙体平整度、阴阳角方正、瓷砖铺贴、水电暖通安装等均质量可控可追溯，避免了传统现浇结构因粗放式生产容易导致的一些常见通病。

图 8-145　核算意见

图 8-146　质量质控

（3）安全方面

将传统建筑的垂直生产模式改变为水平生产模式，通过正确使用防坠器、安全带等劳保用品、增设临边防护栏杆等安全措施，安全隐患大大减少，员工的人身安全得以保障，见图 8-147。

图 8-147　安全保障

4.取得的效果

（1）技术效益

通过顶层设计，结合 BIM 技术等，在三维空间内优化了模块在结构、水电、暖通等方面的布置及施工先后程序，形成标准化作业流程及 QC 管控标准，质量可控可追溯，避免传统建筑常见的返工现象。

（2）经济效益

因在工厂内采取流水线模式进行模块生产，在材料方面通过批量采购可以降低单位采购成本、减少材料损耗；在制造施工过程中，可以提高施工效率，减少人工消耗，并提高施工质量，避免返修造成的经济损失。

（3）社会效益

通过模块工厂化生产，解决了当地约300人就业问题，并带动一批新型建材企业的发展，改变了传统建筑粗放的建造模式，减少了因传统建筑施工方式给环境造成的不利影响，更符合节能减排的要求。

（4）其他相关成果（图8-148、图8-149）

编制团体标准《钢骨架集成模块建筑技术规程》T/CECS 535—2018和企业标准《模块建筑体系质量验收标准》Q/321191ACZ 003—2017，两本规范文件用于指导模块体系生产及验收；荣获住房和城乡建设部首批国家装配式建筑产业基地等一批荣誉称号，多个项目获得了江苏省建筑现代化示范项目称号。

图8-148 《模块建筑体系质量验收标准》 图8-149 《钢骨架集成模块建筑技术规程》

8.12 北京朝阳站（星火站）高铁站房

1.工程概况

新建京沈客专北京星火站房工程（图8-150）位于北京市东北四五环之间，具体位置为姚家园北街以南，姚家园路以北，驼房营路以东，蒋台洼西路以西的地块内，站房总建筑面积18.3万 m²；站台总面积4.35万 m²；站台雨棚6.22万 m²，檐口高度37m，屋面最高处46.3m，雨篷屋面标高9.7m，地下 −12.5m，地上两层，地下一层。由中国铁路设计集团有限公司设计，中国铁路北京局集团有限公司建设，中铁建设集团有限公司（以下简称"中铁建设集团"）承建，中铁建设集团机电总承包事业部安装。

图 8-150　北京朝阳站

2. 主要智慧和信息化技术

（1）信息化应用目标

为推进铁路信息化应用，助力星火站在建设、管理、运维等全过程实现智能化、信息化，在工程建设阶段，研发项目管理信息化平台，利用各种功能模块进行项目管理优化，现场数据采集展示及统计分析，同时在重大施工方案、机电安装、装饰装修等方面采用 BIM 技术深化应用。在工程后期，进行基于 BIM 的信息化平台数据移交，实现智能建造与智能运维的无缝对接。

（2）总体建设思路

1）满足铁路工程管理平台监管要求，全过程技术加持，助力平台再升级。

2）全平台规划网络架构，精细布置基础网络建设。

3）全面整合实用技术，科学合理建设信息平台。

4）充分融合 BIM 技术，深度融合全过程建设数据。

5）细分项目特点，持续创新建设特色信息化平台。

图 8-151 为星火站智慧建造整体架构。

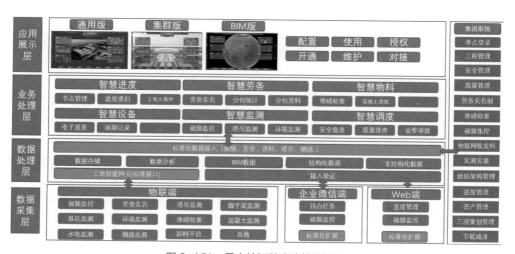

图 8-151　星火站智慧建造整体架构

（3）实施规划（BIM 应用、项目管理平台、智能建造）

第一阶段：初始化，准备阶段，标准制定，项目信息化管理平台试行，平台功能模块确定（2018.08—2018.09）

信息化推进工作组织架构（图 8-152）建立，确定相关责任人。

信息化实施方案，数据交换标准，BIM 建模及应用标准制定。

项目信息化管理平台初始化，试运行，为项目精细管理打下基础。

业主要求和项目的实际情况，确定平台功能模块：安全隐患、模型施组计划进度、模型实物进度记录、检验批管理、塔机检测、基坑监测、钢结构监测、高支模监测、实验室、拌合站、隐蔽工程影像。

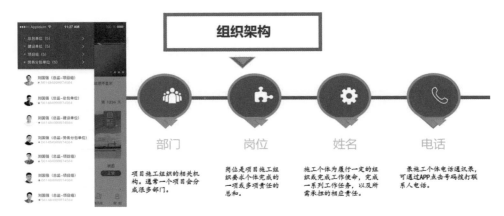

图 8-152　星火站智慧建造组织架构

第二阶段：项目管理平台应用，智慧工地平台研发，数据共享挂接（2018.08—2018.12）

完成大屏指挥中心建设，展示：项目综合概况、进度·安全·质量可视化、影像综合展示、BIM+GIS、物联监测展示、数据分析展示等内容。

项目信息管理平台应用，项目人员使用信息化平台上报获取信息。

开发星火站智慧建造信息化平台，包括"人""安全""料""法""环"5 大类应用，数十个功能模块，基本涵盖工程项目各项内容，并将信息统一汇总至智慧大屏以及智慧建造管理平台，实现数据互联互通。主要模块包括：劳务实名制、智能手环、人脸识别、视频监控、混凝土测温、防火监测、地磅称重、设备二维码、BIM 虚拟建造、文档管理、无人机巡检、3D 打印、数字沙盘、扬尘监测、噪声监测、雾炮喷淋管理、用水用电管理等。

第三阶段：模型搭建，BIM 应用，设计深化，施工深化（2018.09—2019.03）

完成星火站全专业 BIM 建模工作，开展基于 BIM 的设计深化和施工深化应用工作。同步研发上线星火站智慧建造信息化平台中"法"类应用，涵盖 BIM 相关的应用点，包括虚拟建造、3D 漫游、可视化交底、3D 打印、4D 进度视频、无人机应用等。

第四阶段：综合应用，统计分析，大数据决策（2019.04—2020.10）

进一步开展信息化应用，采用统一的信息化平台，综合推进"人""安全""料""法""环"5 大类应用，同时重点推进 BIM 深化设计应用。

项目数据接收后，通过对大量的项目数据进行分析整理，为项目的决策提供数据支撑，更好地服务项目的管理，达到加快进度、加强安全管理同时降本增效的目的，真正实现智慧建造。

第五阶段：数字移交，运维应用，智能车站（2020.11—工程竣工）

通过对项目全周期 BIM 技术的应用，项目完工后，可将项目建造过程中材料、施工人员、监理人员等信息进行记录，做到随时可翻看，对后期项目运营维护提供直观的依据。

通过综合管理平台应用，施工过程中需要留存的一些资料、影像等均可通过云端的方式进行保存，竣工资料交付时可形成电子版资料一并进行保存。

将工程建造阶段的数据移交至运营维护单位，实现由智慧建造向智能车站的数据移交。

3. 创新点

（1）从星火站项目管理的实际需求出发，历时 6 个月的平台研发，"PocketBIM" 1.0 轻量化 BIM 协同平台正式上线。平台基于 WebGL 技术云端转换引擎，支持 38 种软件格式，结合中铁建设集团施工项目管理需求，实现进度管理可视化、施工分区管理、工程量快速统计、二三维联动、图模对比、模型集成等功能以及自主维护、SASS 部署、浏览加载速度快等特点。目前除星火站之外，我单位承建的长白山站、中老铁路万象站 BIM 等项目也已完成平台部署工作。

（2）交互式 VR 虚拟仿真场景，搭建站房（18 万 m²）+ 雨棚（6 万 m²）精装修 VR 虚拟仿真场景，实现材质切换、方案快速比选。制作售票厅、进站厅、候车厅、卫生间等虚拟样板间，提高实体样板间质量及制作效率。

（3）基于 BIM 的装配式管道加工安装技术，制冷机房作为空调专业施工的重难点，具有管径大、阀件多、管道密集、管道压力大、焊接要求高等特点。因此，星火站采用基于 BIM 的装配式技术进行机房施工。基于 BIM 技术优化管线排布，并合理分段，导出管道预制图，指导工厂加工。

（4）可视化健康监测，星火站项目部搭建了基于 BIM 的可视化健康监控系统，对承轨层结构、屋面钢结构进行健康监测，通过预埋安装钢筋计、加速度传感器等末端设备采集信息，最终数据回传到健康监测平台，当数值波动超过预设报警值将发出警报。铁路线路位置安装 24 个静力式水准仪,对现场基坑以及通车后承轨层结构变化情况进行自动化、可视化监测,在承轨层预先埋设传感器,监测数据通过 4G 网络传输至云平台,并在模型室大屏进行可视化综合展示,对承轨层受力变形情况进行实时的可视化监测。

(5)自主开发"智能专家机器人",中铁建设集团依托星火站项目自主研发技术质量管理智能专家机器人"小白",采用智能人机交互技术和智能硬件技术,整合建筑行业资源以及中铁建设集团公司多年的技术积累,向建筑行业从业者提供智能、全面、精确、快捷、专业的解决方案。同时,智能专家机器人还具备迎宾、讲解、硬件控制等功能。

4. 取得的经济效益及管理社会效益

(1)经济效益,在施工前期,通过对项目精细化的建模,进行三维图纸会审和优化设计,消除变更;通过合理优化场地布置方案,进行可视化交底、施工方案论证等,保证项目施工进度,提升施工质量。在施工过程中,通过自主研发的智慧建造管理平台进行项目各方的协同管理,重点对进度、质量、安全等方面进行管控,保证项目完全按计划实施的同时,通过平台对数据进行汇集,为运维提供基础。具体核算项目如表 8-11 所示。

具体核算表   表 8-11

序号	项目	内容	节约金额（万元）	备注
1	图纸审查	建立全专业 BIM 模型,发现各专业图纸问题,并提交问题报告,减少图纸变更	246	已完成
2	机电管线综合	提前对机电管线进行排布和优化,避免不合理现象,减少返工	305	持续进行中
3	深化设计	对复杂节点进行模型建立和深化设计,节约人工、材料和时间成本,保证质量	156	持续进行中
4	施工场地规划	对不同阶段场地布置进行方案优化调整,使场地布局合理,减少临设、塔式起重机迁移、材料二次倒运等费用产生	186	已完成
5	模板算量应用	利用三维模板设计软件,计算模板总量,出模板拼装图,有效减少材料浪费	76	已完成
6	可视化施工交底	利用三维模型、全景图、视频等形式进行交底,模拟现场施工,提高施工效率	46	持续进行中
7	星火站智慧建造管理平台	BIM+GIS+物联网与平台应用结合,加强对项目进度、劳务、物料、质量、安全、机械设备等方面的管理,实现降本增效	324	持续进行中
		合计	1339	

（2）管理效益

1）提升工作效率

互联网＋、信息化技术的应用、项目建设参与各方的协同、数据的及时互联共享，减少了各级管理人员，并提高了工作效率，各级监管机构的远程监督，提升了监管质量和效率。

2）提升风险管控能力

智慧劳务、智慧监控等智能化技术的应用，规范了项目劳务用工、机械台班的管理，提升了现场高危分项工程及大型设备的风险管控力度。

3）环保效益方面

本工程通过 BIM 及信息化技术的应用，合理规划场地布置，水平运输线路合理，减少材料二次倒运，减少能源消耗，并且对现场进行噪声、扬尘监测，使用自动喷淋系统，最终实现绿色施工的目的。

（3）社会效益

本工程通过 BIM 及信息化技术的应用，在智能建造管理平台、可视化健康监测以及 VR 虚拟仿真等创新性应用中，加强了项目 BIM 技术应用的深度和广度，为 BIM 技术在建筑行业的推广起到积极和深远的作用。星火站 BIM 及信息化技术的应用受到业主单位的一致好评，星火站进场至完稿时接受检查、观摩三十余次，累计接待人员 2800 余人次。中国国家铁路集团副总经理王同军在参观星火站项目后对星火站的 BIM 及信息化建设给予了高度肯定。

本工程共发表论文 9 项，获得专利 11 项，QC 成果 3 项，软著 2 项，获奖 6 项，优秀工法及标准 10 项，具体列表如表 8-12 所示。

所获成果列表　　　　　　　　　　　　　　　　　　表 8-12

序号	成果分类	成果名称
1	论文	CFG 桩超灌原因分析及控制措施
2		随轨渐变清水混凝土梁柱节点中预拼装木模的应用
3		防火板包覆风管的优化设计与施工
4		浅谈心理契约在建筑行业知识型员工中的应用
5		大型屋盖桁架整体提升施工技术
6		静力水准仪自动化监测系统在既有线施工中的应用
7		"钢结构格构柱＋沙箱" 支撑卸载大跨度超重混凝土结构转场施工技术
8		站房工程地基基础优化施工技术
9		大跨度空间结构异型铸钢件和梭形斜柱施工技术
10	专利	实用新型：一种灌注桩安全平台
11		实用新型：一种导管码放架

续表

序号	成果分类	成果名称
12	专利	实用新型：一种灌注机的导管紧卸扣液压装置
13		实用新型：一种灌注机的导管内清洗结构
14		实用新型：一种灌注机的导管起重机构
15		实用新型：一种灌注机的跑车机构
16		实用新型：一种高铁站台登车自动无线导引系统
17		实用新型：一种异形梁柱节点定型木模板
18		实用新型：一种混凝土墩台钢模板
19		实用新型：铁路客站用智能机器人
20		发明创造：一种大型枢纽站房建设成套设备
21	QC 成果	提高钢筋笼质量验收一次成型合格率
22		提高大截面混凝土框架梁底成型外观质量
23		提高管桁架相贯口焊缝一次合格率
24	软著	中铁建设智能建造 156 信息管理平台 V1.0
25		基于 GPS 技术的智慧工地现场巡检管理系统 V1.0
26	获奖	2019 年度"北京市 BIM 示范工程"
27		"156 智能建造管理平台"入选国务院国有资产监督管理委员会中央企业信息化应用示范项目
28		"156 智能建造管理平台"入选中国施工企业管理协会"2019 年度项目级信息化应用优秀案例"
29		"共创杯"首届智能建造技术创新大赛一等奖
30		第九届"龙图杯"全国 BIM 大赛施工组二等奖
31		中国铁建安全质量标准工地（等同于北京市样板工地，省部级奖项）
32	优秀施工工艺工法及标准	"钢结构格构柱 + 沙箱"支撑卸载大跨度超重混凝土结构转场施工工法
33		深基坑绿色装配式护坡施工工法
34		分阶段肥槽回填工法
35		大跨度高空钢结构屋盖桁架分步整体提升施工工法
36		大型钢桁架双向高空累计滑移施工工法
37		大截面重型梭形双倾斜柱逆作业施工工法
38		自主编制《清水混凝土标准化工艺手册》
39		自主编制《机电安装精品站房标准化施工标准》
40		自主编制《主体结构精品站房质量控制标准》
41		自主编制《装修阶段精品站房质量控制标准》

8.13　雄安市民服务中心项目

1. 建筑概况

雄安市民服务中心，总建筑面积 10.02 万 m^2，占地面积 24.24 万 m^2。该项目是雄安新区面向全国乃至世界的窗口，承担着雄安新区政务服务、规划展示、会议举办、企业办公等多项功能，是雄安新区功能定位与发展理念的率先呈现。图 8-153 为雄安市民服务中心设计平面图。

图 8-153　雄安市民服务中心设计平面图

2. 智慧工地应用情况（图 8-154 ~ 图 8-161）

雄安市民服务中心，创新融合 BIM+IBMS+FM，实现了设备设施的可视化运维管理。

BIM（建筑信息模型）系统帮助市民服务中心建立了三维模型，FM（设备设施管理系统）负责建立市民服务中心所有机电设备的数字档案，在 IBMS（智能化集成系统）的协调和调度下，三大系统形成了的可视化运维管理。

当设备出现故障报警时，IBMS 会自动检测到故障点，在短的时间通知运维人员故障设备、位置以及故障信息。同时，系统会通过 BIM 自动切换到报警设备的最佳查看视角，然后通过 FM 打开报警设备的参数窗口，维护人员可通过 FM 快速查看设备的历史记录。使运维人员可以在短的时间内对设备进行维护，为市民服务中心的可靠运营提供了智能保障。

信息安全方面。对关键性数据采用加密算法来加密传输和存储，并用数字签名技术防止信息拦截和篡改，从而避免由此带来的信息窃取、不一致等安全问题。

业务系统以及数据服务均采用统一化、精细化的权限认证和授权方案来有效提高信息安全。

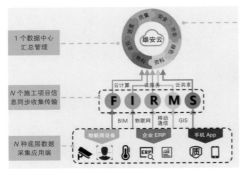

图 8-154　智慧工地系统设计示意图

图 8-155　智慧工地系统应用

图 8-156　劳务管理

图 8-157　全景监控

在常规的智能化安防上，1200 路高清摄像机实现了全园区的无死角监控。对视频、门禁、防盗报警、消防等，全部实现自动联动报警，大幅度地消除了园区的安防隐患。

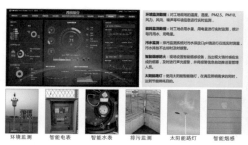

图 8-158 绿色施工

图 8-159 进度管理

图 8-160 质量、安全管理

图 8-161 移动端管理

8.14 湖北省荆门市207国道绕城公路项目

1. 工程概况

荆门市207国道绕城公路项目工程位于湖北省荆门市，项目路线全长约34.38km，包含路基工程、路面工程、桥涵工程、隧道工程等，项目施工范围广，周边人文环境复杂，施工难度较大，地处河网农田交织地带，林木繁多，碑凹山隧道北段属于荆门断裂带，容易发生褶皱、突涌等地质灾害，科学安全精密组织工程测量和工期安排尤为重要，由中建三局第一建设工程有限责任公司建设。

2. 主要智慧和信息化技术

（1）原地面复测（图8-162）

在原地面复测方面主要研究内容为通过实景模型提取相关信息，来实现工程测量所必须要的原地面数据，从而指导路基高程确定等工作。

主要研究方法为在开工初期选取207国道绕城项目的代表路段，运用携带高分辨率镜头的无人机爬升到指定高度进行定向路线拍摄，得到满足建模要求的航拍资料，在专用电脑上使用Acute3D Viewer软件进行实景扫描，形成原地貌3D模型。然后对Acute3D Viewer中的原地貌模型导入原项目道路设计路线，在模型上可以直接提取路线上的高程数据，从而获取原地面复测数据。

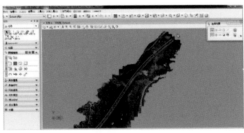

图8-162 原地貌3D模型及原地面复测数据提取

该研究成果为通过无人机航拍得到的资料建立高精度实景模型，同时结合道路设计路线相关数据，可以得到准确的原地面测量数据，将极大地减少后续施工所需的时间，并提供指导数据。

（2）路堑开挖线及路堤填筑线确定（图8-163）

该研究的主要内容为如何通过实景模型和BIM模型相结合，得到工程全景模型，在模型上通过精确计算确定路堑开挖线及路堤填筑线。

在传统工程测量领域，路堑开挖线及路堤填筑线确定一般是按照设计图纸进行推算，这样不仅效率不高，且容易发生误差，还有可能影响工程进度导致诸多不必要的损失。

该研究主要方法为将之前在电脑上建立的原地貌 3D 模型导入到 Power Civil 软件中进行处理，提取数据在软件中生成地表模型。然后在 Benthey 系列软件中，结合原设计图纸建立工程 BIM 模型，将路基桥梁等展现在 BIM 模型中，将根据设计图纸生成的 BIM 模型进行同基点导入，此时，BIM 模型和地形模型就结合起来，利用 BIM 模型与实景模型结合时产生的交线，以此交线确定路堑段开口线及路堤填筑边线。

该研究的主要成果为可以方便快捷直观地看出路堑开挖线及路堤填筑线获取精确的位置信息，解决了许多人为计算的偏差引起的超挖超填挖。

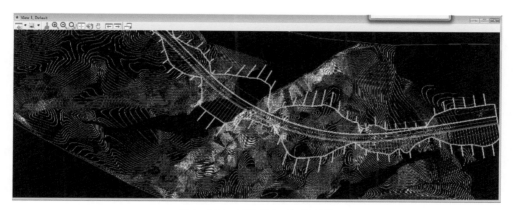

图 8-163　开挖线及路堤填筑线

3. 创新点

实景扫描技术结合 BIM 技术进行模型匹配，以重合度的方式进行工程计算及复核，工程进度分析。

4. 取得的技术效益、经济效益、社会效益等

（1）经济效益

自本成果应用起，荆门市 207 国道绕城项目剩余全长 22.78km，项目总体工期为 36 个月，剩余工期 16 个月。共为项目减少管理人员投入 3 人，缩短工期 45d，减少全站仪投入 2 台，GPS 测量仪 2 台，土方量总体误差控制由 10% 缩减至 7%。合计产生经济效益 143.087 万元，经济效益计算表和费用支出表分别见表 8-13 和表 8-14。

经济效益计算表 表 8-13

效益名称	计算依据	费用计算（万元）	备注
测量设备节约成本	一套全站仪采购价格约 3.5 万元 / 台；一套 GPS 测量设备采购价格约 4 万元 / 台	$3.5 \times 2 + 4 \times 2 = 15$	减少投入全站仪和 GPS 测量设备各两套
工期缩短节约成本	项目日均管理开销费用约 1.1 万元 /d	$1.1 \times 45 = 49.5$	共为项目缩短工期 45d，项目管理开销包含水电、网络、油料、勤杂工资等
管理人员工资节约成本	测量员每人每月工资约 5000 元，时间为项目最后的 16 个月	$0.5 \times 16 \times 3 = 24$	共减少测量员投入 3 人
总土方量节约成本	该成果成功地将土方量总体误差控制由 10% 缩减至 7%，本项目总挖方量为 222.40 万 m^3，价格 4 元 /m^3；总填方量为 101.13 万 m^3，价格 10 元 /m^3	$222.40 \times 0.03 \times 4 + 101.13 \times 0.03 \times 10 = 57.087$	
节约成本合计	全部节约成本	145.587	

费用支出表 表 8-14

支出名称	计算依据	费用计算（万元）	备注
无人机	大疆精灵 4 代 pro 4K 版，1 万元 / 台	$1 \times 1 = 1$	购置 1 台
BIM 建模专用电脑	约 1.5 万元 / 台	$1.5 \times 1 = 1.5$	购置 1 台
费用总支出	全部费用支出	$1 + 1.5 = 2.5$	

总经济效益：$145.587 - 2.5 = 143.087$ 万元

（2）社会效益

依托中建三局第一建设工程有限责任公司的《基于 BIM 的实景扫描技术在公路工程中的应用研究》课题研发的《实景扫描进度分析软件 V1.0》已成功获得软件著作权一项。《基于 BIM 的实景扫描技术在公路工程中的应用研究》委托中国科学院武汉科技查新咨询检索中心经国际查新检索并对相关文献分析对比表明，未见有与委托查新项目查新点相同的文献报道。

基于 BIM 的实景扫描技术已在中建三局第一建设工程有限责任公司承建的荆门市 207 国道绕城项目成功应用。这既是对无人机实景扫描技术的一大运用，同时也是对 BIM 技术与基础设施领域结合的一大探索，解决传统工程测量领域许多限制，并有着许多显性与隐性的经济效益，大大地提高了测量的效率，减少了成本的投入，保障了测量员的安全，保障了数据的精确性，对于进度监控，工程量计算与复核有着良好的参考作用，同时由于无人机飞行在空中，将减少人为因素对环境的影响，减少施工红线外区域的破坏，减少噪声和作业时间，具有极好的社会效益。

8.15 广东省佛山市智慧顺德系统工程

1. 项目简介

智慧顺德一期项目位于广东省佛山市顺德区，由联通数字科技有限公司建设实施。智慧顺德的总体建设目标是根据顺德区自有城市特点，抓住国家发展"大数据""互联网＋""智能制造2025"的时代契机，围绕实现"网络大联通，信息大共享，数据大融合，民生大幸福、产业大发展"，遵循产业结构升级基本规律，用高标准、高起点的模式，有效利用智慧城市政府投入资金，快速度过起步、发展和成熟三个不同阶段，最终达到政府带动、居民受益、人才结构升级、地区产业结构升级、城市名片升级的多赢局面。

2. 建设内容

智慧顺德一期项目建设内容可概括为"两个中心""一个平台""三个特色应用"，"两个中心"分别是指建设一个智慧顺德指挥中心、一个智慧顺德云计算中心，"一个平台"是智慧顺德综合信息平台，"三个特色应用"包括基层社会治理网格化信息平台应用、全区公共视频监控云平台应用、智慧交通应用。

（1）指挥中心

智慧顺德指挥中心版块包含建设综合指挥中心和配套项目运营维护用房，其中综合指挥中心使用建筑面积 $5826.33m^2$，配套项目运营维护用房使用建筑面积 $372.22m^2$。建设内容包含：公安、气象、三防、应急指挥大厅等 4 块区域，涵盖大屏、扩声、中控等的建设；10 块区域的指挥中心日常运行设备；12 套会议系统及指挥中心网络系统、安防系统、设备间装修等建设。通过智慧建设实现顺德区统一应急指挥作战，实现顺德区"1+10"社会治理管控指挥体系。

（2）云计算中心

智慧顺德云计算中心版块包含建设云计算中心和配套动力机房，其中云计算中心使用建筑面积 $2953.99m^2$，配套动力机房使用建筑面积 $1260.29m^2$。建设内容包括：机房装修、机房供配电系统、机房不间断电源系统、机房空调及新风系统、机房综合布线系统、机房防雷接地系统、机房环境监控系统、机房消防系统等以及动力机房建设；建设云计算平台，包括计算资源 3200 核心 CPU、65TB 内存、存储 2PB、备份、容灾和业务迁移等内容；建设云计算安全体系，按照国家信息安全等级保护制度第三级要求标准建设云计算安全体系，包括物理、网络、系统、应用的安全；配置应用防火墙、堡垒机、入侵防御系统、数据库审计系统、运维审计日志审计脆弱性扫描与管理系统、异常流量管理与抗拒绝服务系统等；统筹全区的网络安全管理和系统与数据安全的建设及管理。

（3）综合信息平台

该平台建设包括综合信息数据子平台、综合服务支撑子平台、可视化综合应用系统、智慧政务服务、运行管理系统、2.5D仿真地图，进一步打通各部门数据共享的通道，建立智慧城市公共资源中心。发挥大数据关联分析能力，构建资源主题库，通过可视化配置与数据可视化系统提供多维度、多形式、跨平台、跨终端的信息服务。

（4）基层社会治理网格化信息平台

该平台建设包括网格化信息管理平台建设、网格化支撑平台建设、信息资源规划和数据库建设、十个镇街基层社会治理网格化监管指挥中心建设、网格员移动终端建设等。建立全区统一的专业化的网格化队伍和科学规范的网格化业务流程，实现对人居环境、流动人口、特殊人群、社会矛盾、社区（村）安全、公共服务等"人、事、物"的网格化服务和智能化管理。

（5）全区公共视频监控云平台

该平台建设包括全区新建3300路摄像头（包括社会治安视频监控点1800个、交通卡口视频监控点600个，区政府职能管理视频监控点900个），视频专网设备升级、公安网核心设备升级及其他通信网络升级改造，完成公共安全视频监控建设联网平台建设，存储系统扩容，安全体系建设。在全区建立公共安全视频监控建设联网应用区级平台，实现视频数据的共享，打破视频数据信息孤岛。

（6）智慧交通

智慧交通建设包括两个交通大数据中心、五大应用平台、多个外场设备，营造一个具备统一运维管理、集中数据存储备份的基础环境，为数据的共享交换、综合利用、仿真决策提供支撑和保障，实现对综合交通运行状态的监测、管控和指挥调度，为交通决策提供仿真支撑，并提供全方位和多渠道的交通信息发布。

3. 智慧顺德总体建设架构

（1）总体建设蓝图（图8-164）

在全区信息化建设需求基础上，面向顺德智慧化和城市综合管理协同发展目标，全面整合城管、安监、交通、公安等部门的智能化办公需求，构建了一个符合顺德特色的智慧城市总体蓝图，总体蓝图由一个平台、两大中心和五项工程应用构成，简称为"521工程"。

一个平台即智慧顺德综合信息管理平台；两大中心即智慧城市云中心、智慧城市大数据中心；五项工程应用包括智慧城市基础设施工程、智慧城市治理工程、智慧政务建设工程、智慧服务惠民工程和智慧产业发展工程。

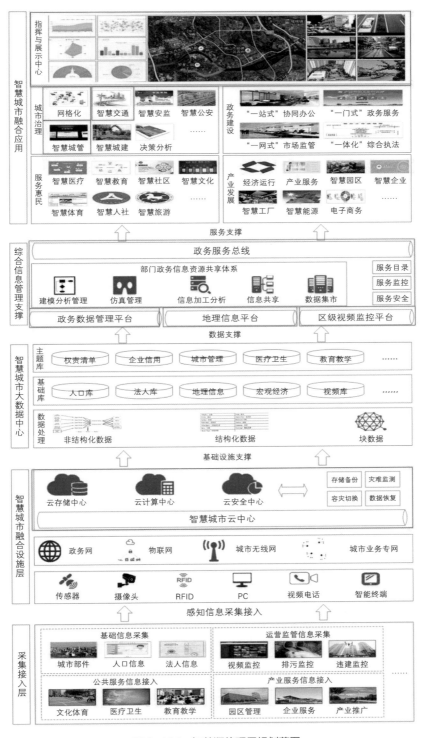

图 8-164　智慧顺德顶层规划蓝图

（2）建设技术体系（图 8-165）

智慧顺德技术体系采用物联网、云计算、大数据等高新技术和新一代互联网技术实现数据的传递、路由和控制。汇集的数据在城市海量数据中心中进一步分类和聚集，通过数据关联、数据演进和数据养护等技术，实现对数据的活化处理，向服务层提供活化数据支持。底层的数据和活化服务将进一步封装，构成支撑服务层，支撑层涵盖云平台、可视化与仿真、以人为中心的智慧城市公共服务等平台与服务，为智慧城市应用的开发提供适用和灵活部署能力。智慧城市应用位于体系架构的最顶层，涵盖城市治理、政务建设、服务惠民、产业发展等全方位智慧应用。

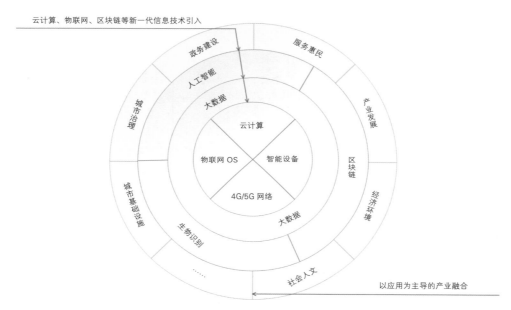

图 8-165　智慧顺德建设技术体系示意图

（3）建设技术架构（图 8-166）

智慧顺德技术体系架构由"5层次"组成,包括感知层、网络层、数据层、支撑层、应用层。技术架构主要根据目前信息化技术现状，同时兼顾未来技术体系发展，保证技术的可持续演化，使得系统具有良好的扩展性、移植性、迭代性。

（4）建设应用架构（图 8-167）

在学习借鉴国内外智慧城区先进经验的基础上，同时基于智慧顺德的建设目标，按照"以需求为导向、以标准为导向、以市场为导向"的建设原则，全面梳理现状，深入调研需求的基础上，形成智慧顺德的应用架构。

图 8-166 智慧顺德建设技术架构示意图

图 8-167 智慧顺德建设应用架构示意图

（5）总体数据架构（图8-168）

智慧顺德综合信息平台使各类数据源、现有行业应用系统等数据整合成统一的综合信息平台。顺德区地理信息共享平台提供地理信息电子地图服务，包含二维电子地图、影像电子地图和部分地理图层数据，如POI（带地名地址），来作为顺德区综合信息平台的空间基础设施。政务数据资源管理平台作为顺德区各委办局数据交换与共享平台，同时也为综合信息平台提供所需的政务数据。顺德区视频共享云平台提供视频信息数据，通过在智慧顺德综合信息平台将数据进行整合，经过大数据分析将所提供的数据按照智慧服务、智慧医疗、智慧应急、网格化、智慧交通、投资顺德等九大主题进行可视化。所有的政务数据交换均通过顺德区数据资源管理平台实现。智慧顺德总体数据架构最终将构成智慧顺德城市级大数据中心。

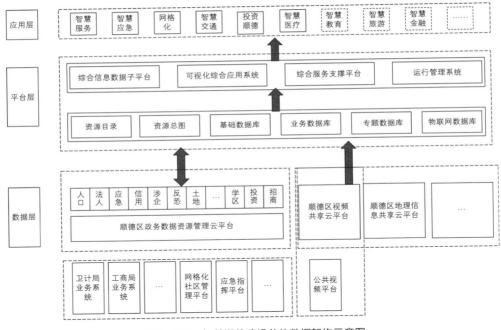

图8-168 智慧顺德建设总体数据架构示意图

（6）总体联网架构

顺德区级电子政务承载网采用三级架构，采用（VxLAN）网络虚拟化技术配置双节点作为核心层，保障核心节点的高可靠。

4. 技术社会与经济效益

（1）技术效益

智慧顺德项目是云计算、大数据、物联网、人工智能等新技术相结合的应用项目典范，通过新技术赋能智慧城市建设，不仅可以为智慧城市规划建设提供信息化服务，更具备向楼宇、园区等行业移植示范的作用。

（2）社会效益

智慧城市的建设必将有力地推动城市的可持续稳定发展，不断引导思想观念变革，促进形成健康文明生活方式，从而构建和谐先进文化，全面提升城市的品牌形象和在国内外的影响力，具有巨大的社会效益，具体可表现在以下方面：

1）深度开发特色产业，推动顺德可持续发展；

2）逐步提升城市管理水平，改变人们生活方式；

3）创造安全宜居环境，构筑和谐健康文化；

4）树立先进文明形象，提升城市品牌影响。

（3）经济效益

智慧城市建设的经济效益主要体现在改善城市整体发展环境，转变经济增长方式，实现经济结构转型提升，增强城市综合经济实力以及辐射肥东整个佛山经济发展等诸多方面。

8.16　江苏省宿迁保险小镇综合服务大楼

1. 案例概况

宿迁保险小镇综合服务大楼位于江苏省宿迁市宿豫区慧云路，是园区综合服务区的核心建筑，为园区企业和意向入驻企业提供多种服务，并负责园内物业、治安、生产安全等方面的综合管理。总体而言，该建筑的功能可概括为如下两个方面。

（1）综合服务大楼负责园区申请投资项目所需的各项批准文件、证照等办理，并承担各类经济组织和城乡居民有关证照申请的咨询和提供代办服务。同时受理各类投资和税收政策、人才劳动力需求的咨询，可承担园区招工、就业培训、职校学生实习、调解劳资纠纷等工作。

（2）综合服务大楼还承担入园科研及产业项目所涉市场及社会事项提供协调服务、承担园区管委会自有物业的经营和管理，并承担信息发布工作，协助配合开展安全监督管理工作。

综合服务大楼分为 10 层，从上到下分为多个功能区，其中一~二层受理园内企业的各类相关业务申报与办理工作，包含多个服务窗口，并设置多个服务台。三~四层为招商洽谈区，设置多个洽谈室与展示大厅，在与意向客户进行洽谈的同时，向客户展示园内企业的发展情况，演示园区内的优质资源与完善服务。五层以上为综合办公区，集中了园区物业、应急指挥、安全监控等多个方面的功能，并设置了综合运营中心大厅，进行园区多种事件的实时调度与汇总。图 8-169 为建筑位置示意图。

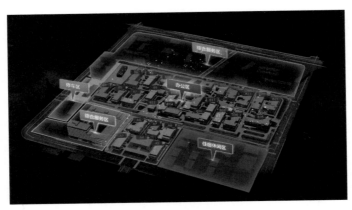

图 8-169　建筑位置示意图

综合服务大楼引入了"一站式"服务的概念，只要园区企业或企业员工有需求，一旦进入建筑，相应的问题都可以解决，无须再寻求其他服务站点。其本质上是系统综合服务。一站式服务体系通过不断完善服务链、不断扩大受理业务，打造了园区亲商服务和行政的示范窗口，园区内涵盖的所有业务都随着线上与线下的协同升级，实现 100% 同步受理。

2. 主要智慧和信息化技术

智慧建筑自 20 世纪 80 年代被提出以来，随着科学技术的进步和人类思想与需求的演变，建筑的智慧化程度也在不断发生变化，经历了由传统建筑到智能建筑再到智慧建筑的发展历程。在智能建筑阶段初期，研究者对智能建筑的定义侧重于技术要素，强调信息通信技术、自动化技术、系统集成技术等方面与传统建筑的结合。进入 21 世纪以后，对智慧建筑发展的关注点不再局限于技术要素，而是逐渐转向节能环保和用户体验等方面，新一代智慧建筑绝不是各类技术的简单堆砌和连接，而是以人为本、人机协同、自动学习，结合人工智能、物联网、虚拟现实等技术，使智慧建筑具备"自学习能力"，可为建筑用户提供多样的、个性化、精准化的服务，智慧建筑也将改变目前建筑建设、运营过程中的粗放现状，实现建筑管理的精准化与全面化。

（1）数字孪生建模技术（图 8-170）

建筑信息化建设的重要抓手，是通过组织效能的提升实现安全的管理水平，而方法则是重构现在办公自动化系统、工业自动化系统、消防自动化系统、楼宇自动化系统、安防自动化系统、通信自动化系统分而治之的现状，通过对建筑内人、空间、关系、事件、物以及组织关系的统一组织，在数字空间中构建一个克隆的建筑镜像，并在这样的一个互通互达的体系下进行整体的运营、协调以及管理，从而提升组织效能。

图 8-170　数字孪生建模技术示意图

建筑的静态仿真，主要为整个建筑的内部结构三维可视化的问题；面向建筑物的规划和优化，主要围绕基本运行，包括人员活动、人机工程、可达性分析等；生产现场的物流输送问题，主要解决物流的路线规划、产能平衡等问题。

其技术核心在于为建筑精细的管理流程建立基于数学机理模型的运行仿真环境，实现真正对流程设计、执行过程的数字孪生体系，直接指导生产。因此，面向精细管理的数字孪生还可以在以下三个方面实现运营水平大幅提升：

安全管控：通过数字孪生环境可以对设备运行过程进行实时对比监控，提前发现异常情况，并自动执行相关预案，实现预警和可预测性维护，避免事故发生，保证生产过程的连续性和稳定性。

可预测性运行：通过孪生数字化仿真系统与实际制造过程的伴行，可对生产过程进行预测性生产，并能够对一些无法通过 DCS 和传感器所获取的实时数据进行运算判断，实现生产流程动态优化和过程精确控制，最大限度发挥生产系统的整体效率并有效降低能耗。

流程验证：大量流程可以在仿真环境中实验验证，极大地缩短了流程设计的周期，降低设计成本。

（2）物联网与传感技术

随着物联网产业规模的迅速发展，物联网应用已经涉及包括城市管理、智能家居、物流管理、食品安全控制、零售、医疗、安全等在内的众多领域。在这些应用中，无论是定位技术，还是物物互联或其他技术，都能应用于未来的智慧建筑发展中。随着数据技术（DT）时代的到来，加之物联网基础技术的突破，LoRa、NB-IoT、5G 等标准不断深化成熟，将有海量的传感设备通过物联网普遍连接，实现物物互联，最终形成更加智慧的群体智能。随着科技的进步，作为物联网的基础设施，传感器也会向着低价和高性能方向发展；同时，传感器也将越来越智能化与微型化。在未来绿色智慧建筑中，传感器将无处不在，时时刻刻监测着建筑中的各种信息。这些丰富多样的传感器将赋予建筑卓越的感知能力，并通过获取的数据进行综合分析，提供更加智能的服务。

（3）云计算与大数据平台

智慧建筑需要实时处理建筑内部不同智能系统在不同时间采集的海量数据，并对这些数据进行汇总、拆分、分析与挖掘，同时随着智慧建筑提供的服务更加个性化，其所需的数据量以及数据复杂性都会不断提升。原来的本地部署方式已无法满足这种海量的需求，这就需要具有动态伸缩的存储资源与大规模并行计算能力的云计算平台作为支撑。云计算的核心技术包括分布式计算、分布式存储、应对海量数据的管理技术、虚拟化技术等。云计算的成功应用不仅能够解决绿色智慧建筑内部的计算资源需求，还能够实现建筑与建筑之间的互联，推动城市云端服务的共享，更进一步地推动智慧城市的发展。

（4）新能源技术

随着科技发展，众多新能源技术，如太阳能、风能、生物能等，已日渐趋于成本低廉化、技术成熟化以及在未来的普及化，加之国家政策对新能源推广的扶持，新能源技术对能源行业的产业布局产生着越来越重要的影响。近年来，发电方式也逐渐从集中式转变为分散式，太阳能面板、风机等走进城市，智慧建筑的绿色环保也不再局限于其本身，而被赋予"可持续发展"的新概念，智慧建筑能在一定程度上实现能源的自给自足，甚至产生多余能源，成为分布式能源网络中的一个新节点。另外，随着数据技术（DT）时代的到来，大数据正在成为一种能够产生生产力的"新能源"，它能为我们不断带来新的洞察与认知，而绿色智慧建筑正是这种"新能源"产生的重要场所。

基于现代技术的智慧建筑系统将整合和优化每一个建筑和建筑群的物理和数字基础框架实现对建筑物的可视化操作和智能控制，建造更加经济、合理、高效的设施。通过采取各种措施减少能耗、优化空间使用、提高运营效益。可以预见，随着创新技术蓬勃发展，投资者迅速聚焦，加之国家政府的关注，一个绿色、安全、高度智能的智慧建筑已不再是遥远的构想。

（5）数据与流程协同技术

随着各种安全事件的频繁发生，建筑应急处置过程涉及的因素多、领域广，相应的大量应急数据资源应运而生。在政策与客观环境的要求下，应急系统在逐渐扩充，服务体系日趋复杂，各地方标准不统一、规范不一致、各自为政，这在一定程度上影响了应急处置过程，并影响了应急信息服务的平衡发展。针对散乱纷杂、多源异构、重复建设以及缺乏协同性的应急数据资源现状，本案例需构建基于协同理论的应急数据资源整合与共享，为各种突发事件提供跨领域信息资源的检索、应用和管理等提供理论依据，从而为应急处置提供服务思考。

本案例从协同理论这一视角出发，梳理应急处置数据共享内部的各种复杂关系，基于现有对于协同理论的研究成果，注重用户主体需求及主体间的协同关系，构建出各种突发事件类型的应急处置数据共享框架，从技术层面构建出突发事件应急处置数据共享系统，使其能够有效地实现应急处置数据的整合与共享。

（6）基于微服务的平台体系架构

微服务，关键其实不仅仅是微服务本身，而是系统要提供一套基础的架构，这种架构使得微服务可以独立地部署、运行、升级，不仅如此，这个系统架构还让微服务与微服务之间在结构上"松耦合"，而在功能上则表现为一个统一的整体。这种所谓的"统一的整体"表现出来的是统一风格的界面、统一的权限管理、统一的安全策略、统一的上线过程、统一的日志和审计方法、统一的调度方式、统一的访问入口等。

微服务的目的是有效的拆分应用，实现敏捷开发和部署，它提倡的理念团队间应该是 Inter-Operate，Notintegrate。Inter-Operate 是定义好系统的边界和接口，在一个团队内全栈，让团队自治，因为如果团队按照这样的方式组建，将沟通的成本维持在系统内部，每个子系统就会更加内聚，彼此的依赖耦合能变弱，跨系统的沟通成本也就能降低。

3. 创新点

（1）全量数据融合，多维场景可交互（图 8-171）

通过综合数据中台和地理信息中台的双中台架构，保证数据的汇聚、共享、融合得以实现，在此基础之上，智能建筑运营平台在工作时采用空间大数据可视化引擎系统，叙事与交流并重，为用户提供可探索的叙事场景。同时，智能建筑运营平台的建设避免大量数据堆砌，而是在用户探索深入的过程中不断展现相关信息。智能建筑运营平台的建设中还为相关资源建立联动机制，实现时间、空间、业务内容在展示时的同进同退，通过智能建筑运营平台满足不同维度的管理者数据使用需求。

（2）细化需求场景，多画面信息接力

根据不同的使用场景，智能建筑运营平台建设后所综合展示的各种内容需要在 PC、大屏端、手机端实现共享，在办公室环境下，通过 PC 端实现对建筑运营管理的监测、分析以及复盘；在对外展示、招商接待场景下，可以通过大屏可视化手段，展现建筑运营成果；在非固定场所的场景下，可通过手机实现移动办公、随身演示汇报和信息实时接入。

图8-171　多画面多层次场景融合示意图

（3）自助式数据消费，形式与内容可定制

智能建筑运营平台的设计与实现不同于传统的数据可视化案例，它不满足于固定的展示形式和分析维度，而是本着让用户自行定义数据模型和报表样式的思路进行完善，让各类管理者可以根据自己持续变化的需求与演进的关注重点乃至建筑本身的持续管理对可视化的效果与角度进行不断更新。在这一能力的背后，实现支撑作用的是本项目建设中所配备的综合数据中台，帮助本项目实现从数据绑定、交互设计、算法指标定制到内容发布的管理者端自主可控，从而在建成时就达到高易用性设计，无须管理者掌握复杂的编码技能即可掌握系统的主要操作流程与主要工具的调用过程。

4.案例效益分析

（1）以多重循环助力安全绿色发展

在方案的整体设计上，以运行安全—应急防灾—节能环保—综合服务为建筑稳定运行的大循环，以智慧安监五位一体为小循环，使建设成果相互衔接，形成完整闭环，将建筑管理流程的全面监控、资源与能源的高效利用两大思路融入循环经济的体系建设中，形成反馈式流程，把建筑生产与运营活动对自然环境的影响降低到尽可能小的程度。

（2）以大数据智能为基础的分析决策

利用大数据汇聚手段对建筑空间数据、实时感知数据、运行历史等数据进行统一汇集管理，依托于成熟的建筑运营指标体系，先进的分析以及预测算法，为管理者决策提供有力的辅助支撑。通过建筑的管理者界面，为用户提供可探索的大数据叙事场景，从而避免大量数据堆砌，在用户探索深入的过程中不断展现相关信息，实现时间、空间、业务内容的环绕式决策支撑。

（3）以数字孪生智能为主线的全场景协同管控

以全息三维为基础，充分融合如无人机、定位、智能摄像头与各种传感器构建线上的数字孪生建筑，从而实现多业务耦合、增强建筑的一体化协同管控能力。根据不同的使用场景，实现对建筑实时场景的还原、监测、分析以及复盘，从而在大屏、PC端、移动端等多种平台上，展现建筑在任意时间断面与空间位置的图景，为应用系统中的污染追溯、事件回溯、影响分析等功能提供支撑。

8.17　宁夏银川供水工程智慧水务项目

1. 工程概况

银川都市圈城乡西线供水工程（图8-172）是统筹推进银川都市圈建设的一项重大民生工程和生态环保工程，也是事关银川长远发展的一项战略性公共基础设施项目。西线工程由银川中铁水务集团有限公司（以下简称"银川中铁水务"）牵头建设，2020年工程部分全线竣工并将移交银川中铁水务运营管理。

图8-172　银川都市圈城乡西线供水工程

银川供水工程智慧水务项目：该项目是银川都市圈城乡西线供水工程的重要组成，旨在建立一套覆盖"取水—输水—制水—供水"全业务链的智慧水务平台，为水务运营提供支撑，提高供水质量和服务水平，提升银川中铁水务水务信息化方面的决策、管理和服务能力。

银川中铁水务智慧水务建设包括业务应用建设、标准制定、系统集成开发及管网物探等方面，具体内容包括：

（1）业务应用构建（图8-173）

项目涉及41套应用系统实施，对项目所涉及的系统计划按照新建、重构、扩展开发、集成开发四种方式实施，其中新建系统27套，重构系统4套，功能扩展开发系统4套，数据集成开发系统6套。按照业务类型拟实施系统分为智慧生产、智慧管网、智慧客服、智慧管控和基础平台五大部分。

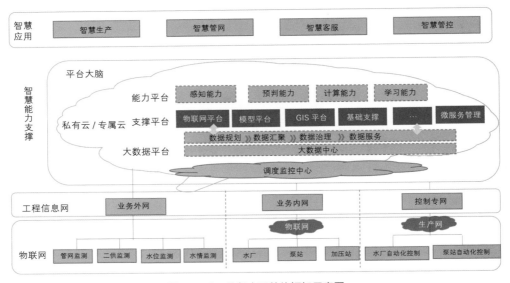

图8-173 业务应用总体框架示意图

1）智慧生产

围绕调水、制水过程，对水系统生产工艺环节进行优化，保障供水安全，实现节水节能，涉及业务应用包括：生产监视系统、智能加药系统、压力管理系统、水质监测系统、实验室管理系统及生产管理系统等。

2）智慧管网

实现管网资产、管网运行、管网漏损的系统化、智能化管理，涉及应用包括管网GIS系统、智能管网漏损管理系统、二次供水管理系统及管网水力模型系统等。

3）智慧客服

围绕营业收费和客户服务，构建多渠道、全方位客户服务体系，涉及应用包括用户报装系统、表计管理系统、营业收费系统、移动客服系统、移动审批系统、电子发票系统、智能集抄系统、呼叫中心系统、工单系统、微信营业厅系统、网上营业厅系统、一体化自助机。

4）智慧管控

实现流程审批、公文、人力资源、财务、档案、党建、安全、运营等系统一体化管理，提升企业管理水平和运营管控效率。涉及业务应用包括：企业内部门户与 OA、人力资源管理系统、财务管理系统、移动应用开发、外部门户、安全管理信息系统、分析运营管理系统、物资管理系统、档案管理系统、党建管理系统等。

5）基础支撑平台

开发并部署物联网平台、GIS 开发平台、数据中台、水力模型、BI 平台、流程引擎等智慧水务基础平台，为业务应用提供支撑。

（2）系统集成开发

1）应用集成

实现应用系统间、应用系统与基础支撑平台间的数据集成及服务集成。

2）物联集成

实现水厂、泵站、二供泵房、管网分散监测点数据及视频统一接入、统一集成。

（3）标准建设

1）技术标准：生产数据采集标准、视频集成规范及业务系统集成标准等。

2）业务标准：地理空间数据模型、资产编码规范、业务巡查、检查标准客户服务标准等。

3）数据标准：梳理并建立主数据、元数据及主题数据库。

（4）管网物探及其他

组织开展银川中铁水务供水范围内市政管网测绘，购置 Oracle 数据库以及项目实施期间企业公有云服务器等基础资源。同时，负责管网调度中心、客服中心等三个中心的大屏建设相关事务。

2. 主要智慧和信息化技术

（1）架构设计

在架构设计方面涉及体系架构、数据架构、技术架构、微服务、部署架构。

1）体系架构（图 8-174）

智慧水务体系架构根据各应用系统相互关系和逻辑结构，包括基础设施（IaaS）、数据资源（DaaS）、基础平台（PaaS）、业务应用（SaaS）、信息呈现、管理体系、安全体系等多个层级。基础设施层主要提供底层的存储和服务器、安全等能力；数据资源层提供数据存储、数据资源池的汇聚、清洗、融合、数据管控及数据中台等；基础平台层提供智慧水务的基础应用，包括物联网平台、建模平台、微服务平台等，为上层业务应用层提供数据来源；业务应用层根据自身业务需求分为智慧生产、智慧管网、智慧客服、智慧管控四大板块；信息呈现层通过内部门户、外部门户、移动门户、大屏系统实现业务应用展现；安全体系从多个维度保证系统运行安全；管理体系为系统正常运行提供管理标准和工具。

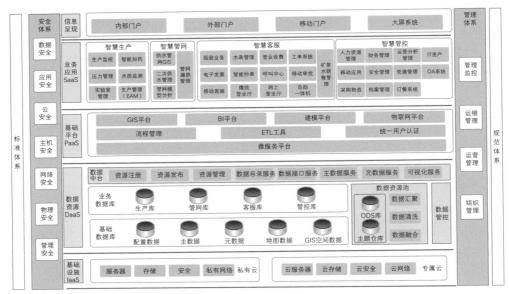

图 8-174　智慧水务体系架构示意图

2）数据架构（图 8-175）

按系统应用划分为基础数据库、业务数据库、数据资源池。基础数据库主要存储一些共用性较高的数据，如配置数据、主数据、元数据、地图数据、GIS 空间数据等，各应用系统共享基础数据；业务应用层数据是各业务应用系统专用数据，每个应用所用数据库类型都以业务应用的特点来决定；数据资源池用于 BI 系统，建立数 COS 和主题仓库，经数据汇聚、清洗、融合等过程展示企业综合运营情况；数据中台是统一数据资产管理，打通各部门各系统的数据孤岛。包括数据资源的注册及管理、各种数据接口服务、主数据服务、元数据服务等。

3）技术架构（图 8-176）

智慧水务技术架构分为开发技术、微服务技术、基础平台技术、数仓技术、云计算技术。开发技术采用业界流行的最新技术如 Vue、Element-UI、H5、Spring Boot、Mybatis 等，并且基于前后端分离开发原则采用 B/S 架构等；基础平台技术包括 GIS、模型服务、物联网相关技术等。

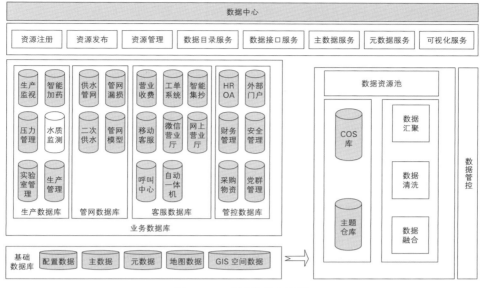

图 8-175　数据架构示意图

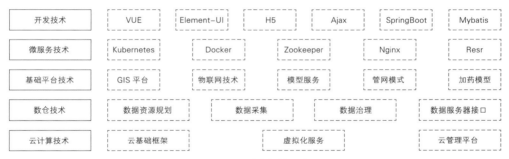

图 8-176　技术架构示意图

4）微服务

微服务架构包括支撑层、存储层、基础服务层、服务层、网关层及前端层，具体框架如图 8-177 所示。

5）部署架构

在网络拓扑方面，根据信息安全要求及银川中铁水务实际情况，整个网络分为工控网络、监控网络、客户端网络以及云数据中心几个部分。其中，工控网络、监控网络、客户端网络为私有网络，由银川中铁水务在本地进行部署。工控网络与云数据中心只使用单向隔离网闸，其他各网络区域之间使用防火墙进行隔离。

按照"分区分域"原则分为三个网络区域：生产控制区（Ⅰ区）、生产监视区（Ⅱ区）和办公区（Ⅲ区）；生产控制区（Ⅰ区）与生产监视区（Ⅱ区）单向网关进行隔离；办公区（Ⅲ区）与生产监视区（Ⅱ区）防火墙隔离。

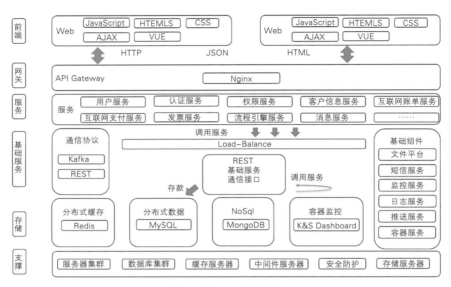

图 8-177　微服务架构

（2）运维实施

系统在运维的过程中涉及的主要部分是智慧生产、智慧管网、智慧客服、智慧管控等。

1）智慧生产

a. 生产监控系统（图 8-178）

建立三层调度监控体系：集团（总调）—水司/片区（地调）—厂站监控。实现工艺流程可视化：全面了解生产运行状况和指标统计以及预警提醒。实时数据监视预警：建立水厂和管网运行数据的监测、预警以及统计分析等功能。

图 8-178　智慧生产系统界面图

b. 智能加药系统（图 8-179）

实现水厂混凝加药单元自动控制及集中监控，实现药剂的自动投加。

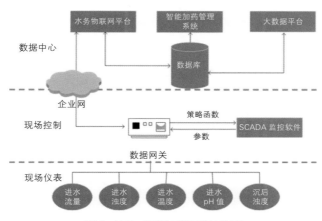

图 8-179 智能加药系统结构图

c. 实验室管理系统（图 8-180）

系统设计符合国家实验室管理体系；实验室检测流程标准化、流程化、规范化。具有标准配置、资源管理、检测管理、报告管理、质控管理、报表管理、客户管理、系统管理、移动应用等功能模块；对实验室资源人员、仪器、物资等实现全方位的有效管理。实现检测数据的自动计算、仪器数据的自动采集、提高数据的纠错预警能力，提交工作效率。

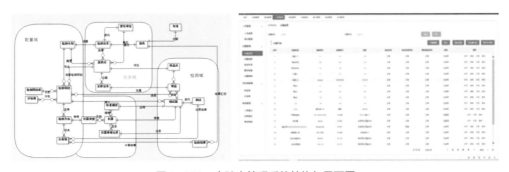

图 8-180 实验室管理系统结构与界面图

d. 水质监测系统（图 8-181）

通过相关模型对特定指标进行水质预警预报，便于快速实施精准的水质调度方案，提高对水质监控预警预测能力；对应急事件进行记录及管理，建立应急知识库。

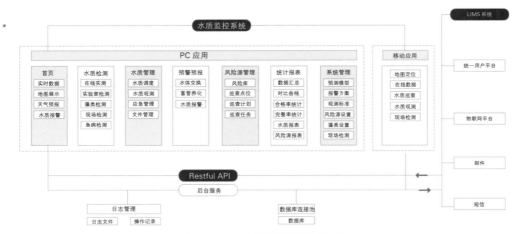

图 8-181　水质监测系统架构图

e. 压力管理系统（图 8-182）

压控方案可以对水泵站进行调压处理，保证送水泵房及加压站的安全稳定运行；实时监控压力变化，当检测到压力超过限值时，启动报警处理。

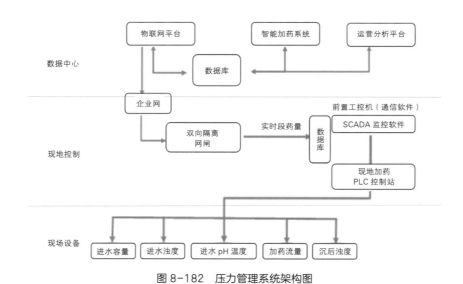

图 8-182　压力管理系统架构图

2）智慧管网（图 8-183）

提供管网地图辅助设计工具，支持多种成图方式，方便制图员快速绘制管网空间地图，快速部署管网应用，实现对基础地形数据和管网设备设施空间与属性数据入库、校核、维护、拓扑管理和统计分析；搭建管网综合管理平台及移动应用，为管网系统优化调度和供水产能等提供资产信息查询统计和完整的数据分析，为管网巡查、检修及日常维护等业务提供信息化应用支撑，实现移动作业与监管的信息化。

　　3）智慧客服

　　围绕"计量收费＋用户服务"，实现"抄表—计量—收费—开票—客服"全过程智慧化管理，关键技术应用方面，海量的集抄数据挖掘分析、户内微漏损、小区空置率等分析模型、基于知识图谱的水务客服知识库体系、水务营业厅一体机应用。

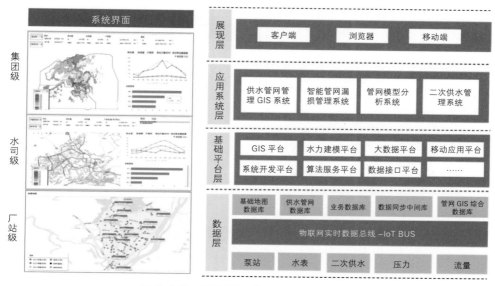

图 8-183　智慧管网系统界面与系统设计图

　　a. 营业收费系统（图 8-184）

　　统一规范各水司业务流程、标准和指标，提升集团化管控水平，集团化集中部署，缩短实施周期，减少水司成本投入，降低运营风险，统一微信公众号：统一品牌形象、统一运营。

　　b. 移动客服、移动审批系统（图 8-185）

　　手机抄表：支持离线抄表，抄表轨迹查询，抄表异常登记等。工程管理：功能包括水表安装（选择用户并登记水表编号），换表施工。移动审批：采用"企业微信"作为移动审批的入口，实现手机端实时审批。

　　c. 电子发票系统（图 8-186）

　　降低开票成本：无纸化开票，降低领票、打印及人工服务成本。提升开票效率：降低税务风险。提升服务品质：提供账单、缴费、开票一站式服务，提升用户满意度，树立品牌形象。

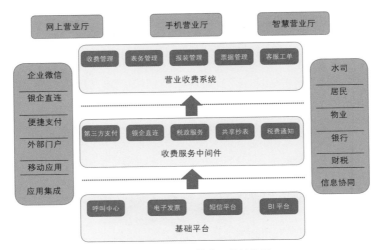

图 8-184 营业收费系统结构图

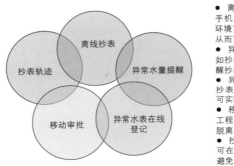

● 离线抄表
手机没有网络也可进行抄表，可在 Wi-Fi 环境下载册本、上传数据，关闭网络时抄表，从而节省流量。
● 异常水量提醒
如抄表水偏差与上期比超过 50%，即时提醒抄表员。
● 异常水表在线登记
抄表时发现水表异常如表不见、倒行等，可实时登记，并拍照上传。
● 移动审批
工程报装及工单可通过手机终端实时审批，脱离时间、空间限制。提升工作效率。
● 抄表轨迹
可在地图上显示抄表员的抄表轨迹，有效避免抄表员不到现场进行估抄。

图 8-185 移动客服、移动审批系统结构图

图 8-186 电子发票系统结构图

d. 智能集抄系统建设（图 8-187）

搭建海量数据集抄云平台，支持多厂商、多品牌水表的统一接入、统一管理。云：搭建智能抄表云平台。利用海量抄表数据实现对区域用水结构、用水行为、区域漏损、偷用水、产销差、小区空置率等智能分析，保障供用水安全。管：协调电信运营商建立覆盖全区的 NB-IoT 通信网络。端：逐步提升智能水表终端覆盖率。

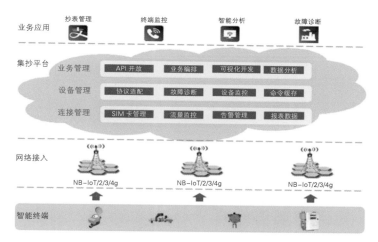

图 8-187　智能集抄系统结构示意图

e. 工单系统（图 8-188）

实现报装、投诉、报修、巡查等多系统、多业务工单一体化管理。系统集成：工单系统与呼叫中心系统集成，处理来自热线电话的服务请求。系统集成：工单系统与微信营业厅、网上营业厅集成，处理来自相关来源的客户服务请求。系统集成：工单系统与营业收费系统集成，处理来自收费柜台的工单服务请求。

图 8-188　工单系统界面示意图

f. 一体化自助机服务

取消或减少柜台，少人值守，全面替代传统营业厅人工服务。自主服务业务：报装、立户、恢复用水、查缴费、发票打印、水费单打印、用水分析。

g. 微信营业厅、网上营业厅（图 8-189）

构建基于微信营业厅和网上营业厅线上服务中心，实现用户"零跑腿"。统一访问入口：用户和流量集中，提升活跃度。统一服务标准：统一对接后端业务，减少系统集成复杂度，提高安全性。统一运营管理：提供报装报修、自助抄表、账单查询、微信缴费、电子发票全业务掌上办理，足不出户办理所有业务，提高客户满意度。

图 8-189　网上营业厅界面示意图

4）智慧管控

智慧管控的关键技术有：安全管理可视化与智能分析技术；基于大数据的厂站设施状态检修模式；混合云模式下的 IT 基础架构安全部署；基于微服务架构的水务信息系统开发体系。

a. 移动应用（图 8-190）

基于企业微信构建水司的移动门户，实现移动端应用的统一部署、统一管理。

统一移动门户：建立统一的移动一体化门户，满足不同用户群体的移动管理需求。多系统应用集成：实现对各应用系统移动端的集成管理。企业微信对接：与企业微信集成，通过企业微信实现信息推送。

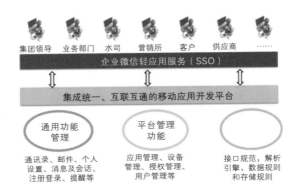

图 8-190　系统结构示意图

b. 安全管理系统（图 8-191）

安全管理标准化、体系化、智能化，支撑"零伤害、零事故"目标达成。

集团化管控：基于集团化管控模式设计，满足国家安全生产标准化要求。安全生产标准化：建立标准化管理体系，危险源标准库、隐患标准库、标准安全检查表、安全绩效评价模型等。安全体系流程化：固化安全管理业务流程，实现对安全管理全过程追踪。移动化应用管理：实现安全状态展示、隐患排查治理、日常检查、安全观察、教育培训等方面的移动化管理。

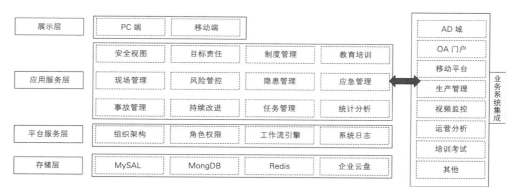

图 8-191　协同结构图

c. 数据分析运营管理系统（图 8-192）

以 KPI 指标体系为牵引，实现经营数据自动归集与分析，帮助决策层全面掌握企业经营状态。KPI 体系：构建一整套水务运营 KPI 指标体系，涵盖原水、自来水、环保、工程管理领域。运营管理数字化：实现自动采集客服、水质、财务、安全等系统数据，实现与集团运营管理系统集成，减轻人工统计上报环节。决策分析智能化：辅助领导及业务部门决策。

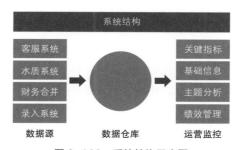

图 8-192　系统结构示意图

d. 采购物资管理系统

实现从物资采购入库到物资报废全生命周期管理，促进业财一体化融合。采购流程化：建立从采购需求—招标采购—库存管理的一体化流程，提升业务集成度。统一物料分类编码：保证一物一码，为物资集采提供数据支撑。促进业财一体管理：与集团财务共享等集成，支持业财融合一体化管理。

3. 创新点

近年来，公司在深化改革、内控体系建设、提质增效方面取得较大突破，企业发展较快。公司信息化建设日益得到重视不断推进，设立了信息化管理机构，目前已建设水厂 SCADA、管网监控、智能水表集抄、营业收费、用户报装、水表管理、二次供水、OA 办公、财务管理等业务系统。目前公司各业务环节管理流程已趋完善，有明确的流程制度，但多数作业流程并未实现固化及信息化管理，信息化水平还不能满足公司长期、稳定、持续发展的战略目标和需求，由于智慧水务缺乏整体规划或者存在规划不充分，导致企业信息孤岛问题突出，不能对企业管理提供有效支撑。存在以下问题：

（1）智慧水务是一个涉及原水管理、水厂管理、管网管理、客服管理等多个子系统的庞大复杂系统，需要建立统一的数据标准，才能实现底层数据在所有子系统之间的共享，避免建设的子系统成为信息孤岛，因此智慧水务系统需要进行统一规划，才能更好地为水务企业的运营决策提供数据支撑。

（2）在生产方面，市区个别水厂及多数子公司水厂加加压泵站生产数据及视频监控未接入公司调度中心，管网上部署了少量压力、流量监测点，未实现数据共享，不利于生产运营的合理调度；另外原水及管网水质监测数据在不同部门，数据不互通，对准确地掌握水质情况不利。

（3）在管网管理方面，有一定的挖潜空间，有必要通过计量分区工作，科学制定漏损控制目标、优化漏损控制策略、完善漏损控制流程，提高业务效率。

（4）在客户服务方面，目前有营业收费系统、智能水表集抄系统、工单系统、中移云热线系统、工程报装等系统，该板块系统相对较为完善，但收费系统的升级滞后于公司标准化建设及业务发展的需求，另外工单处理无法做到线上自动闭环管理，人工服务工作量大，缺乏便捷智能化的客户服务手段。

（5）管控方面，只有部分与发文、法律、用印、会议相关的流程实现了电子化，其他的审批流程仍停留在传统的纸质化阶段，难以适应现代数字化、无纸化运营。另外，档案、运营监控等的管理也缺乏系统信息化管理，效率有提高的空间。

综上所述，在本项目的水务系统建设上，侧重于系统集成与系统部署的优化设计，进行了相关创新性的应用。

（6）系统集成

本信息化项目的实施应结合实际需求，融合现代企业的先进管理思想，达到信息化建设与企业管理水平的协调发展，提高信息化建设的效益。本项目与水源地、水厂、供水管网、泵站／泵房、智能水表的智能设备通过物联网平台进行互联，物联网平台为上层多个应用提供数据接入服务。基础平台为公共服务，为上层应用提供统一用户、统一权限、GIS 服务、建模平台服务、流程引擎等基础服务。本项目需集成的外部系统较多，因此采用业务中台的方式与外部系统如微信、支付宝进行集成，业务中台采用微服务架构部署。

（7）系统部署

根据信息安全和 IT 规划，除财务管理、人力资源管理等上级集团统建系统外，对于其他系统银川中铁水务计划构建"三朵云"进行部署，分为工控网私有云、监控网私有云、云数据中心。工控网私有云：西线调水工程自动化控制系统（SCADA），水厂生产自动化控制系统（SCADA）等。监控网私有云：视频管理系统等。云数据中心：其他所有业务系统。

本系统尚在建设过程中，系统创新对比传统水务管理，在建设目标、系统架构、应用场景等方面都有了新的拓展与发展。在建设目标方面，传统水务是以生产自动化和办公自动化为主，减少人员劳动强度，智慧水务是进行了全面数字化的设计，通过大数据分析建模，实现智能应用，全方位保障供用水安全，达到绿色低碳、节水节能；在建设架构上，传统水务是基于工控和办公网络的通用信息系统集成架构，数据利用以统计报表为主，本次建设是基于 ABC（AI、BigData、CloudComputing）架构，透彻感知、全面物联、信息共享、智能决策，数据利用以智能分析为主；在应用场景方面，传统水务是实现各厂站远程控制、集中监视、实时报警、大屏展示，智慧水务是将水系统看作一个有机整体，通过机器学习和深度学习，减少人工干扰，实现优化控制、预判预警、即时响应。通过智慧水务平台建设，实现供水的全流程智慧化、数字化运营管理，以提高供水效率，保障供水安全，提升客户服务水平。

8.18　贝壳智慧建筑信息化系统

1. 建筑概况

互联网时代，随着新能源、大数据等技术的不断发展，建筑行业迎来新的机遇，向着绿色化、智慧化进行发展，未来建筑在有效满足人们对住房的综合性需求的同时，还能够实现能源的自给自足，实现建筑能耗、建筑风险的自我监测。大数据、人工智能等技术在不断发展之中与建筑行业的融合将会更加紧密，绿色建筑、智慧建筑会随着时代的发展不断完善，为建筑行业带来新的机遇。

2. 智慧建筑关键技术

（1）房屋大数据

"房"是智慧建筑的物理基础设施，建设真实且具规模的房源数据库，是智慧建筑信息化的基础和前提。以贝壳找房房源数据为例，目前平台拥有全国最大的真房源数据库楼盘字典，并于近期全面升级为楼盘字典 Live，收集的房源数量超过 2.2 亿套，以 7 级门址 +433 个字段对房屋进行精细化的画像管理，同时结合 7×24h 房源验真系统，从技术上保障了真房源的实现。截至 2020 年 11 月，贝壳找房楼盘字典收集房源超 2.33 亿套，覆盖全国 330 个城市的 53 万个小区。图 8-193 和图 8-194 分别为贝壳找房楼盘字典和贝壳 3D 楼盘。

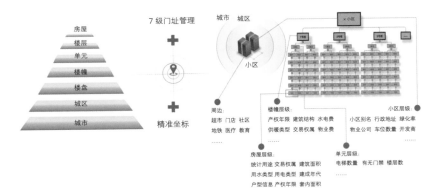

图 8-193　贝壳找房楼盘字典

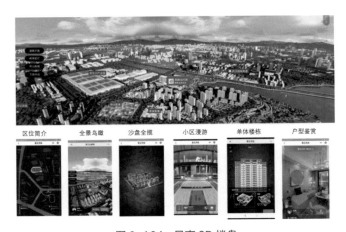

图 8-194　贝壳 3D 楼盘

通过对大数据的智能运算处理，形成客观、准确的客户洞察，解决客户相对分散、画像不够清晰、需求不够准确等问题。如房源数据可覆盖房屋周边配套、小区内部情况、户型结构和交易信息等四大维度内容，同时可根据用户历史浏览行为，个性化解读用户画像，实现精准匹配的场景化服务。以贝壳找房为例，从数据资产、数据流转 / 加工和应用、基础设施 / 平台、核心算法能力等维度重构居住服务行业数字化底座，打造行业新型基础设施。

（2）云架构（图 8-195）

智慧建筑信息化不仅仅是传统 IT 系统的建设，更在于向"多云平台"的转化，实质在于构建新的云架构技术基础，不仅仅提供匹配或连接的场所，更深入产业链的运营环节，对运营要素进行配置。比如，贝壳找房通过大数据、人工智能、VR 等数字化技术对低频、复杂的房产交易流程进行品质标准改造，同时连接起行业从业者，打造品质服务生态。

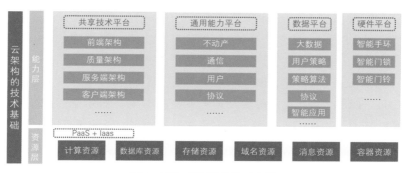

图 8-195 云基础架构示意图

（3）VR 技术（图 8-196）

贝壳找房在真房源数据库的基础上，通过智能扫描设备及 VR 三维场景构建算法实现房屋数字化三维复刻，对新房、二手房等房源进行规模化数据采集和重建，呈现包含房屋的三维结构、尺度、户型、装修、内饰等信息的房源三维实景，并创造性地实现了图像、模型、视频、音频、动效以及结构化信息的有机结合。目前，VR 空间三维场景房源已超过 600 万套，每一套房源的 VR 空间三维扫描重建带来的数据量达到 GB 级，为 VR 在产业端的大规模应用夯实了数据基础。

图 8-196 贝壳找房 VR 看房

VR 重构数字化场景，在家装设计领域有了新延展，贝壳找房 AI 设计基于如视 VR 近十万套室内设计方案和百万真实三维空间内的家装理解，结合深度学习能力，能为用户提供包含平面方案设计、硬装软装搭配、三维装修效果在内的自动化完整室内设计服务。

3. 智慧建筑效果分析

（1）面向室内空间的三维重建及虚拟现实应用

本项目基于对行业的深度理解和领先的三维重建、AI 技术，把线下的物理空间复刻到线上，实现了国内首个在不动产领域三维实景模型重建和虚拟现实技术的大规模应用落地，打造了 VR 看房、VR 讲房、VR 带看等沉浸式看房体验，推出了 VR 房源采集设备、VR 售楼部、未来家、被窝家装等一系列 VR 软硬件产品。用户可以在 VR 视野中 720° 自由行走，让户型结构、装修、空间尺寸等信息一目了然，并获得图片、文字、直播等无法带来的方位感与空间感。目前该技术已经在体育馆、博物馆、不动产、家居家装等领域有了成熟应用，实现了 APEC 会场及展馆数字化 3D 在线展示、北京首钢冰球馆 VR 展示等，与近 100 个知名品牌展开了合作。

本项目的技术能力主要体现在数据采集、AI 能力和场景应用三个方面。

在数据采集方面，贝壳如视在技术研发上做了大量投入，自研软硬件采集设备，目前已打造出基于激光采集技术的伽罗华采集设备、基于结构光技术的黎曼采集设备，对超过 800 万套房源实现三维空间重建。凭借对海量 VR 数据的深度理解，以单目图像深度估算技术，如视打造出了轻量化采集的"如视 VR" App，赋予全景图片以空间深度，仅凭全景相机甚至手机便可实现三维空间重建，大幅降低采集成本，加速 VR 的覆盖。如视现已经推出 SaaS 平台，面向各行业全面开放三维空间重建能力。

贝壳如视（图 8-197）的 AI 能力主要包含空间重建、空间解读及 AI 设计能力。在三维重建方面，贝壳如视的 AI 可以实现智能空洞补全，自动进行隐私处理、图片进行自动拼接等，并可实现 2D 转 3D，估算误差率仅为 4.23%，达到全球最低。在空间解读上，贝壳如视的 AI 能提供自动户型图、物品识别和居住解读，

图 8-197　如视 VR 应用产品

提升房产服务的效率。而 AI 设计能力，则凭借对百万真实空间数据以及 10 万套室内设计方案的深度学习，提供自动家居设计能力。

在场景应用方面，贝壳如视将技术与产业深度融合，打造出一系列优质高效的产品，包括 VR 看房、AI 讲房、VR 带看、贝壳未来家等。具体而言，VR 看房提供了更真实直观的信息，帮助用户作出理性购房决策；VR 带看降低了用户看房时间和线下成本，减少经纪人无效的线下带看；贝壳未来家则通过千人千面地精准匹配用户需求，呈现出个性化装修效果，在二手房上为用户描绘未来的家，帮助用户丰富决策信息、提升场景体验。

（2）智慧家装（图 8-198、图 8-199）

本项目致力于面向多样化装修需求用户，以标准化施工作为基点，链接全行业的优质服务者，打造从设计、施工、主辅材、售后等一站式品质家装服务，全面升级装修服务体验，为传统装修带来品质变革。项目将从进场到竣工的复杂装修流程拆解成一系列的服务标准，建立装修全流程标准体系，实现装修全流程线上可视，用户通过项目 App 可以实时查看工地，线上进行质量验收，水电隐蔽工程采用 VR 技术进行留底备查。通过本项目，用户可以选择独立设计师，以及选用局装、整装套餐来进行装修设计，在施工交付环节则统一由平台线下精工团队提供标准化施工服务以确保交付质量。

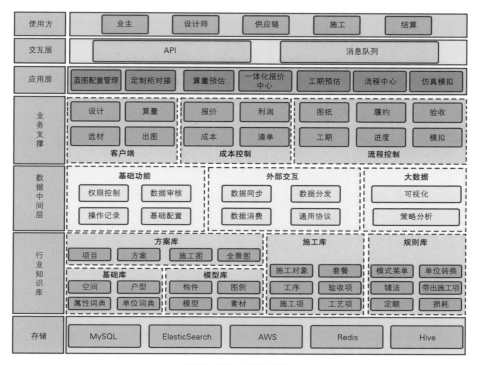

图 8-198　平台架构

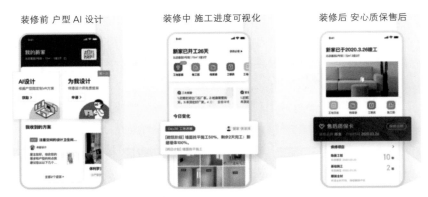

图 8-199　项目效果

　　目前，项目已在北京、上海、深圳等多个城市上线，并将加速实现更多城市的覆盖。从项目的落地效果来看，本项目具有非常好的应用效果。装修前，用户通过本项目，可以选择独立设计师，以及选用局装、整装套餐来进行装修设计，一键获得由 AI 生成的全屋设计解决方案。它包含平面方案、硬装软装搭配方案、三维效果，让用户可以游走在"装修"后的客厅、餐厅、卧室各功能区，移步换景，查看每一处细节。在 AI 设计方案基础上，用户还可通过 DIY 设计功能，参与到家装设计中来，自行遴选不同样式的硬装、家具、软装等。同时，项目还能随时与装修前的屋内真实场景进行同屏对比，直观了解如何对现有空间进行改造。在装修中，项目支持实现全天候、可视化工地监控，装修过程全透明，通过手机就可以在线验收、水电隐蔽工程 VR 留底。具有工地直播、双向通话、本地存储等功能。监测设备通过网络实时连接，200 万像素镜头、镜头横向 270° 纵向 90° 旋转，业主只需通过手机屏幕按键，就可以远程调节镜头拍摄方位。同时，业主与工人也可语音对讲，若在装修过程中有交流内容，双方可通过设备实时沟通。除此之外，监测设备还兼具后台操作云台旋转、定时截图功能。装修后，本项目为基础施工提供 2 年质保，隐蔽工程 10 年质保。

4. 智慧建筑的国内外推广应用价值

　　以上技术均有较高的国内外推广应用价值。其中房屋大数据、VR 技术也已经成功出海日本，以三维空间重建技术为日本消费者带来全新的找房体验，推动日本居住服务市场的 VR 化升级。

5. 思考与启示

　　通过开放其数据资源和技术能力，赋能传统建筑实现数字化转型，助力建筑行业实现高质量发展。

8.19　广东省深圳国际生物谷坝光核心启动区

深圳国际生物谷坝光核心启动区占地面积近 $10km^2$，需要对鱼塘等原有建筑进行拆迁，规划建设未来城市。把一个只有几十户的小渔村变为国际化的现代生物科技园，挑战巨大。结合 BIM+GIS+VR 等技术展示未来城市的宏伟蓝图，利用城市信息模型（CIM）进行设计和建造，加速深圳国际生物谷的建设工作。CIM 平台提供了一个城市信息的容器和展示内容的软件环境和载体。要对国际生物谷现状和未来建设规划进行展示，需要制作出国际生物谷当前的地形地貌模型，制作出既有市政道路、既有建筑和规划建筑的 BIM 模型，并根据展示的目标和要求，设置展示方式和内容。

坝光 CIM 平台是由深圳市大鹏新区坝光开发署（原名为深圳市大鹏新区深圳国际生物谷坝光核心启动区指挥部办公室）于 2016 年开始投资建设，由深圳市斯维尔科技有限公司承建。坝光 CIM 平台建设伴随了坝光城市设计与建设的过程。坝光 CIM 平台边建设边使用，为坝光的城市设计起到良好的促进作用。

建设坝光 CIM 平台时，首先搜集了坝光的规划资料、地形图、2015 年的航拍图（图 8-200），这些资料是制作数字化的坝光城市底版的重要依据资料。

图 8-200　坝光高清航拍图

由于坝光核心启动区是在拆迁完原来 1000 多户小渔村后，完成土地平整，进行全新的城市规划和设计，因此，坝光基础的三维地形模型需要能够进行反复编辑，精准的三维地形模型也是进行城市规划设计与设计工作的一部分。利用基础资料，建立了精准的坝光三维地形模型（图 8-201），地形地貌模型准确反映了坝光的山体形态、边坡形状、海岸线形状、地表植被、水库以及河流等自然环境与滨海风貌。

图 8-201　坝光三维地形模型

在坝光三维地形模型上，将规划控规反映出来。规划控规主要反映了地块性质和每个地块建筑高度。坝光规划控规模型是在地形地貌模型上，划分出了地块，将市政道路、建筑按地块形状和控规高度制作出白色的体量模型（白模），表达控规信息（图 8-202）。

图 8-202　坝光三维规划模型

坝光的城市设计遵循坝光规划要求，使用城市设计方法对坝光未来进行详细描述，设计结果集成在坝光 CIM 平台中（图 8-203）。

图 8-203　CIM 平台未来坝光

由于有了 CIM 这个新的表达城市设计的技术手段，能够以更加直观和可视化的方法来表达城市设计，将抽象的城市设计理念与术语，用更加形象直观的方式呈现出来，对这个未来的生物科技小镇最终建成的形态，经由 CIM 模拟出来。这个未来城市可以通过显示器、大屏投影、VR 设备等显示手段，以高、中、低空飞行、地面乘车与行走等多种方式进行身临其境的体验。

　　在 CIM 平台中，还可将整个城市设计导出 720 全景图片，为设计师、城市管理决策者、市民，提供了一个可供多方参与意见的新的技术手段。720 全景是视角超过人的正常视角的图像，借助 720 全景图，人们可以看到视点位置的完整的上下（天地）360°、左右 360° 的景象。720 全景技术是全球范围内迅速发展并逐步流行的一种视觉新技术，它给人们带来全新的真实现场感和交互式的感受。720 全景图片可以在较低配置的电脑和手机上以较好的效果呈现。使用者通过触摸的方式，上下或者左右滑动屏幕，即可看到未来坝光的城市全貌与城市细节（图 8-204）。

图 8-204　未来坝光 VR

　　城市天际线的设计与控制是城市设计的重点内容之一。天际线，又称城市轮廓或全景，是以天空为背景的建筑、建筑群或者其他地物构成的轮廓景象，是基于城市全景上的外缘景观。天际线在每个城市规划设计中扮演着举足轻重的作用，天际线在城市设计中是独一无二的。一个城市的天际轮廓线形成和变化主要取决于城市标志性建筑、山河地形、城市人文特色勾勒的城市天际线三个方面。国际生物谷坝光核心启动区天际线设计利用了 CIM 平台提供的可视化功能，进行了反复推敲。

城市海岸线是滨海城市重要的特色景观资源，与天际线相对应，是海洋与陆地的分界线。国际生物谷坝光核心启动区作为一个滨海科技小镇，拥有美丽的滨海风光。将滨海风光与城市设计融为一起，形成美丽的风景带。国际生物谷坝光核心启动区在海岸线设计时，利用了 CIM 平台提供的功能，进行了推敲。如图 8-205 坝光国际生物谷海岸线设计。

图 8-205　坝光国际生物谷海岸线设计

城市风景廊是由城市建筑、城市道路、城市绿化及自然环境构成的反映城市风貌的重要设计内容。国际生物谷坝光核心启动区提出了七彩坝光的城市风景廊道设计理念，在 CIM 平台上，将建筑布局，道路，以及道路的附属物如多功能路灯、指示牌，道路两旁的绿化乔木与灌木、特色花卉与植被绿化效果、桥梁文化石进行反复比选，通过不同视角查看和完善，对比了多种不同风格样式的路灯，使得路灯与环境和谐匹配，体现滨海科技城镇特点。如图 8-206 坝光国际生物谷城市风景廊设计、图 8-207 坝光国际生物谷城市风景廊设计路灯与文化石效果图。

图 8-206　坝光国际生物谷城市风景廊设计　　图 8-207　坝光国际生物谷城市风景廊设计
　　　　　　　　　　　　　　　　　　　　　　　　　　　　路灯与文化石效果图

另外，利用 CIM 平台，将每一个地块上的建筑的方案模型、初步设计模型、施工图模型动态叠加在规划模型中地块上的白模上，对比审查该建筑是否满足规划要求，用方案模型或者设计模型动态替换掉白模后，查看设计建筑外立面是否符合城市风景廊道对建筑立面整体要求，查看标志性建筑是否与周边建筑及自然景观和谐统一。图 8-208 为坝光国际生物谷标志性建筑设计鸟瞰图。

图 8-208　坝光国际生物谷标志性建筑设计鸟瞰图

8.20　江苏省常州维绿大厦项目绿色健康智慧运维系统

1. 工程概况

　　维绿大厦项目位于武进绿色建筑产业集聚示范区，于 2018 年 12 月 26 日获得绿色建筑标识。该项目建筑面积约为 3.7 万 m^2，地上 10 层，地下 1 层，该工程实景如图 8-209 所示。该项目以打造绿色建筑产业集聚区示范工程为目标，以绿色、低碳、生态的建筑技术为策略，着力打造"绿色、环保、舒适"的办公环

图 8-209　维绿大厦实景图

境。项目采用了双层窗中置遮阳、生态屋面、垂直绿化、自然通风及中庭热压通风、导光管技术、太阳能光伏系统、地源热泵、溶液调湿新风机、人工湿地系统、透水地面、毛细管辐射系统、虹吸式屋面排水系统等21项绿建技术，同时，绿色健康智慧运维系统更是其中重要的加分项之一。

2. 主要智慧和信息化技术

智慧运维系统为绿色健康建筑提供技术保障。在绿色建筑中需要通过智慧和信息化技术实现自动化、智能化，最大限度地优化设备运行模式，减少能源消耗并营造出健康舒适的环境。

（1）能耗监控与优化分析

该部分针对能耗的计量与监测建立基于"BIM+GIS"的能耗数据分项计量系统、多维度对比分析系统，能够从能源分类、能源分项统计等方面实时显示建筑用能的使用情况，并建立能耗分析模型，基于人工智能算法进行能耗数据预测与优化，统筹实现能耗的监控优化功能。

1）实时能耗采集与统计（电耗、水耗、天然气）

本系统不仅能够通过各类在线传感器对该栋建筑实时电耗、水耗及天然气等使用情况数据进行采集与统计，获得相关的"实时量"；还能够结合相应的算法与大数据，给出未来一定时间内的"预测量"；并且能够根据历史同期运行情况或业主主动设置的方式给出"指标量"；而后将三者进行对比分析，计算出相应的费用与费效比等经济性指标，如图8-210所示。

2）实时分项能耗统计

根据对上述电、水、气等实时使用情况采集，该系统可以实现对整栋建筑在当日、当月、当年或自定时间段内的各类能耗情况进行分项计量，为后续的节能运维模式选择和节能诊断工作提供重要的数据支撑，如图8-211所示。

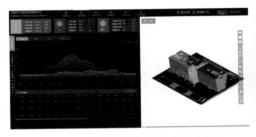

图8-210　建筑实时能耗采集与统计界面

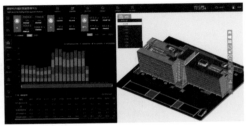

图8-211　建筑实时能耗分项计量界面

3）多维度能耗对比与分析

除了上述的能耗数据采集与统计功能外，该系统还提供了多维度的对比与分析功能，可以实现对不同能源种类、不同楼层与室内空间不同位置及不同时段等多种情境下的能耗进行对比分析。同时，除了目前已经实现的针对该栋建筑自身历史用能数据、实时用能情况及未来用能情况短期预测这三者之间纵向的对比分析，并进行综合评价外，后续通过预留的相应结构，还可实现与云端中类似建筑的各项能耗情况进行横向对比分析，采用大数据与云平台技术，实现自动能耗监测与诊断分析，从而进一步提高自身能效水平与智能化程度，如图 8-212 所示。

4）能耗预测与优化建议

系统中融合了自学习算法与建筑能耗模拟仿真内核模块。根据历史以往运行数据，能够实现对特定时间段内建筑各类能耗进行短期预测，并结合相应的用能情景方案，针对相关用能设备系统给出优化建议，作为系统权限范围内自动调节的判据，或供运行维护人员及业主决定是否调整，并可以预测可能带来的能源效益与经济效益，如图 8-213 所示。

图 8-212　建筑多维度能耗对比与分析界面

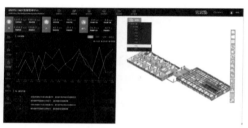

图 8-213　建筑能耗预测与优化建议界面

5）自动生成能耗报表

系统可以快速生成并系统化导出相应的能耗报表，作为能源审计或能耗账单核算等的依据，如图 8-214 所示。

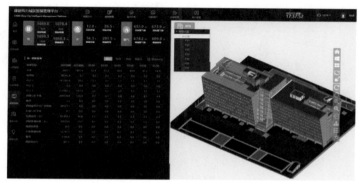

图 8-214　建筑能耗报表自动生成界面

（2）室内环境监测与优化

系统可以从室内环境舒适度和室内空气质量两个方面对室内环境参数进行监测，并进行实时动态评价，同时根据评价结果对超标位置进行预警，并利用自动控制设备设施（空调、新风、窗磁、门磁、窗帘等）进行空气质量调控。

1）实时获取室内环境参数（温度、湿度、CO_2 浓度、$PM_{2.5}$ 浓度等）并动态评价室内环境现状

根据布置在各楼层及房间空调系统回风口的空气质量传感器反馈的数据，对室内外空气质量进行动态评价，并与设定的各项控制指标进行对比，决定是否进行预警或是否启动自动调控系统，对室内环境进行改善，如图 8-215 所示。

图 8-215　建筑室内外环境动态监测与评价界面

2）发送智能优化指令到设备设施自动调控（空调、照明、遮阳等）

系统可根据建筑室内外温湿度控制要求与采光照明需求，结合末端传感器反馈给系统的实时数值，通过内嵌的建筑供暖空调负荷计算模块与采光照明模拟仿真模块，对建筑实际负荷需求与实时环境状态分别进行计算评估，从而确定自动调节方案并发送指令到相应的设备执行动作，如图 8-216 所示。

3）分层查看各监测点情况

针对需要监测的各类室内环境参数，可以分区域、分系统查看，如图 8-217 所示为分层查看界面。

图 8-216　建筑采光与遮阳控制界面

图 8-217　建筑室内各项环境参数分层查看界面

（3）绿色建筑动态综合评价

从室外作业、节能、节水、室内环境、垃圾管理、建筑运维六个维度对当前建筑综合运维水平进行实时评价（大量动态 + 静态数据）。

1）绿色建筑运营评价

针对绿色建筑整体运营评价关键指标参数，系统可以直观地输出当前的得分值，并对比设计要求与实际运行效果，是否满足相应的评价标准。相关指标包括：当前运营状态总体得分；垃圾及污染物管理，节水、节能、室外作业管理，室内环境及建筑运维等分项得分；给出可再生能源系统实际产生的能源收益值以及雨水收集情况；并可结合实际能耗情况、设备节能率等对碳减排量进行计算公示，如图 8-218 所示。

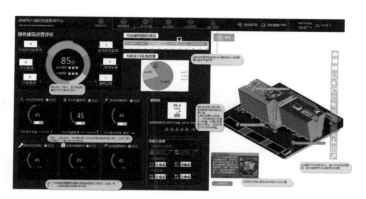

图 8-218　绿色建筑运营评价界面

2）绿色建筑节能评价

针对该绿色建筑中各项用能设备运行状态及节能效率等情况，可以系统地给出相应的评价。具体包括，对照《绿色建筑评价标准》中，针对设备节能运行所对应的实时得分值；当前暖通空调系统、照明系统及其他动力设备的节能率情况；光伏发电、太阳能生活热水等可再生能源生产与使用情况，以及与常规能源消耗的比例份额等；同时，在操作界面上嵌入了《用能系统经济运行操作规程》《节能应急预案》、围护结构构造展示等快速引导按键，可供运维人员便捷查看各类技术资料文本，如图 8-219 所示。

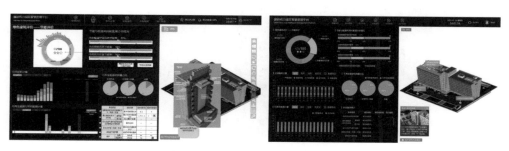

图 8-219　绿色建筑节能评价界面

3）绿色建筑室内环境评价

针对绿色建筑室内环境评价各项指标进行集中展示。包括当前室内环境各项指标整体得分情况，并与标准规范中具体要求进行对照，具体如室内噪声值、天然采光情况、温湿度达标率和污染物控制情况等。还可以便捷查看房间实时自然采光与气流组织模拟情况。同时，预留了使用者对室内环境舒适度的主观评价打分接口，并可对满意度调查情况进行统计分析，作为系统自动调节的判据或供运维人员手动操作时参考，如图 8-220 所示。

4）绿色建筑运维评价

针对绿色建筑运维管理情况，系统可以针对工单数量与类型、巡检情况与预警报警情况进行统计呈报，便于直观地发现运维管理中的漏洞，避免出现次生问题，保证全套楼宇服务系统健康良好运行。相关运维评价界面如图 8-221 所示。

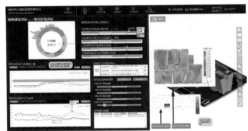 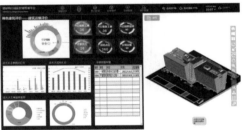

图 8-220　绿色建筑室内环境评价界面　　　图 8-221　绿色建筑运维评价界面

5）垃圾污染及室外作业管理评价

针对垃圾污染及室外作业管理评价，同样具有系统化的界面，主要包括垃圾分类与清运、室外污染物防护及室外绿化养护等，如图 8-222 所示。

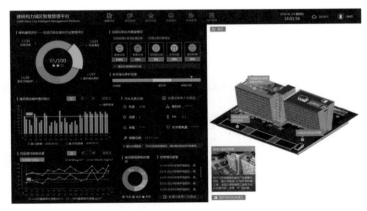

图 8-222　绿色建筑垃圾污染及室外作业管理评价界面

（4）基于建筑信息（BIM）的设备设施运维与预警

1）获取设备设施实时运行数据，分析设备运行数据和环境数据

a. 设备台账：搜索、查看、导出设备信息、设备空间定位

系统可实现从 Revit 插件自动生成设备台账信息表，简化相关的技术档案文本管理流程，便于后期运维过程中查找。

同时可以采用二维或三维视图方式，对相关设备信息进行联动查找与空间定位，列明详细的技术参数，便于运维过程中管理与检修，如图 8-223 所示。

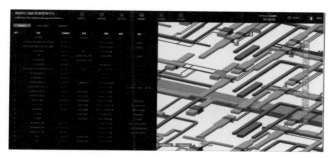

图 8-223　以三维视图查找风管设备

b. 重要设备台卡：搜索、查看、导出重要设备台卡信息

可根据设备或系统重要程度创建"重要设备台卡"，并导出详细的技术参数信息，如图 8-224 所示。

图 8-224　重要设备台卡信息查看与导出

2）分析设备运行情况，对可能存在的风险提前预警

设备运行情况展示：分系统查看设备实时运行数据、查看历史运行记录、设备运行异常报警。

a. 设备设施实时监控数据二、三维联动控制

通过二维或三维视图，在操作界面上实现立体直观地对设备进行联动控制，如图 8-225 所示。

图 8-225　实现立体直观地对设备进行联动控制

b. 内嵌 CAD/PDF 格式设备图纸，方便对比查看

随系统内嵌相关设计或施工图纸及技术文本资料，便于运维过程中查看调阅，相关界面如图 8-226 所示。

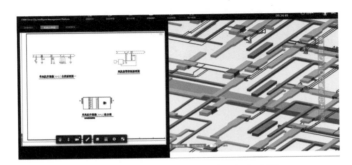

图 8-226　随系统内嵌图纸查看调阅界面

c. 设备报警，三维联动定位

当设备运行过程中发生故障或控制信号传输遇到问题，在系统中可三维立体联动展示故障点位置，并给出可能的故障类型和历史记录信息，供检修人员快速定位与做出判断，如图 8-227 所示。

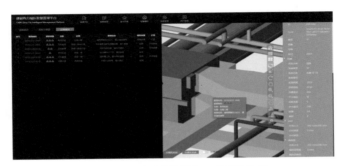

图 8-227　故障点报警与三维联动定位

d.根据当前环境信息对建筑进行分析模拟，发布智能优化调控指令到相关设备设施

系统可根据当前室内外环境状况，对建筑各项参数进行实时动态模拟仿真，将计算结果与目标值进行对比评判，结合相应情景预案，发布相应的智能优化调控指令，指导执行机构进行动作，同时反馈实际运行状况，从而做出进一步优化调控。例如，对于室内新风系统，在综合考虑室内外空气质量、温湿度等参数后，结合室内 CO_2 浓度及新风处理能耗等进行权衡，而后发送指令给新风机组、风阀及风机等设备，过程中对 CO_2 浓度多次采样，做进一步动作指令。

（5）用户端使用场景——BIM 数字交房

用户可在移动端实时查看自己的设备开启和耗能情况，系统定期为企业用户或住户提供用能习惯手册，分析用能习惯并给出优化建议，帮助用户节省能源支出的同时建立良好的用能习惯。手机 App 用户端相关界面如图 8-228 所示。

图 8-228　手机 App 用户端界面

3. 创新点

本应用案例创新点总结如下：

（1）将业主健康及建筑运行的要求提升到一个新的层次：提升室内、室外环境舒适度，关注人员健康；合理降低建筑能耗，提升建筑运行品质。

（2）聚焦运营管理的核心问题，重点针对设备设施运行效率不足的问题，在提高设施设备实时使用效率与效果的同时，通过精准的大数据分析与管理延长设备设施使用寿命。

（3）重点关注用户使用体验，通过完善对用户端的软硬件交互联动建设，充分考虑业主需求，为业主提供用能习惯分析与建议、用户端设备快速性能分析、房屋管理等全方位的品质增值服务。

4. 取得的技术效益、经济效益、社会效益等

本应用案例对常州维绿大厦的绿色建筑运维改造在技术、经济和社会等多方面均取得显著成效。该项目在进行绿色健康智慧运维改造前，工程整体存在有效历史能源环境数据缺失、应急响应时效性差、设备设施比现场巡检效率低下等问题，运维改造通过对比分析上述工程实际问题并结合业主使用需求，进行逐项针对性改造，取得了显著的效益，如图 8-229 所示。

● 标准化、规范化管理流程，减少人员 15% 以上　　● 物联数据联运与分析，降低运营成本 10% 以上　　● 节能策略，降低能耗 10% 以上　　● 智慧报警、异常感知，多端联动，快速警报

  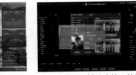 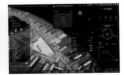

● 业务场景闭环，协同各个系统，深挖场景增值服务　　● 形象展示窗口，体现先进管理理念，提升企业形象　　● 管理人员辅助决策，快速掌控整体态势　　● 数据互联互通，打破信息孤岛，提升用户体验

图 8-229　本应用案例所取得的各项效益

（1）针对工程分项计量功能缺失导致的建筑数据管理监测不便的问题，增设多维度能耗对比、分析系统、实时能耗采集、统计系统和实时分项能耗统计系统，完善有效历史数据，并进行多维度能耗对比分析。该技术的实施将有效提升对建筑整体的能源监测能力及能源规划能力。

（2）针对建筑用能效率低下、管理程序冗杂的问题，增设能源预测、优化建议及自动生成能耗报表功能。该技术的应用使建筑能源结构更加合理，在不舍弃任何建筑职能的前提下通过优化能源分配方案，实现建筑节能的目的。

（3）针对室内环境监测环节缺失的问题，增设实时获取室内环境参数系统和动态评价室内环境现状系统，并实现根据智能优化指令自动调控设备的功能。该技术的实施有效提高室内环境舒适度和人员满意度。

（4）针对现行运维水平不足，运维评价标准模糊的问题，从室外作业、节能、节水、室内环境、垃圾管理、建筑运维六个维度对当前建筑综合运维水平实施评价。该技术的使用展示了物业高质量运行水平并改变了现有绿色技术大量闲置的现状，综合提高物业绿色化运行水平。

（5）出于对设备设施保养与维护的目的，以及相应地减少物业人员现场维护

工作量，增设设备设施数据记录系统以及建筑信息分析模拟系统。通过对设备设施比的实时运行数据进行监测调控，保障设备在设定工况下正常运行。该技术的使用有效延长设备使用寿命，同时降低建筑运行的损耗成本和人员成本。

8.21　中国—白俄罗斯"巨石"工业园

中国—白俄罗斯"巨石"工业园（简称"中白'巨石'工业园"），坐落于丝绸之路经济带中贯通欧亚的重要枢纽白俄罗斯明斯克州，由中国国家主席习近平在明斯克和白俄罗斯总统卢卡申科共同签署，总规划面积 91.5km²，是中白合作共建丝绸之路经济带的标志性工程。2018 年 5 月 12 日，由白俄罗斯总统卢卡申科亲批，中方收购白俄罗斯国家设计院 60% 的股份，合资入股成立中白联合设计院。两者的结合使得中白

图 8-230　中白"巨石"工业园

联合设计院集合了两国优势，秉着"一次设计""不需转化""高效协作"的工作理念，服务于业主，为白俄罗斯建筑业的技术进步提供源动力，加速中白"巨石"工业园的建设发展，实现"中方标准，白方验收"的目标。中白"巨石"工业园区的主要产业定位是以机械制造、电子信息、精细化工、生物医药、新材料、仓储物流为主的高新技术产业园区。园区内规划有生产和居住区、办公和商贸娱乐综合体、金融和科研中心。园区将致力于建设生态、宜居、兴业、活力、创新五位一体的国际新城，被誉为"丝绸之路经济带上的明珠"（图 8-230）。

铯锗科技有限公司作为建谊集团全资成立的、潜心孵化打造的高科技互联网企业，积极响应国家政策号召，创新建筑产业工业互联网平台（简称"铯锗网"）。平台以"产业互联网 X"建筑产业全生命周期数字化产品模型体系为核心，以工业化装配式建筑为依托，以集成式供应链为商业模式，以区块链金融为保障，从建筑开始到结束全生命周期的所有内容均以产品和模型形式呈现场景化、数字化，由此围绕建筑全生命周期时段相关联的所有产业都与产品模型相互关联，形成新产业生态体系。为了更好地服务"一带一路"沿线国家的产业升级转型，在白俄罗斯明斯克设立铯锗生态俄语分平台，利用平台向外输送中国最先进的建筑产品、平台技术、产业资源到白俄罗斯、塔吉克斯坦、乌克兰等地区，带动工业化的产品出口，利用地方产品优势为当地提供国际进出口，推动国际贸易往来，实现集约式供应链外溢的平台红利，用 Uber 化培训当地人员成为职业人士来解决劳动

力红利的外溢，实现建筑产品商业模式的外销。

在园区的一期建设、二期建设中，通过 BIM 协同平台应用实现中白两国异地协同工作，全面推行以模型为载体、以成本为核心、以进度为主线的建筑全过程数字化管理，大力推动虚拟建造，实现设计、生产、施工、运维一体化，加快项目设计周期，降低建设成本，在一期和二期的建设中，主导项目的设计周期均控制在 3 个月内完成，施工周期均控制在 8 ~ 9 个月内，有力地提升中白"巨石"工业园的建设速度，很好地促进了中白"巨石"工业园的发展。具体智能建造实施模式如下：

1. 建筑产品虚拟建造（图 8-231）

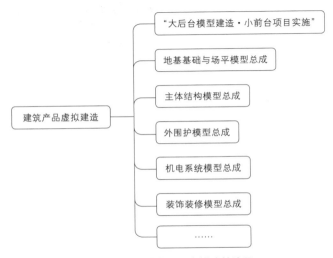

图 8-231　建筑产品虚拟建筑流程

（1）"大后台模型建造·小前台项目实施"

一切工作以模型为载体，项目实施采用"大后台模型建造·小前台项目实施"的管理模式，大后台完成建筑产品虚拟建造，小前台施工过程中，依照建筑产品模型体系进行全过程施工，模型体系贯穿到全部工作流程中。施工完成向业主交付两个产品"数字产品"＋"物理产品"。

（2）地基基础与场平模型总成（图 8-232）

地基基础与场平模型总成，含场平布置模型、基坑模型、地下—结构模型、地下—电气模型、地下—暖通模型、地下—给水排水模型、地下—装饰装修模型等功能模型类型。通过桩墙一体化施工工艺，直接节省地下室外墙工作量，桩墙一体无回填，无不均匀沉降缺陷、防水质量好、成本低，节约工程造价，最大程度利用好地下空间。

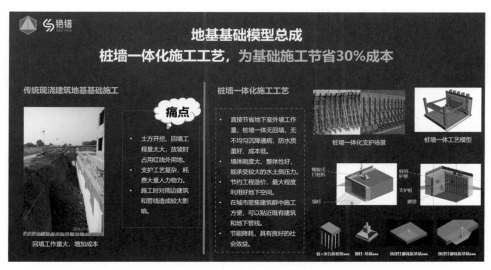

图 8-232　地基基础总成

（3）主体结构模型总成（图 8-233）

主体结构模型总成，含梁、柱、墙、楼板、楼梯等功能模型类型。钢结构构件的设计标准化、生产定制化，构件加工制作工业化，制作、安装与基础施工可平行流水进行，现场装配化施工速度快，施工受环境天气变化影响小，整体工期比传统混凝土建筑缩短三分之一。通过定轧 H 型钢梁、柱的标准化产品设计，打造纯正的钢结构建筑，装配率 90% 以上。

图 8-233　主体总成

（4）外围护模型总成（图 8-234）

外围护模型总成，含外墙、外墙保温及装饰、外墙构件、屋面体系、金属门窗幕墙类等功能模型类型。采用砂加气混凝土外围护体系，一次性满足保温、围护和装饰的需求，并且造价低廉，墙板模数可以定制，配置灵活。外围护体系具有轻质高强的特点，有效减轻建筑自重，并且 ALC 墙体搭载抗震摇摆节点，有效抵抗地震水平力。

（5）机电系统模型总成（图 8-235）

机电系统模型总成，包括强电系统和弱电系统。强电系统含供水系统、空调系统、供暖系统、污水系统、排水系统、中水系统、垃圾系统、天然气体系、供

图 8-234　外维护模型总成

图 8-235　机电系统模型总成

配电系统、照明系统等功能。弱电系统含应急照明和疏散指示系统、防雷和接地及安全措施系统、网络和通信系统、有线电视系统、卫星电视接收系统、手机信号无线倍增系统、停车管理系统、安全防范系统等功能。通过产业工业互联网进行工厂智能化生产，构件信息输入生产设备，实现精细化的生产，保证构件质量的统一。

（6）装饰装修模型总成（图 8-236）

装饰装修模型总成，包括装配式墙面、装配式吊顶（集成吊顶等）、架空地面、整体卫浴（含卫生间墙面、顶面、地面、洁具等全部一体化工厂加工成品现场安装）、整体厨房（包括厨房集成吊顶、装配式墙板、架空地板、橱柜、烟机灶具等全部工厂化加工、现场安装）。

以上只是建筑产品虚拟建造重点体现，而不是全部，更多应用有更多企业在研究开发，未来建筑产品虚拟建造将更加完善。

2. 集成式供应链平台供给

图 8-236　装饰装修实拍图

建筑全生命周期的数字产品模型体系，为平台集成式供给打下坚实的基础。通过平台进行族模组工厂定制，展现工业与建筑平台化的数据生产过程，做到模型关联部品、部品链接工厂，所有材料厂商都要登录平台协同工作，实现全过程管理团队、模型部品、劳动力、租赁等的集成式供给。为所有参与者，从原材料供应商、部品部件供应商、供应品和成品运输商、劳动力和机械设备租赁等，乃至最终的客户都得到满意的服务。

（1）集成式供给（图 8-237）

基于"整体模型—分部分项模型—族模组—管理模型"建筑产品模型体系，根据建筑产品匹配材料、劳动力、机械设备等至 HUB 平台，统一集成式供给到项目现场，不仅减少材料费用、减少劳动力、减少管理费用、缩短供给时间，而且能够为前台提供满足需求的人材机管理，降低整体成本。

（2）结合建筑用钢需求升级钢铁产品，形成以钢铁为主的供应链体系

钢铁建筑产业系统用钢，涉及地基与基础系统用钢、主体结构系统用钢、外围护系统用钢、机电系统用钢、装饰装修系统用钢等。

1）地基与基础系统用钢：含地下室外墙、筏板、地下室楼板、拉森钢板桩等。

2）主体结构系统用钢：含钢梁钢柱、连接板、钢板墙、钢楼梯、钢筋桁架楼承板、钢栓钉等。

3）外围护系统用钢：含轻钢体系墙板、窗墙一体板、门墙一体板、钢门窗等。

4）机电系统用钢：含给水管道及附件、风管及附件、供暖管道及附件、电气管道及附件等。

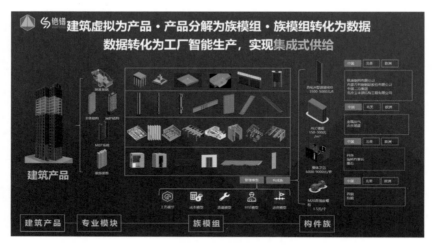

图 8-237　集成式供给示意图

5）装饰装修系统用钢：含隔墙龙骨、柜龙骨、支架、吊顶、各种卡具等。

国际线上钢结构建筑部品集成式供给，钢可以将房屋产品化直供欧美市场，实现标准化、产品化供给。结构建筑产品总重量是混凝土传统体系的 35% 左右，配合中欧班列和海运，打破传统建筑体系运输半径的限制，实现钢结构建筑行业出海由大变强，实现国际建筑产业的数字化转型升级，走向建筑产业产品化强国（图 8-238）。

图 8-238　装配式生产与装修

3. 模型指导前台智慧组装

平台提供铁三角垂直控管体系（图 8-239），支持小前台简约、快捷、优质、金融保障。

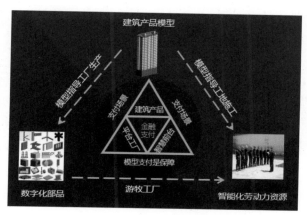

图 8-239　铁三角垂直控管运营

（1）建筑产品模型体系内含了建筑全生命周期的全部信息和内容，能够支撑整个投资决策过程。物理模型＋族模组＋管理模型贯穿设计、工厂、施工三大关键阶段，实现垂直控管的管理模式。

（2）工业化部品实现模型化、参数化，打通 MES 系统，实现与工厂的密切联系，供应链信息作为模型产品的配置信息内置于数字模型中。

（3）平台为业主提供全过程咨询管理班组跟进服务。劳动力平台，提供智能化劳动力培训、高质量劳动力资源。租赁平台，提供先进机械租赁服务。

（4）金融支付以成本模型为核心，为业务在平台上交互实现提供保障系统。

4. 成本模型体系

基于新基建、大数据、工业化、互联网化，铯镨生态平台为产业成本实现了一次伟大的创造。铯镨生态平台的核心优势是实现建筑产业高品质、优服务、低成本。通过资源集合，将充分发挥模型经济的低价优势和产业资源的集聚优势，在园区建设全生命周期的运作过程中通过产业互联网＋模型数字化＋钢结构工业化实现生产性、管理性、社会性三个维度的效能优化和效率提升，最终实现建筑产品模型体系的精细化成本控制（图 8-240），在 EPC 模式下全过程成本得到优化和控制，能够为产业园投资人节省 20%~30% 资金，节省 50%~60% 时间，节省 70%~80% 劳动力。

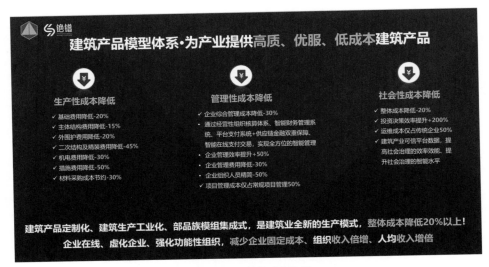

图 8-240　整体成本降低

5. 数字化模型驱动智慧运维

通过平台将园区中已有的建筑，全部实现 BIM 数字化，结合新建项目全过程、全生命周期的数字化建设，为业主规划园区数字运维的整体方案，搭建数字园区大数据管理平台，并结合中白工业园的发展定位，以产业大数据为基础，融通机械制造、电子信息、精细化工、生物医药、新材料、仓储物流等制造领域的工业大数据，依托产业互联网支持俄语区国家的数字战略、经济发展、产业孵化、企业转型，创新了园区—城市—国家的产业服务共享经济体模式。

作为两国元首推动的国家级合作项目，中白"巨石"工业园将依托白俄罗斯的区位经济优势、国际合作机遇和国家优势，发挥中国先进的建筑核心技术及覆盖全球的建设能力、建筑材料生产供应能力，在沿线各国基础设施建设进入加速发展的黄金时期中发力，以铯镨网作为创新基因，大力发展平台经济，与世界自由流通，形成国际开放共享的新生态，极大地盘活沿线国家的资金流、信息流、商业流、贸易流，助力国家间贸易融通和经济发展，带动国内就业，促进科技发展创新，全面带动经济的快速发展。

8.22　北京环球影城主题公园智能化系统

项目概况：环球诺金酒店（图 8-241）坐落于北京市通州区北京环球主题公园及度假区，是一座五星级度假酒店，总建筑面积 47900m²。项目包括 400 客房、全日餐厅、特色中餐厅、大堂吧、行政酒廊、室内游泳池、健身设施、零售、停车场及后勤等区域。由中国建筑设计研究院有限公司设计，北京国际度假区有限公司建设，中铁建设集团有限公司承建，中铁建设集团有限公司机电总承包事业部安装。

图 8-241　诺金度假酒店鸟瞰图

本项目智能化系统建设项目主要包括以下各子系统：综合布线系统、视频安防监控系统、入侵报警系统、出入口控制系统、电子巡查管理系统、停车场管理系统、智能卡应用系统、客房控制系统、有线电视及卫星接收系统、智能照明控制系统、信息网络系统、电话交换系统、无线对讲系统、联网风盘系统、信息导引及发布系统、机房工程、会议系统、背景音乐系统、楼控系统。

（1）综合布线系统

综合布线系统是办公楼实现智能建筑系统集成的统一物理平台，选用灵活的星形拓扑结构将语音、数据、图像等设备彼此相连，具有开放性、灵活性和扩展性。

本项目综合布线系统采用星形布线结构，共分为三级，第一级为电信接入，第二级为 IT 机房，第三级为分布在各楼层的弱电间。综合布线系统包含：模拟电话、IP 电话、办公网数据、客用网数据、信息发布、客控、电视信息互动（预留系统）、无线 AP、安防系统路由等。

IT 机房位于 A 区地下一层，弱电间共计 19 个，其中 A 区 5 个，B 区 7 个，C 区 7 个。IT 机房至各楼层弱电间数据主干采用 OM3（50/125μm）多模光纤，语音主干采用 50 对大对数线缆。数据、语音水平子系统均采用低烟无卤六类非屏蔽线缆，管理间内语音、数据水平线缆端接在 24 口 RJ45 配线架上，其中语音系统水平线缆 RJ45 配线架通过鸭嘴跳线与语音主干 110 配线架跳接。工作区语音、数据点位均采用 RJ45 标准插座。

（2）视频监控系统

环球诺金酒店视频监控系统采用全数字架构，由前端视频采集设备、传输交换设备、管理控制设备、视频显示及视频存储设备4部分组成。摄像机全部采用1080P高清摄像机。视频监控系统信号传输运行于酒店设备网交换机，核心交换机位于地下一层IT机房，采用UPS供电，核心层交换机至楼层弱电间接入层POE交换机主干采用OM3主干光缆。接入层POE交换机至摄像机点位采用六类非屏蔽网线，摄像机采用POE供电。视频管理服务器、网络存储设备NVR位于地下一层IT机房，编解码设备、控制设备、显示设备位于A区一层消防控制室。监控电视墙采用4×5块46寸液晶显示屏组成，同时配备三联6工位操作台。

本项目视频监控系统覆盖范围包括所有的出入口、车道入口、室内及室外车道、出纳处、后勤办公、贵重物品保险柜处、行李储藏室、所有电梯轿厢及电梯前室、重要机房以及酒店大堂、落客区、全日餐厅、中餐厅、多功能厅、泳池、SPA客房等重点公共区域。

（3）入侵报警系统

环球诺金酒店入侵报警系统主要由前端手动报警按钮、传输设备、管理控制设备、显示记录设备四部分组成。系统采用总线制结构，手报按钮通过控制总线经相应区域的防区模块与报警主机连接。报警主机、网络接口模块安装于A区一层消防控制室弱电机柜内，报警管理工作站及控制键盘、报警记录打印机设置在消防控制室操作台。报警点位主要分布于财务办公室、出纳室、贵重物品存放间、公区残疾人卫生间、残疾人专用客房以及部分SPA房间，共计点位21个。

（4）出入口控制系统

环球诺金酒店出入口控制系统作为安防系统的一个子系统，主要由门禁控制器、读卡器、电子门锁、出口按钮、管理工作站以及授权发卡器组成。主要实现对酒店进出通道、重点机房、财务室、休息区、卸货区等区域的人员出入进行识别、记录、控制和管理的功能。本项目出入口管理系统共设计49处门禁点位，其中单门门禁12处，双门门禁37处。门禁管理服务器位于地下一层IT机房弱电机柜内，通过设备网与楼层弱电间内门禁控制器连接。门禁管理工作站及授权发卡器设置在A区首层消防控制室。

（5）电子巡查管理系统

环球诺金酒店电子巡查管理系统采用离线式巡更系统，设计巡更点位48个。巡更点位主要设在楼梯间前室、走廊、门厅、主要出入口及重要保护部位，具体安装位置将根据酒店安保部门要求进行调整。系统主要由管理电脑、巡更棒、手持式数据采集器、巡更钮组成。其中巡更管理电脑与入侵报警系统共用，设置在A区一层消防控制室。

（6）停车场管理系统

环球诺金酒店停车场管理系统设在酒店室外园区，系统设置2套1进1出停车管理设备，主出入口设置 1 套，次出入口设置 1 套。该系统主要由入口设备、出口设备、出口人工收费站、传输交换、图像识别设备、语音对讲设备、中央管理站等组成。停车场管理系统采用车牌识别方式，对园区的车辆通行道口实施出入控制、监视、行车信号指示、停车信号指示、停车管理及车辆防盗报警等综合管理。停车场管理系统工作站位于 A 区一层消防控制室，通过酒店设备网络连接到室外岗亭收费电脑，实现对车辆的出入管理及收费。

（7）客房控制系统

环球诺金酒店客房共计 400 间，含 T 房型（标准双床房）347 间、K 房型（标准大床房）22 间、JS 房型（小套房）20 间、DS 房型（套房）8 间、DS—2 房型（豪华套房）2 间、PS 房型（总统套）1 间。本项目可控管理系统与酒店前台管理系统进行联网，实现联网控制，能对客房内照明、插座、空调进行智能控制，从而为客人提供舒适的居住环境，同时通过智能化控制实现节约能源目的。

本系统设计采用 TCP/IP 联网型客房控制系统，采用插卡的方式取电，可实现受控开关、插座、空调的取电、灯光开关控制以及酒店后台对客房清理、勿扰、门磁状态监视。

（8）卫星及有线电视接收系统

环球诺金酒店卫星及有线电视接收系统采用 860MHz 邻频双向传输技术，信源主要由 3 部分组成：卫星电视节目 25 套，当地有线电视节目 35 套以及自办节目 3 套。

卫星及有线电视机房位于酒店屋顶层，同时在屋顶层设置卫星接收天线 1 套用于接收境外节目。本地有线电视信号由歌华有线市政光缆敷设至机房解调后提供，自办节目设备由酒店方提供。三类节目信号源分别调制成数字、模拟信号然后混合输出至传输设备，按照不同区域要求分别提供模拟电视、数字电视信号。

本项目有线电视点位设置分为客房区、公共区两个部分。其中客房区：标间客房设置 1 个电视点；套房会客室、卧室各设 1 个电视点，接收数字电视信号。公共区、餐厅区接收模拟电视信号，合计点位 433 个。

（9）智能照明控制系统

环球诺金酒店智能照明系统采用模块化分布总线式结构，可对特定空间实现复杂的场景控制和逻辑控制，并可实现对需要智能照明控制的区域进行控制管理。本系统智能照明区域主要集中在 A 区首层泳池、健身房、SPA 区、中餐厅、全日餐厅、多功能厅、贵宾接待区、A 区三层大堂吧以及 B 区六层行政走廊区域。

系统控制模块、控制面板可按不同的使用场所，结合照明配电系统实现分散安装。

本系统采用多种控制形式，既可以集中控制，又可以实现区域就地控制。不仅能够实现特定区域本地灯光开关、场景控制，亦能实现物业管理办公室远程灯光开关控制、场景切换、灯具及场景的定时开启、切换功能。

（10）信息网络系统

环球诺金酒店信息网络系统主要分为办公网、客用网、设备网三个独立的网络系统。办公网用于酒店管理软件系统、信息发布、员工办公系统、客房管理系统等子系统的接入，各子系统通过 Vlan 隔离；客用网用于酒店客房互联网接入系统、互动电视系统、IP 电话系统等子系统的接入；设备网主要用于各种智能化系统的接入，包括安防设备接入、楼控设备接入以及背景音乐系统的接入等。办公网、客用网、设备网实现物理隔离，均采取核心层—接入层两层网络架构，其中办公网、客用网采用双核心冗余设计。网络机房位于 A 区地下一层 IT 机房，核心交换机与楼层接入交换机采用 OM3 多模光缆连接。本次信息网络建设仅包含环球诺金酒店内部核心层、接入层交换设备，与 Internet 互联所需要的防火墙、路由器等网络安全设备、软件由酒店方提供接口及配置。

（11）电话交换系统

环球诺金酒店电话交换系统主要由 1 台程控交换机、4 套话务台、20 部 IP 电话以及客房模拟电话组成。其中程控交换机可实现 1000 门模拟电话、200 门 IP 电话接入功能。同时除基本功能外，电话交换系统还具备语音信箱功能、与酒店 PMS 对接后实现酒店服务功能、对方会议功能等。

（12）无线对讲系统

环球诺金酒店无线对讲系统主要用于酒店安保部、工程部、后勤部、客房部无线通信使用。无线中继设备安装于 A 区一层消防控制室，无线信号主要覆盖区域为：酒店内部所有区域（含楼梯间、地下室、设备用房）、电梯轿厢、酒店楼外周边区域。

（13）信息导引及发布系统

环球诺金酒店信息引导及发布系统主要用于发布欢迎信息、会议导引、活动通知、天气预报、宣传资料等。信息发布服务器安装于地下一层 IT 机房，系统管理工作站位于酒店营销办公室。

本项目信息导引及发布系统共设计 46 寸信息发布屏 6 块，55 寸移动式信息发布屏 2 块。主要布置于酒店首层多功能厅，三层酒店大堂。

系统采用 B/S+C/S 结构，即系统中的操作员可以通过网站浏览器来登录系统并进行操作管理。系统中的操作员可被分到酒店各个部门中，具有不同的功能权限和级别权限，同时管理员将授予其管理不同的资源权限，操作员只能在自己权力范围内对系统进行管理和设置。操作员通过 Web 服务器实现对系统的完整管理，无须安装管理软件或专门的 PC 来对系统进行控制。

（14）会议系统

环球诺金酒店会议系统建设内容仅涵盖酒店首层多功能厅，面积约 470m²。

多功能厅采用流动坐席布局方式，主要满足日常会议、宴会等功能的需要，同时具备举办产品发布会及小型文娱活动时的对外租赁需求。

（15）背景音乐系统

环球诺金酒店背景音乐系统通过总控室网络服务器（音乐播放服务软件及授权由酒店管理公司提供）及本地节目源为酒店 1 层、3 层、6 层公共区域提供日常背景音乐播放功能，同时具备消防强切功能，在消防火灾报警触发时配合消防系统，播放消防音频内容。

本项目背景音乐系统主要覆盖区域为：首层多功能厅前厅、泳池、健身房、理疗室、SPA 区域、全日餐厅、中餐厅及包房，3 层大堂、大堂吧、艺术廊公共区域，6 层行政酒廊。

（16）楼宇自控系统

环球诺金酒店楼宇自控系统采用 RS485 通信联网架构，系统由工作平台、网络型 DDC 控制器、传感器、执行机构、网关等组成。BAS 主控设备及管理工作站设置在地下一层工程部，系统具有开放性接口能与主题公园及环球大酒店 BAS 系统互联互通。

本系统所有涉及风、水管道、给水排水机电设备上安装的各类末端执行机构（如电动水阀、电磁阀等）、探测传感器（如温度传感器、压差传感器、二氧化碳传感器等）以及该类设备的电源由机电总承包供货及安装，弱电专业分包人负责线缆敷设、接线及后期调试，机电承包人配合整体机电设备的自控联动调试。非涉及暖通、给水排水专业设备、管道开孔的探测器、传感器（如二氧化碳、一氧化碳、温湿度传感器）由弱电专业供货、安装及调试。

（17）UPS 电源系统

环球诺金酒店弱电系统采用 UPS 集中供电方式，UPS 电源设置在地下一层 IT 机房，UPS 电源设置一台 200kVA UPS，配备可持续供电 0.5h 蓄电装置。在线式设置，具有完备的监控软件可以实现基于局域网、广域网的本地远程监控管理。

8.23　河南省郑州市建业·天筑智慧建筑信息化系统

1. 建筑概况

建业·天筑项目位于河南省郑州市郑东新区东风南路与康宁街东北角，中央商务区、中央政务区、高铁商务区黄金交汇处，位置优越，交通便利，临近陇海快速路、地铁 1 号和 5 号线。高铁片区有 100 万 m² 高端写字楼配套，高端商业氛围浓厚。周边商业、学校、医院等配套设施日趋完善。总建筑面积约 44 万 m²。其中地上建筑面积约 30.5 万 m²，容积率 3.5，共有 15 栋建筑，90m² 以下户型占比约 30.2%。地下建筑面积约 13.5 万 m²，规划两层地下车库，车位配比为 1∶1.5。

通过与国内一线城市房地产市场和高端项目对标，在项目前期策划报告中，将天筑定位为"综合型品质豪宅"，同时贯彻了"现代、绿色、科技、精装"的产品理念。

2.智慧建筑关键技术

建业"5M 智慧科技住宅体系"在对标国内优秀楼盘基础上，建业地产总部设计管理部开展了对智慧科技住宅的专项研究，提出了更安全、更健康、更便捷、更舒适、更环保的 5M 智慧科技住宅理念，并系统性地对各功能子项进行了应用分析，达到了集团奢华系产品智慧科技系统配置局部超越标杆企业高端产品，尊享系产品、精品系产品智慧科技系统配置全面超越市场同类产品的目标。

天筑项目是"5M 智慧科技住宅体系"重点改造示范项目。目前已完成 5M 运维管理平台、机房示范工程以及智慧社区 AI 视觉大脑三大系统落地，十四大智慧社区场景改造。

（1）5M 运维管理平台

管理天筑项目所有设施设备的综合管理平台，接收、计算、存储设备运行数据、报警故障信息、设置运行参数，联通物业云自动生成工单。将设备运行状态以各类图表形式展示。

（2）智慧社区 AI 视觉大脑

利用 AI 技术管理天筑项目各类智能摄像头、人脸识别的云平台，可以根据项目需要随时更新 AI 算法，降低前端设备性能要求。

（3）机房示范工程

依据国家有关标准和规范，结合天筑项目各种系统运行特点进行总体设计。以业务完善技术规范，安全可靠为主，确保系统安全可靠的运行。通过采用优质产品线工艺把上述设计思想有机地结合起来，为机房里的设备和工作人员创造一个安全、可靠、美观、舒适的工作场地。

（4）十四大智慧社区场景

1）智慧会客厅

业主可以在这里会见客人、朋友，通过智能机器人控制灯光、窗帘、电视、背景音乐、空调体验智能生活。

2）人脸通行

业主上传人脸信息后就可以通过人脸识别自由进出小区。访客经过业主认证后给予当天一次进出的权限。

3）智能防尾随

通过智能摄像头自动识别非业主进入小区并提醒物业人员。黑名单人员在门口逗留或进入小区则自动报警。

4）关爱提醒

业主可以将家里需要照看的老人或儿童设置成红名单。当红名单人员出小区时，业主可以收到提醒信息。

5）水域警戒

当有人靠近水边时，发出声光报警，防止有人失足落水。

6）垃圾溢出报警

自动识别垃圾桶溢出，自动生成工单，发至当值物业人员手机 App，提醒及时清理。

7）车行通道人员报警

当有人通过车行通道进出小区时发出声光报警，并提醒物业人员进行劝阻，避免发生意外。

8）电动车充电过热报警

当电动车充电过热时，通过热成像自动识别，发出声光报警信息及物业工单，督促当值物业人员及时处理，避免火灾发生。

9）消防通道警戒

自动识别占用消防通道的车辆、杂物等，生成物业工单及时提醒物业人员进行处理，消除安全隐患。

10）智能气象站

实时监控小区环境，对业主出行提供智能提醒。温度过高或雾霾严重时启动雾森系统进行降温除霾。

11）智能蚊控

通过二氧化碳气体模拟人体气味吸引蚊虫，通过气流将蚊虫吸进去风干杀死。整个过程不使用化学药剂，对人体无任何伤害，并提醒物业人员及时更换二氧化碳气瓶。

12）无人超市

24h 为业主提供日常用品。利用 AI 算法、智能监控、自动控制等手段实现业主购物全过程自助完成，实现无人值守 24h 服务，并根据业主购物情况提醒运营人员及时补货。

13）RBA（楼宇远程监控系统）系统

通过自主研发的边缘计算网关实时采集消防泵、喷淋泵、管网、高位水箱和消防水池等相关数据，通过边缘计算处理将设备状态信息上传给 5M 运维平台。如果有异常状态，网关就会及时上报告警信息并生成告警工单，经过物业云推送给工程维修人员到现场进行处理，助力物业减员增效。故障的及时处理，减少因为设备故障给业主造成的生活不便，提升业主的生活体验，提升建业品牌美誉度。

（4）背景音乐

系统平时可以用于社区内部的音乐播放，让每一天都伴随着优美的音乐。一旦发生应急危险时，则会立即切入消防系统广播进行疏散，有秩序地指导疏散工作的进行，保障业主的人身安全。

3. 智慧建筑效果分析

建业·天筑进行 5M 智慧社区改造后，极大地方便了业主出行，人脸识别通行占通行方式 85% 以上，减少门卫开门次数 40% 以上。危险区域提醒累计超过3000 次。物业巡检次数下降 80%，物业缩编 30%，物业按时缴费率提高 15%，物业利润提高 30%，实现物业公司减员增效的运营目标。

小区住户对智能化改造给出了极高的评价，再不用因担心忘带门禁卡麻烦门卫开门。家长也不担心孩子在小区玩耍时误入水池或者跑出小区发生危险。物业管理人员也表示巡检频次减少了，排除故障的效率提高了。

4. 智慧建筑的国内外推广应用价值

建业"5M 智慧科技住宅体系"是艾欧自主研发的地产后运营服务的一体化管理平台，通过打造社区行为感知网、社区运营服务网、社区服务生态网，通过标准规范和网络安全等保障实现社区信息化、智慧化、增值化的生态建设，让管理更便捷、更高效，让社区生活更安全、更健康、更舒适、更便捷、更绿色，最终实现"美好未来生活"。

（1）社区行为感知网，通过全面仿生感知技术将业主行为、设施设备、社区环境数据化、图像化、网络化形成物管云、设施云、业主云。实时感知社区状态，为社区运营提供大数据支撑。

（2）社区运营服务网，管理社区感知数据，通过云计算、边缘计算、人工智能、数字孪生等技术提供共享数据实时交换、业务协同、服务开放、社区资源调度管理、数据可视化等服务，促进社区场景联动融合，全面提升社区数据能力、业务能力、服务能力。

（3）社区服务生态网，通过对社区数据的管理、调度、计算、治理、决策构建包含日常购物、家政民生、智能家居、智慧物业、特色消费、文旅教育、健身康养、投资理财等内容的大服务生态体系。

5. 思考与启示

地产公司应加强顶层设计，制定本公司智慧社区建设标准，根据不同项目定位进行不同层次的智能化设计。在具体项目规划的初期应该加入整个智慧社区方案的规划，通盘考虑智慧社区方案和建筑设计、园区规划、景观设计之间的相互关系和影响。设置专业的部门（公司）从项目规划、项目设计、专项招标、施工监控等四个阶段，站在品质提升及智慧化、信息化应用的角度进行专业的规划和落地实施，实现地产公司特有的智慧社区体系及品牌影响力，进而提升产品营销和业主满意度。

8.24　中国少年儿童科技培训基地信息化工程建设项目

中国少年儿童科技培训基地是联通数字科技有限公司承接的国家级大型青少年儿童综合科技文化活动场所，是国家大型青少年儿童公共科学文化服务设施。中国少年儿童科技培训基地建设内容包含信息机房工程、综合布线系统、视频点播系统、儿童无线定位系统、计算机网络系统、信息发布系统、安检系统、信号屏蔽系统等。

1. 信息机房工程

中国少年儿童科技培训基地信息化系统建设项目机房面积约为 $178.5m^2$。根据实际应用需要和未来的发展预期，在充分考虑计算机通信等信息系统的安全性、可靠性、先进性的前提下，总体装修建立在理性的功能主义之上，充分体现中国少年儿童科技培训基地文化特点和现代化信息汇聚场所的环境效果，为信息机房空间发展争取最大的自由度，将本机房建设成为一套系统功能完备、安全稳定、绿色环保的机房系统，为 IT 信息化设备提供安全、稳定、可持续运行的空间场所，为工作人员创造一个高效、舒适的工作环境。

2. 综合布线系统

根据中国少年儿童科技培训基地信息化系统建设项目发展规划要求，中国儿童培训基地信息化建设将以网络为支撑，各项业务应用和信息共享为基础，以提高培训基地科研和开发能力为核心，推动科研与培训科目科学管理为主线，使中国儿童培训基地科研开发与管理得以进一步得提高。

中国少年儿童科技培训基地信息化系统建设项目综合布线包括计算机网络部分。楼内的所有信息点根据实际情况采用单口／双口 86 型信息面板；数据水平传输介质采用室内 4 芯（50/125μm）LSZH 护套 OM3 光缆，无线及其他网络水平传输介质采用 6 类非屏蔽 LSZH 护套双绞线；主干数据部分使用 6 或 24 芯（50/125μm）LSZH 护套 OM3 室内光纤进行连接。

3. 视频点播系统

随着涉及儿童案件频繁发生，儿童安全已成为社会关注的一大焦点。本项目为少年儿童科技培训基地，正是此类安全问题的多发场所之一，因此安全防范管理一直以来都是困扰幼儿园、家长乃至社会的一大难题。

本系统采用高清数字视频技术，从实际需要出发，结合系统的安全性和保密性，系统构建在网络视频专用网络上，高清摄像机的图像通过传输网络就近汇集到各汇聚交换机。视频信号采用先进的 H.264 编码方式进行编码，通过视频专网存储到网络硬盘录像机中，实现实时存储、实时调用。平台统一实现功能调用、设备控制、存储管理、报警直观展示、信息图表导出等。并可通过后期总集成与无线定位系统进行联动。

中国少年儿童科技培训基地视频点播系统由主楼视频点播系统、幼儿园视频点播系统及盥洗间视频点播系统构成，网络拓扑结构如图 8-242 所示。

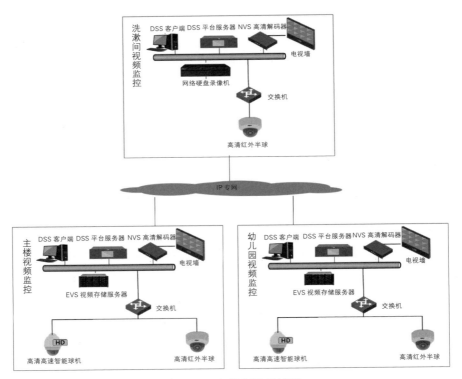

图 8-242　视频点播系统架构

4. 儿童无线定位系统

利用高精度室内定位技术，实现对于儿童的活动进行监控，为建立一套精细化管理体系，通过对于进出人数和固定 ID 的分析，对于高效处置突发事件，对可能存在的风险进行分析，从而实现对风险的预警与排除。同时，从系统可靠性和可扩展性等角度分析，在基地主楼和幼儿特色教育中心建设两套完全独立的儿童定位及无线覆盖系统，两套系统各自同时运行和维护（图 8-243）。

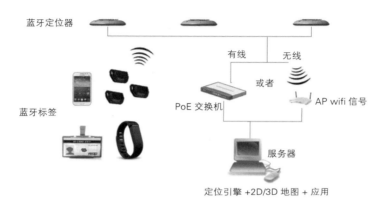

图 8-243　无线定位系统架构

（1）服务器（定位引擎）：建立坐标系；收集基站传回的信号并计算位置；提供可查看实时位置的 2D 地图、API 接口和管理程序。

（2）交换机：通过网线传输服务器和基站之间的数据；对定位基站供电。

（3）定位基站：通过手环或标签接收蓝牙信号。

（4）蓝牙标签（手环、标签、智能终端、工卡）：发射蓝牙信号。

5. 计算机网络系统

网络交换系统为主楼和幼儿教育中心少年儿童活动视频点播系统、儿童定位及无线覆盖系统、综合信息显示系统、剧院票务系统提供传输平台与基础。网络交换系统的建设，组网技术合理与否，关系到整个系统建设目标能否顺利完成，投资能否得到保障，能否正常运行并发挥其作用。因而组网技术的选择就显得十分重要。

本工程按万兆光纤主干、百兆双绞线接入三层以太网考虑。

计算机网络系统的设计遵照如下原则。

四高：高带宽、高可靠、高性能、高安全性；

三易：易管理、易扩充、易使用；

两支持：支持虚拟局域网、支持多媒体应用。

中国少年儿童科技培训基地计算机网络方案拓扑图如图 8-244 所示。

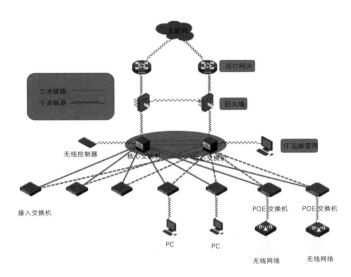

图 8-244　计算机网络系统架构

整体网络架构说明：

网络架构采用扁平化架构，使用星型组网。这种组网方式将三层组网方式中核心层与汇聚层合一构成核心汇聚层，在该层部署一个超大容量交换机（中国少年儿童科技培训基地信息化系统建设项目物理上是两台设备做 CSS2 集群）。扁平化方式降低了网络复杂度，简化了网络拓扑，提高了转发效率，一般适用于中小型网络，不同的分区间可以通过 VLAN、L3VPN 隔离。在网络发展扩容时，可以根据需要将合并的核心 / 汇聚层再分解开，演变到核心 / 汇聚 / 接入三层结构。

接入层设备至核心层设备万兆互联，充分保障带宽，便于未来融合更多的内网大流量业务，如视频监控、广播、内部视频服务器、内部视频推送等。

6. 信息发布系统

信息发布系统在培训基地的校区大门、会议室、食堂、图书馆、行政楼、教学楼等处的走廊、电梯口、楼梯口、教室门口等位置设立多媒体播放终端，还可与培训基地已有的 LED 屏对接，用于控制 LED 屏上显示的内容，实现园区内信息的集中发布与管理。可发布实时的多媒体信息，用于培训基地的介绍、信息的公告、来宾的欢迎词、课程安排信息的发布、天气预报、运动会、研讨会、演讲等各项活动。

同时信息发布系统也可加入直播功能，实现有线电视的直播、数字电视的直播、视频会议的直播。还可与培训基地的其他系统拼接，在显示端上发布其他系统的信息。信息发布系统功能架构如图 8-245 所示。

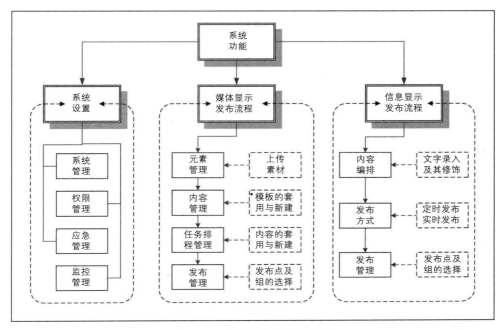

图 8-245　信息发布系统功能架构

7. 安检系统

中国少年儿童科技培训基地作为人员聚集的重要场所，人员众多且复杂，对进入的人员都需要进行详细的身体检查，防止进入的人员携带管制刀具等违禁物品。在不侵犯个人人身权的前提下，使用安检门和金属探测器等科技手段进行安全检查十分必要，利用科技手段来预防意外事件的发生，保障少年儿童及内部工作人员的安全。

中国少年儿童科技培训基地主楼一层入口处设 X 光随身行李安检设备、安检门、手持金属探测器。

安检门是一种检测人员有无携带违禁金属物品的探测装置，又称金属探测门。主要应用在进入人员较复杂的公共场所来检查人身体上隐藏的金属物品，如枪支、管制刀具等违禁物品，因为安检门已事先根据金属违禁物品的重量、数量或形状预先设定好了参数。当被检查人员从安检门通过时，人身体上所携带的金属违禁物品超过安检门设置的总量时，安检门即刻报警，并显示造成报警的金属所在区位，便于安检人员及时发现该人所随身携带的金属物品。

8. 信号屏蔽系统

中国少年儿童科技培训基地剧场内需安装手机信号屏蔽器。随着现代通信技术的高速发展，移动电话的使用已广为普及，移动电话通信在给人们方便的同时，也给通信安全保密工作提出了新的挑战。当然，更主要的是减少场地内因为使用手机通话而对周围环境形成干扰而影响正在进行的活动。

加强型手机信号屏蔽器根据市场的需求采用了特殊的先进技术，处于工作状态时能在指定的范围内自动形成屏蔽磁场，使手机无法打出、接入，从而达到强制性禁用手机的目的。本项目手机信号屏蔽器仅对手机通信信号产生作用，对其他电子设备无干扰。

（1）本项目中手机信号屏蔽器应用场所

视听场景：演艺中心，它能在半径 20m 范围（50~250m^2，视现场工作环境信号强度而定）。

（2）工作原理

在一定的频率范围内，手机和基站通过无线电波联接起来，以一定的波特率和调制方式完成数据和声音的传输，屏蔽器在工作过程中以一定的速度从前向信道的低端频率向高端扫描，该扫描速度可以在手机接收报文信号中形成乱码干扰，手机不能检测出从基站发出的正常数据，使手机不能与基站建立联接，达到屏蔽手机信号的目的，手机表现为"搜索网络、无信号、无服务系统"等现象。

（3）大功率手机屏蔽器使用方法

1）选择需要屏蔽手机信号的区域，将切断器置于此区域的桌面上或墙壁上。

2）安装完成后接通切断器电源，打开电源开关。

3）设备连接完毕后，按下电源开关，切断器即可工作。此时现场所有开启的手机处于搜索网络状态，失去基站信号，主被叫均无法建立通话联系。

这几个系统恰恰是整个信息化支撑系统的心脏与灵魂，其重要性不言而喻。联通数字科技有限公司依托同类项目经验，采用一系列的施工管理方法以及技术保障措施，为客户筑建高质量的放心工程。

第9章 国内外装配式建筑智能化相关标准及标准化工作概况

在全球化背景下，标准日益成为促进全球经贸、技术、环境、社会等可持续发展的重要支撑。当前中国经济正走在高质量发展的道路上，人民向往更高品质、更加美好的生活，必须坚持以习近平新时代中国特色社会主义思想为指导，深入实施标准化战略，健全高水平标准体系，深化标准化工作改革，提升标准国际化水平，为全面提高经济发展质量、人民生活质量提供有力支撑。

智能制造是一个生产系统，从需求、设计、生产到服务全覆盖，标准是智能制造持续发展的根基，在整个智能制造推进过程中，标准化是不可或缺的。

9.1 国内相关标准及标准化工作概况

9.1.1 装配式建筑智能化国内相关标准和图集

1. 现行装配式建筑相关标准和图集（表9-1）

现行装配式建筑相关标准和图集 表9-1

标准/图集编号	标准/图集名称
GB/T 51231—2016	装配式预应力混凝土叠合板
GB/T 51232—2016	装配式钢结构建筑技术标准
GB/T 51233—2016	装配式木结构建筑技术标准
DB21/T 1868—2010	装配整体式混凝土结构技术规程（暂行）
DBJT 25—125—2011	预制带肋底板混凝土叠合楼板图集
DB21/T 1872—2011	预制混凝土构件制作与验收规程（暂行）
DB21/T 1924—2011	装配整体式混凝土结构技术规程（暂行）
DB21/T 1893—2011	装配式建筑全装修技术规程（暂行）
DGJ32/TJ 125—2011	装配整体式混凝土剪力墙结构技术规程
DBJT 25—125—2011	预制带肋底板混凝土叠合楼板图集
DB21/T 1925—2011	装配整体式建筑设备与电气技术规程（暂行）
DB21/T 2000—2012	装配整体式剪力墙结构设计规程（暂行）
DB11T/970—2013	装配式剪力墙住宅建筑设计规程
DB11/1003—2013	装配式剪力墙住宅结构设计规程

续表

标准 / 图集编号	标准 / 图集名称
DB11/T 968—2013	预制混凝土构件质量检验标准
DB11T/1030—2013	装配式混凝土结构工程施工与质量验收规程
DBJ43/T 301—2013	混凝土叠合楼盖装配整体式建筑技术规程
DBJ/T 08—116—2013	装配整体式混凝土住宅构造节点图集
DB37/T 5018—2014	装配整体式混凝土结构设计规程
DB37/T 5019—2014	装配整体式混凝土结构工程施工与质量验收规程
DB37/T 5020—2014	装配整体式混凝土结构工程预制构件制作与验收规程
DBJ51/T 054—2015	装配式混凝土结构工程施工与质量验收规程
DBJ51/T 038—2015	四川省装配整体式住宅建筑设计规程
DBJ 13—216—2015	预制装配式混凝土结构技术规程
DB43/T—1009—2015	装配式钢结构集成部品撑柱
DBJ43/T 311—2015	装配式斜支撑节点钢结构技术规程
DB43/T 995—2015	装配式钢结构集成部品 主板
DBJ 15—107—2016	装配式混凝土建筑结构技术规程
DBJ43/T 332—2018	湖南省绿色装配式建筑评价标准
DG/TJ 08—2266—2018	装配整体式叠合剪力墙结构技术规程
DBJ43/T 332—2018	湖南省绿色装配式建筑评价标准
DB4401/T 16—2019	装配式混凝土结构工程施工与质量验收规程
JGJ 224—2010	预制预应力混凝土装配整体式框架结构技术规程
SJG 24—2012	预制装配钢筋混凝土外墙技术规程
JGJ 1—2014	装配式混凝土结构技术规程
JGJ 355—2015	钢筋套筒灌浆连接应用技术规程
DG/TJ 08—2198—2016	工业化住宅建筑评价标准
DGJ32/J 54—2016	施工现场装配式轻钢结构活动板房技术规程
JGJ 107—2016	钢筋机械连接技术规程
DGJ32/J 54—2016	施工现场装配式轻钢结构活动板房技术规程
JGJ/T 400—2017	装配式劲性柱混合梁框架结构技术规程
DG/TJ 08—2266—2018	装配整体式叠合剪力墙结构技术规程
T/SCQA 103—2019	装配式建筑预制混凝土构件
T/SCQA 102—2019	装配式建筑预制混凝土构件企业生产管理规程
T/SCQA 101—2019	装配式建筑预制构件产品检验规程
T/LESC 003—2019	装配式建筑工程技术资料管理规程
T/ZZXJX 013—2020	装配式建筑集成式卫生间应用技术规程

续表

标准 / 图集编号	标准 / 图集名称
T/ZZXJX 011—2020	装配式建筑集成式厨房应用技术规程
T/ZZB 1967—2020	免焊装配式建筑幕墙支承结构
T/ZS 166—2020	装配式建筑产业工人培训基地建设标准
T/CECS 784—2020	装配式建筑用门窗技术规程
T/ZS 0145—2020	职业技能标准装配式建筑施工员
T/CBMF 86—2020	装配式建筑用轻质隔墙板
T/BCMA 003—2021	装配式建筑预制混凝土构件生产企业质量保证能力评估标准
T/CBCA 009—2021	装配式建筑用预制混凝土构件质量验收规程
T/HNCAA 024—2021	河南省装配式建筑部品部件检测技术规程
T/BCMA 003—2021	装配式建筑预制混凝土构件生产企业质量保证能力评估标准
T/CBCA 009—2021	装配式建筑用预制混凝土构件质量验收规程
15J939—1	装配式混凝土结构住宅建筑设计示例（剪力墙结构）
15G107—1	装配式混凝土结构表示方法及示例（剪力墙结构）
15G365—1	预制混凝土剪力墙外墙板
15G365—2	预制混凝土剪力墙内墙板
15G366—1	桁架钢筋混凝土叠合板（60mm 厚底板）
15G367—1	预制钢筋混凝土板式楼梯
15G310—1	装配式混凝土结构连接节点构造（楼盖结构和楼梯）
15G310—2	装配式混凝土结构连接节点构造（剪力墙结构）
15G368—1	预制钢筋混凝土阳台板、空调板及女儿墙
G 26 — 2015	预制装配式住宅楼梯设计图集

2. 现行智能建筑相关标准和图集（表9-2）

现行智能建筑相关标准和图集　　　　表 9-2

标准 / 图集编号	标准 / 图集名称
GB 50606—2010	智能建筑工程施工规范
GB 50339—2013	智能建筑工程质量验收规范
GB 50314—2015	智能建筑设计标准
DB32/T 1198—2008	智能建筑防雷设计规范
DB21/T 1341—2017	智能建筑工程施工质量验收实施细则
DBJ/T 61—42—2016	智能建筑工程施工工艺标准
DG/TJ 08—19601—2001	智能建筑施工及验收规程（附条文说明）
DG/TJ 08—19602—2001	智能建筑评估标准（附条文说明）

续表

标准／图集编号	标准／图集名称
DG/TJ 08—601—2001	智能建筑施工及验收规程（附条文说明）
QX/T 331—2016	智能建筑防雷设计规范
DB21/T 1341—2017	智能建筑工程施工质量验收实施细则
ZJQ08—SGJB 339—2017	智能建筑工程施工技术标准
JGJ/T 454—2019	智能建筑工程质量检测标准
CECS 182—2005	智能建筑工程检测规程
T/CECA 20003—2019	智能建筑工程设计通则
09X700（上）	智能建筑弱电工程设计与施工［上册］
09X700（下）	智能建筑弱电工程设计与施工［下册］

3. 现行智慧园区相关标准（表 9-3）

现行智慧园区相关标准 表 9-3

标准编号	标准名称
DB31/T 747—2013	智慧园区建设与管理通用规范
DB37/T 2657—2015	智慧园区建设与管理通用规范
DB5101/T 29—2018	成都市智慧园区建设与管理通用规范
T/GZSMARTS 1—2018	智慧园区设计规范
T/GZSMARTS 2—2018	智慧园区建设与验收技术规范
DB4403/T 43—2020	公安系统智慧园区建设导则
DB44/T 2228—2020	智慧园区设计、建设与验收技术规范

4. 现行智慧社区相关标准（表 9-4）

现行智慧社区相关标准 表 9-4

标准编号	标准名称
DB42/T 1226—2016	智慧社区 智慧家庭设施设备通用规范
DB42/T 1320—2017	智慧社区 智慧家庭业务接入管理通用规范
DB42/T 1499—2019	智慧社区 智慧家庭入户设备通信及控制总线通用技术要求
DB3301/T 0291—2019	智慧社区综合信息服务平台管理规范
DB34/T 3506—2019	智慧社区 建设指南
DB42/T 1500—2019	智慧社区 智慧家庭住租混合型小区安全防范系统通用技术要求
DB13/T 5196—2020	智慧社区评价指南
DB34/T 3699—2020	智慧社区公共安全 安全技术防范建设规范

标准编号	标准名称
DB42/T 1554—2020	智慧社区工程设计与验收规范
DB42/T 1570—2020	智慧社区智慧家庭设备设施编码规则
DB37/T 3890.3—2020	新型智慧城市建设指标 第 3 部分：智慧社区指标
DB34/T 3820—2021	智慧社区 公共安全数据采集规范
DB34/T 3821—2021	智慧社区 公共安全数据交换与共享
T/CRECC 07—2020	智慧社区信息模型标准
T/CESA 1133—2021	物联网 智慧社区基础数据采集
T/CESA 1133—2021	物联网 智慧社区基础数据采集

5. 智慧城市相关标准（表 9-5）

现行智慧城市相关标准　　　　　　　　　　表 9-5

标准编号	标准名称
GB/T 33356—2016	新型智慧城市评价指标
GB/T 33356—2016E	新型智慧城市评价指标（英文版）
GB/T 34678—2017	智慧城市技术参考模型
GB/T 34680.1—2017	智慧城市评价模型及基础评价指标体系第 1 部分：总体框架及分项评价指标制定的要求
GB/T 34680.3—2017	智慧城市评价模型及基础评价指标体系第 3 部分：信息资源
GB/T 35775—2017	智慧城市时空基础设施 评价指标体系
GB/T 35776—2017	智慧城市时空基础设施 基本规定
GB/T 34680.4—2018	智慧城市评价模型及基础评价指标体系 第 4 部分：建设管理
GB/T 36332—2018	智慧城市 领域知识模型 核心概念模型
GB/T 36333—2018	智慧城市 顶层设计指南
GB/T 36334—2018	智慧城市 软件服务预算管理规范
GB/T 36445—2018	智慧城市 SOA 标准应用指南
GB/T 36620—2018	面向智慧城市的物联网技术应用指南
GB/T 36621—2018	智慧城市 信息技术运营指南
GB/T 36622.1—2018	智慧城市 公共信息与服务支撑平台 第 1 部分：总体要求
GB/T 37043—2018	智慧城市 术语
GB/T 37971—2019	信息安全技术 智慧城市安全体系框架
GB/T 38237—2019	智慧城市 建筑及居住区综合服务平台通用技术要求
GB/Z 38649—2020	信息安全技术 智慧城市建设信息安全保障指南
GB/T 34680.2—2021	智慧城市评价模型及基础评价指标体系 第 2 部分：信息基础设施

标准编号	标准名称
GB/T 36625.3—2021	智慧城市 数据融合 第3部分：数据采集规范
GB/T 36625.4—2021	智慧城市 数据融合 第4部分：开放共享要求
GB/T 40028.2—2021	智慧城市 智慧医疗 第2部分：移动健康
DB21/T 2551.1—2015	智慧城市 第1部分：总体框架
DB21/T 2551.2—2015	智慧城市 第2部分：建设指南
DB21/T 2551.3—2015	智慧城市 第3部分：运营管理
DB21/T 2551.4—2015	智慧城市 第4部分：评价指标体系
DB41/T 1339—2016	智慧城市信息安全建设指南
DB41/T 1339—2016	智慧城市信息安全建设指南
DB21/T 2919—2018	智慧城市标准体系框架
DB5101/T 13—2018	成都市智慧城市市政设施 城市道路桥梁基础数据规范
DB5101/T 14—2018	成都市智慧城市市政设施 城市照明基础数据规范
DB23/T 2515—2019	智慧城市建设总体架构
DB23/T 2540—2019	智慧城市建设项目可行性研究报告
DB23/T 2541—2019	智慧城市建设指南
DB34/T 3432—2019	智慧城市网格化综合管理巡查规范
DB34/T 3496—2019	智慧城市 电子证照应用规范
DB23/T 2575—2020	智慧城市建设运营管理与运行维护
DB23/T 2703—2020	智慧城市建设工程监理规范
DB3401/T 208—2020	智慧城市泊车车位编码与应用系统功能要求
DB37/T 3890.1—2020	新型智慧城市建设指标 第1部分：市级指标
DB37/T 3890.2—2020	新型智慧城市建设指标 第2部分：县级指标
DB37/T 3890.3—2020	新型智慧城市建设指标 第3部分：智慧社区指标
DB34/T 3681—2020	智慧城市 政务云机房迁入管理规范
DB34/T 3682—2020	智慧城市 政务信息资源安全管理规范
DB5101/T 66—2020	成都市智慧城市市政设施 城市环境卫生基础数据规范
DB1403/T 5—2020	新型智慧城市创建要求
YDB 134—2013	智慧城市总体框架和技术要求
YDB 145—2014	智慧城市信息交互技术要求
YD/T 3473—2019	智慧城市 敏感信息定义及分类
YD/T 3533—2019	智慧城市数据开放共享的总体架构
T/CCSA 206—2018	智慧城市 标准化导则
T/CCSA 207—2018	智慧城市 术语和定义
T/CCSA 208—2018	智慧城市 ICT架构与参考模型

9.1.2　装配式建筑领域智能化工作开展示例——中国城市科学研究会

中国城市科学研究会（英文名称为 Chinese Society for Urban Studies，缩写为 CSUS）是由全国从事城市科学研究的专家、学者、实际工作者和城市社会、经济、文化、环境，城市规划、建设、管理有关部门及科研、教育、企业等单位自愿组成，依法登记成立的全国性、公益性、学术性法人社团，是发展我国城市科学研究科技事业的重要社会力量。该学会在推动标准化发展中起到了关键作用，下面将以中国城市科学研究会为例，详细说明社会团体在标准制定与标准国际化等方向的工作内容。

中国城市科学研究会整合清华大学、北京大学、中国科学院、中国建筑科学研究院、住房和城乡建设部科技与产业化发展中心、住房和城乡建设部城乡规划管理中心、德国能源署、法国开发署等多个单位，开展了多项装配式建筑领域的研究工作，为国际装配式标准研究工作提供全方位的研究和技术支持。标准研究方面，中国城市科学研究会主导了多项国家标准、行业标准和团体标准；于 2018 年设立标准秘书处，正式启动团体标准工作。在装配式建筑领域智能化工作中取得多项成果，相关标准化经验如下：

1. 标准化经验——国家标准（表 9-6）

中国城市科学研究会参与相关国家标准　　　　表 9-6

标准	标准号
新型城镇化 品质城市评价指标体系	GB/T 39497—2020
城市可持续发展 城市服务和生活品质的指标	GB/T 36749—2018
新型智慧城市评价指标	GB/T 33356—2016
智慧城市 数据融合 第 3 部分：数据采集规范	GB/T36625.3—2021
智慧城市 公共信息与服务支撑平台 第 2 部分：目录管理与服务要求	GB/T 36622.2—2018
绿色生态城区评价标准	GB/T51255—2017
绿色工业建筑评价标准	GB/T50878—2013
绿色建筑评价标准	GB/T 50378—2019
绿色商店建筑评价标准	GB/T51100—2015
节能建筑评价标准	GB/T 50668—2011

2. 标准化经验——行业标准（表9-7）

中国城市科学研究会参与相关行业标准	表9-7
标准	标准号
绿色建筑运行维护技术规范	JGJ/T 391—2016
绿色铁路客站评价标准	TB/T 10429—2014

3. 标准化经验——团体标准（表9-8）

中国城市科学研究会参与相关团体标准	表9-8
标准	标准号
智慧城市轨道交通信息技术架构及网络安全系统工程质量验收规范	T/CSUS 36—2021
既有住区全龄化配套设施更新技术导则	T/CSUS 19—2021
城市轨道交通工程管线综合信息模型设计标准	T/CSUS 20—2021
北方严寒和寒冷地区城镇居住建筑绿色设计导则	T/CSUS 11—2021
不锈钢芯板建筑结构技术标准	T/CSUS 14—2021
装配式集成给水系统管道工程技术标准	T/CSUS 12—2021
可拆装低层装配式钢结构建筑技术标准	T/CSUS 05—2020
装配式磷石膏隔墙体技术标准	T/CSUS 04—2020
石木塑地板应用技术标准	T/CSUS 03—2020
既有居住建筑外加装配式电梯工程技术标准	T/CSUS 06—2019
大跨度预应力空心板建筑工程应用技术标准	T/CSUS05—2019
医疗建筑集成化装配式内装修技术标准	T/CSUS 03—2019
装配式轻型钢结构工业厂房技术标准	T/CSUS 01—2019

9.2 国际相关标准及标准化工作概况

9.2.1 装配式建筑智能化相关国际标准（表9-9）

国际现行装配式建筑智能化相关标准	表9-9
标准编号	标准名称
ISO 7729：1985	typical vertical joints between two prefabricated ordinary concrete external wall components–properties, characteristics and classification criteria
ISO 7728：1985	typical horizontal joints between an external wall of prefabricated ordinary concrete components and a concrete floor–properties. Characteristics and classification criteria
ISO 7845：1985	Horizontal Joints Between Load–Bearing Walls And Concrete Floors–Laboratory Mechanical Tests–Effect Of Vertical Loading And Of Moments Transmitted By The Floors

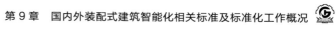

续表

标准编号	标准名称
ISO 7437：1990	Technical Drawings–Construction Drawings–General Rules For Execution Of Production Drawings For Prefabricated Structural Components
ISO 4172：1991	technical drawings–construction drawings–drawings for the assembly of prefabricated structures
ISO 12006-3：2007	Building construction–Organization of information about construction works–Part 3: Framework for object-oriented information
ISO 22263：2008	Organization of information about construction works–Framework for management of project information
ISO 22966：2009	Execution Of Concrete Structures
ISO/TS 12911：2012	Framework for building information modelling（BIM）guidance
ISO 29481-2：2012	Building information models–Information delivery manual–Part 2: Interaction framework
ISO 16354：2013	Guidelines for knowledge libraries and object libraries
ISO 16757-1：2015	Data structures for electronic product catalogues for building services–Part 1: Concepts, architecture and model
ISO 12006-2：2015	Building construction–Organization of information about construction works–Part 2: Framework for classification
ISO 16757-2：2016	Data structures for electronic product catalogues for building services–Part 2: Geometry
ISO 29481-1：2016	Building information models–Information delivery manual–Part 1: Methodology and format
ISO 37153：2017	Smart community infrastructures–Maturity model for assessment and improvement
ISO 16739-1：2018	Industry Foundation Classes（IFC）for data sharing in the construction and facility management industries–Part 1: Data schema
ISO 19650-1：2018	Organization and digitization of information about buildings and civil engineering works, including building information modelling（BIM）– Information management using building information modelling–Part 1: Concepts and principles
ISO 19650-2：2018	Organization and digitization of information about buildings and civil engineering works, including building information modelling（BIM）– Information management using building information modelling–Part 2: Delivery phase of the assets
ISO 37155-1：2020	Framework for integration and operation of smart community infrastructures–Part 1: Recommendations for considering opportunities and challenges from interactions in smart community infrastructures from relevant aspects through the life cycle

标准编号	标准名称
ISO 37156：2020	Smart community infrastructures–Guidelines on data exchange and sharing for smart community infrastructures
ISO 19650–3：2020	Organization and digitization of information about buildings and civil engineering works, including building information modelling（BIM）– Information management using building information modelling–Part 3: Operational phase of the assets
ISO 19650–5：2020	Organization and digitization of information about buildings and civil engineering works, including building information modelling（BIM）– Information management using building information modelling–Part 5: Security-minded approach to information management
ISO 21597–1：2020	Information container for linked document delivery– Exchange specification–Part 1: Container
ISO 23386：2020	Building information modelling and other digital processes used in construction–Methodology to describe, author and maintain properties in interconnected data dictionaries
ISO 23387：2020	Building information modelling（BIM）– Data templates for construction objects used in the life cycle of built assets– Concepts and principles
ISO 37155–2：2021	Framework for integration and operation of smart community infrastructures–Part 2: Holistic approach and the strategy for development, operation and maintenance of smart community infrastructures
ISO/TR 23262：2021	GIS（geospatial）/ BIM interoperability
ISO 37166：2022	Smart community infrastructures–Urban data integration framework for smart city planning（SCP）

9.2.2 国际相关标准化组织概况

1. 国际标准化组织（ISO）

国际标准化组织，英文全称 International Organization for Standardization，成立于 1947 年，前身为国家标准化协会国际联合会（ISA）和联合国标准协调委员会（UNSCC），是世界最大的非政府性标准化专门机构。由全体大会、理事会、技术委员会和技术处组成，总部设在瑞士的日内瓦。制订的标准用英文和法文出版，每 5 年复审一次，标准的平均龄期为 4.92 年。

（1）ISO/TC 59 Buildings and civil engineering works

ISO/TC 59 建筑和土木工程技术委员会成立于 1947 年，是一个负责发展对全行业有用标准的技术委员会。ISO/TC 59 从初期重点从事房屋接缝、模数协调、尺寸协调，逐步转向量测方法、公差和配合、房屋功能、用户要求等标准，发展到近年来的建筑设计寿命、耐久性、建筑环境、装配式建筑、建筑信息模型和建筑可持续发展等方面的标准编制。

下设分委会包括：

- ISO/ TC 59 /SC 2 Terminology and harmonization of languages
- ISO/ TC 59 /SC 8 Sealants
- ISO/ TC 59 /SC 13 Organization and digitization of information about buildings and civil engineering works, including building information modelling（BIM）
- ISO/ TC 59 /SC 14 Design life
- ISO/ TC 59 /SC 15 Framework for the description of housing performance
- ISO/ TC 59 / SC 16 Accessibility and usability of the built environment
- ISO/ TC 59 /SC 17 Sustainability in buildings and civil engineering works
- ISO/ TC 59 /SC 18 Construction procurement
- ISO/ TC 59 /SC 19 Prefabricated building

其中分委会 SC 13 与 SC 19 相关性较强：

1）ISO/TC 59/SC 13——Organization and digitization of information about buildings and civil engineering works, including building information modelling（BIM）

ISO/TC 59/SC 13 作为建筑领域与数字化最直接相关的一个组织，基本担负起了 ISO 建筑行业在数字化标准转型方面的基础性研究工作，从工作范围来看，SC 13 专注于建筑和基础设施的全生命周期的信息交互、信息处理和面向对象的信息交换等。

2）ISO/TC 59/SC 19——Prefabricated building

装配式建筑分委员会（ISO/TC 59/SC 19）于 2021 年 4 月成立，通过国际标准组织（ISO）全球成员共同努力，从装配式建筑的设计、装配式建筑的材料质量、装配式建筑构件和部件的加工质量、装配式建筑的施工质量等多方面制订高质量的装配式建筑标准，可有效解决当前装配式建筑标准存在的一系列问题，实现全球建筑装配式产品与技术的通用性和统一性，有效推广装配式相关的 ISO 标准在全球广泛使用。

（2）ISO/TC 268 Sustainable cities and communities

ISO/TC 268 是国际标准化组织 ISO 下属的城市可持续发展标准化技术委员会的代号，该委员会成立于 2012 年，旨在推进城市社会、环境、经济、文化、治理的全面、均衡、可持续发展。

下设分委会包括：

- ISO/TC 268/SC 1 Smart community infrastructures
- ISO/TC 268/SC 2 Sustainable cities and communities—Sustainable mobility and transportation

2. 国际电工委员会（IEC）

国际电工委员会，英文全称 Intornational Elactrotechnical Commission，成立于 1906 年，到 1947 年 ISO 成立，IEC 作为一个电工部门并入 ISO，但仍保持 IEC 的名称和工作程序。到 1976 年，ISO 与 IEC 再次达成新协议，规定 ISO 和 IEC 都是法律上独立的团体，是互为补充的国际标准化组织。IEC 负责电气工程和电子工程领域的标准化工作，其他领域则由 ISO 负责，两组织保持密切协作。其机构由理事会、执行委员会、中央办公室、咨询委员会和技术委员会与其分会组成，总部设在瑞士的日内瓦。制订的标准用英文发表。

附件

本章主要汇总装配式工业化建筑和信息智慧化等相关政策。在制造业转型和升级的前提条件下，建筑行业也在逐步转型，中央针对建筑工业化持续推出了一系列的政策，主要涉及的是装配式建筑，提高建造效率与质量，降低成本与控制风险，本章从国家层面和地方层面两个角度，收集装配式相关的政策，展示建筑工业化在整个建筑行业中的一个发展趋势。在全国各行各业推进信息化的背景下，工业化建筑智慧化是信息化的一部分，国家也给予了政策支持，在信息智慧化方面本章收集我国就国家信息化发展的重要政策。

附件 1　装配式建筑政策

制造业转型升级大背景下，中央层面持续出台相关政策推进装配式建筑发展。2016 年 9 月 14 日，李克强总理主持召开国务院常务会议，决定大力发展钢结构等装配式建筑，推动产业结构调整升级。

此后在《关于大力发展装配式建筑的指导意见》《国务院办公厅关于促进建筑业持续健康发展的意见》等多个政策中明确提出"力争用 10 年左右时间使装配式建筑占新建建筑的比例达到 30%"的具体目标。

2016 年 9 月 27 日，国务院办公厅发布《关于大力发展装配式建筑的指导意见》，提出要以京津冀、长三角、珠三角三大城市群为重点推进地区，常住人口超过 300 万的其他城市为积极推进地区，其余城市为鼓励推进地区，因地制宜发展装配式钢结构等装配式建筑，标志着装配式建筑正式上升到国家战略层面。

2021 年 5 月，住房和城乡建设部等 15 部门印发《关于加强县城绿色低碳建设的意见》明确：县城新建建筑要落实基本级绿色建筑要求，鼓励发展星级绿色建筑。加快推行绿色建筑和建筑节能节水标准，加强设计、施工和运行管理，不断提高新建建筑中绿色建筑的比例。推广应用绿色建材，发展装配式钢结构等新型建造方式，全面推行绿色施工。提升县城能源使用效率，大力发展适应当地资源禀赋和需求的可再生能源。

本书对 2016—2021 年装配式建筑重点支持政策汇总如附表 1 所示。

2016—2021 年装配式建筑重点支持政策汇总　　　　附表 1

日期	部门	政策	相关内容
2016 年 2 月	国务院	《关于进一步加强城市规划建设管理工作的若干意见》	建设国家级装配式建筑生产基地，力争用 10 年时间使装配式建筑占新建建筑的比例达到 30%
2016 年 8 月	住房和城乡建设部	《2016—2020 年建筑业信息化发展纲要》	加强信息化技术在装配式建筑中的应用
2016 年 9 月	国务院	《关于大力发展装配式建筑的指导意见》	以京津冀、长三角、珠三角城市群为重点推进区，常住人口超 300 万的其他城市为积极推进区，其余城市为鼓励推进区，发展装配式建筑。力争 10 年左右使装配式建筑在新建建筑面积中占比达 30%。推广绿色建材并提高其在装配式建筑中的应用比例，强制淘汰不符合节能环保要求、质量性能差的建材
2016 年 10 月	工信部	《建材工业发展规划（2016—2020 年）》	绿色建材主营业务收入在建筑业用产品中占比由 2015 年的 10% 提升至 2020 年的 30%
2017 年 3 月	住房和城乡建设部	《"十三五"装配式建筑行动方案》《装配式建筑示范城市管理办法》《装配式建筑产业基地管理办法》	进一步明确阶段性工作目标，落实重点任务，强化保障措施
2017 年 5 月	住房和城乡建设部	《建筑业发展"十三五"规划》	到 2020 年，城镇绿色建筑占新建建筑比重达到 50%，新开工全装修成品住宅面积达到 30%，绿色建材应用比例达到 40%，装配式建筑面积占新建建筑面积比例达到 15%
2017 年 5 月	国务院	《"十三五"节能减排综合工作方案》	到 2020 年，城镇绿色建筑面积占新建建筑面积比重提高到 50%。实施绿色建筑全产业链发展计划，推行绿色施工方式，推广节能绿色建材、装配式和钢结构建筑
2020 年 8 月	住房和城乡建设部	《关于加快新型建筑工业化发展的若干意见》	推进标准化设计，推广装配式建筑体系；推广应用绿色建材，逐步提高城镇新建建筑中绿色建材应用比例；推进装配化装修方式在商品住房项目中的应用，推广管线分离、一体化装修技术，推广集成化模块化建筑部品
2021 年	住房和城乡建设部	《关于加强县城绿色低碳建设的意见》	推广应用绿色建材，发展装配式钢结构等新型建造方式，全面推行绿色施工。提升县城能源使用效率，大力发展适应当地资源禀赋和需求的可再生能源

中国共产党第十九次全国代表大会报告中提出四大举措，其中首先是要"推进绿色发展"，装配式建筑作为绿色建筑重要组成部分，装配式建筑的推广是推进绿色发展的一个重要途径。2016年以来，中央和地方政府集中出台了一系列发展装配式建筑的相关政策，营造了全面推进装配式建筑发展的政策环境氛围，详细内容见附表1。

经过多年研究和努力，随着科研投入的不断加大和试点项目的推广，我国装配式建筑技术体系逐步完善，相关标准规范陆续出台。

2014年、2015年间出台了《装配式混凝土结构技术规程》《装配整体式混凝土结构技术导则》《工业化建筑评价标准》等标准规范。2017年初，住房和城乡建设部集中出台了《装配式混凝土建筑技术规范》《装配式木结构建筑技术规范》《装配式钢结构建筑技术规范》三本技术标准，并于2017年6月1日起实施。《装配式建筑评价标准》2017年12月12日批准，2018年2月1日施行。这些技术政策的出台，标志着我国装配式建筑标准体系已初步建立，为装配式建筑发展提供了坚实的技术保障。

附件1.1 北京市装配式建筑政策梳理

1.《关于推进本市住宅产业化的指导意见》（京建发〔2010〕125号）

北京市于2010年4月8日颁布《关于推进本市住宅产业化的指导意见》京建发〔2010〕125号，明确"人文住宅、科技住宅、绿色住宅"的发展目标，倡导转变经济发展方式和建设资源节约型、环境友好型社会。

2.《关于在保障性住房建设中推进住宅产业化工作任务的通知》

2015年10月，北京市发布了《关于在保障性住房建设中推进住宅产业化工作任务的通知》，并同步出台了《关于实施保障性住房全装修成品交房若干规定的通知》京建发〔2015〕18号。从2015年10月31日起，凡新纳入北京市保障房年度建设计划的项目（含自住型商品住房）全面推行全装修成品交房。

3.《关于加快发展装配式建筑的实施意见》（京政办发〔2017〕8号）

2017年2月22日颁布《关于加快发展装配式建筑的实施意见》京政办发〔2017〕8号，明确指出作为装配式建筑的重点推进区域之一，到2020年实现装配式建筑占新建建筑的比例达到30%以上的目标，使装配式建筑建造方式成为北京市重要建造方式之一。在保障性住房和政府投资新建建筑中全面采用装配式建筑。此外，通过招拍挂方式取得本市城六区和通州区地上建筑规模5万平方米（含）以上的国有土地使用权的商品房开发项目全部采用装配式建筑；在其他各区及北京经济技术开发区取得的地上建筑规模10万平方米（含）以上的国有土地使用权的商品房开发项目全部采用装配式建筑。

4.《北京市"十四五"时期智慧城市发展行动纲要》

扫码看《北京市"十四五"时期智慧城市发展行动纲要》

附件1.2　上海市装配式建筑政策梳理

上海市于2014年6月17日颁布《上海市绿色建筑发展三年行动计划（2014—2016）》沪府办发〔2014〕32号，初步形成有效推进本市建筑绿色化的发展体系和技术路线，实现从建筑节能到绿色建筑的跨越式发展。并于2015年6月16日印发《关于进一步强化绿色建筑发展推进力度提升建筑性能的若干规定》沪建管联（2015）417号，进一步加强绿色建筑、装配式建筑发展，全面提升建筑质量。

2016年9月13日上海市出台《上海市装配式建筑2016—2020年发展规划》，明确指出到2020年，装配式建筑要成为上海地区主要建设模式之一，建筑品质全面提升，节能减排、绿色发展成效显著，创新能力大幅提升，形成较为完善的装配式建筑产业体系。具体建设目标为"十三五"期间，全市符合条件的新建建筑原则上全部采用装配式建筑。全市装配式建筑的单体预制率达到40%以上或装配率达到60%以上。外环线以内采用装配式建筑的新建商品住宅、公租房和廉租房项目100%采用全装修，实现同步装修和装修部品构配件预制化。实现上海地区装配式建筑工厂化流水线年产能不小于500万 m^2，建设成为国家住宅产业现代化综合示范城市。

2019年7月8日，由上海市住房和城乡建设管理委员会公开发布《上海市装配式建筑单体预制率和装配率计算细则（征求意见稿）》（以下简称"新细则意见稿"）。相对于"原细则601号文"，"新细则意见稿"由"一般规定"篇、"建筑单体预制率计算"篇和"建筑单体装配率计算"篇3部分内容组成。其主要变化或调整，简要概括如下：

（1）适用范围新增了"框架—支撑"结构体系，使得计算细则的考虑范围更为广泛、全面和严谨，尤其是当结构采用普通支撑或耗能支撑等新技术时；

（2）新增了"单体建筑采用不同的结构体系（类型）或复杂的结构体系时应分区计算再加权平均"的计算原则，明确了单体建筑结构分缝、分区段或分体系时的处理方法；

（3）新增并前置强调了"预制梁与预制柱之间的结合部位以及预制梁端（梁

身）可计入预制构件的后浇混凝土部分"的条款及适用范围。

附件 1.3　重庆市装配式建筑政策

重庆市住房和城乡建设委 2021 年建设科技与对外合作工作要点：

2021 年，市建设科技与对外合作工作要全面贯彻党的十九届五中全会和市委五届九次全会精神，认真落实成渝地区双城经济圈建设要求，准确把握进入新发展阶段、贯彻新发展理念、构建新发展格局要求，坚持创新发展绿色发展高质量发展，按照《重庆市推进建筑产业现代化促进建筑业高质量发展若干政策措施》要求，以科技创新为引领，大力推进建筑产业现代化，促进建筑业转型升级发展。

一、推进建筑产业现代化

以发展装配式建筑为重点加快推进建筑产业现代化，推动建造水平和建筑品质提升，促进建筑业转型升级和高质量发展。一是全力推动项目落地。以中心城区、都市新区为重点，加大监督考核力度，严格用地、立项、设计等环节装配式建筑实施要求，强化项目落地实施，全年新开工装配式建筑 1500 万 m^2 以上。出台市政工程工业化建造行动方案，推动市政工程工业化建造。二是严格项目建设监管。编制装配式建筑设计审查要点，按照《重庆市装配式建筑项目建设管理办法（试行）》要求，发布部品部件生产企业目录，完善预制构件驻厂监造和进场验收制度，加强装配式建筑设计、生产、施工、验收全流程监管。三是推动建造品质提升。以发展装配式建筑为契机，引导发展成品住宅，提升智能化居住体验，解决住宅常见质量问题。建立工业化装修政策体系、标准体系、技术体系和产品体系，推动工业化装修技术应用。四是全面提升实施水平。坚持"效率效益最大化、不为装配而装配"，按照"先水平、后竖向，先非承重、后承重"的原则，推广安全、经济、适用、稳定的装配式建筑技术体系。推动集成化标准化设计，加快形成标准化、模数化、通用化的部品部件供应体系。加强产业工人培育和技术、管理人员培训，推动智能建造和建筑工业化深度融合，提升工程实施效益和质量安全水平。五是切实抓好政策落地。完善技术复杂装配式建筑认定制度，落实好装配式建筑西部大开发所得税等税收优惠，支持装配式建筑享受商品房提前预售、资金监管额度下浮等政策。修订建筑产业现代化示范工程补助资金管理办法，积极发挥财政资金的撬动作用。六是加强现代建筑产业培育。修订重庆市现代建筑产业发展规划，提高装配式建筑产业基地认定标准，高标准打造现代建筑产业体系，全年实现产值 1000 亿元以上。建立部品部件供需信息发布平台，积极利用产业政策，引导形成"区域布局合理、总体供需平衡"产业布局，防止局部区域产能过剩和市场恶性竞争。

二、加快行业数字化转型

认真落实《关于推进智能建造的实施意见》，以工程项目建设各环节数字化为重点，协同发展智能建造与建筑工业化，推进数字经济与建筑业融合发展。一是加强智能建造技术集成创新。构建先进适用的智能建造和建筑工业化标准体系，统一发布相关平台数据接口标准，推动智能建造基础共性技术和关键核心技术研发。二是大力实施工程项目数字化建造。扩大建筑信息模型（BIM）技术应用范围，推行设计、施工等全过程 BIM 技术应用。加大智慧工地创建力度，全面推广一星级智慧工地。持续推动工程项目数字化建造试点，全年发展试点项目 100 个以上。组织实施好万科四季花城等住房城乡建设部智能建造试点项目。三是积极推广电子签名签章。上线住房城乡建设电子签名认证平台，以电子签名电子签章为基础，推动工程管理行为和施工作业行为数字化，实现数字城建档案交付。四是统筹推动"新城建"试点。制定《重庆市新型城市基础设施建设试点工作方案》，加快城市信息模型（CIM）基础平台建设，大力发展基础设施物联网，统筹推动智能化市政基础设施、智慧社区、智能建造等项目实施。五是加快培育智能建造产业。大力发展建筑业互联网平台，向社会广泛征集智能建造技术产品并大力推广，打造两江新区、重庆高新区、重庆经开区、万盛经开区、垫江县智能建造重点示范区，培育智能建造产业生态。六是推进建筑业大数据应用。建立与大数据智能化发展相适应的工程项目管理制度和模式，推动智能建造数据向房屋管理领域延伸，推动行业数据、公共服务数据面向社会开展数据增值运营和行业应用。七是加快智慧住建二期建设。制定智慧住建项目管理办法，做好需求调研分析，优化升级智能建造、工程项目数字化等平台，加快档案管理、质量检测等系统开发，推动系统融合和业务数据交互共享。八是强化信息安全保障。做好全委软件正版化、信息系统等级保护测评等工作，出台网络安全管理办法，印发网络安全工作计划。

三、强化建设科技创新

深入落实标准化工作改革和科技体制创新要求，围绕住房城乡建设领域中心工作，持续推进科技创新，优化地方标准供给，加快推动行业技术进步。一是强化科技成果应用。编制发布《重庆市住房城乡建设"十四五"科技发展规划》，发挥重庆现代建筑产业发展研究院等机构的平台作用，扩宽科技成果宣传推广渠道，推动科技成果转化和产业孵化。提高行业科技创新的积极性，促进全行业加大研究与试验发展经费（R&D）投入。二是严格科技项目管理。修订《重庆市建设科技项目管理办法》，实行全过程信息化管理，进一步规范科技项目管理程序，对项目研究的时效性、先进性和经费使用的规范性加强管理，加大对失信行为的惩戒

力度。三是提高标准供给质量。优化工程建设地方标准体系结构，支持团体标准
发展。严格标准立项审查，建立标准滚动复审机制，加强标准应用情况评估，提
升标准的适应性、先进性、安全性、客观性。四是提升标准支撑能力。推动标准
信息向社会开放共享，加强标准宣贯培训，加强地方标准推广应用，推动成渝两
地地方标准互认，鼓励支持地方标准上升为行业标准和国家标准。

四、加强对外交流合作

进一步加强工作创新，完善工作制度，为行业企业对外交流合作提供更好服
务、更多支撑，促进行业对外开放合作水平提升。一是加强区域合作共享。举办
好首届川渝住房城乡建设博览会，组织参加中国国际智能产业博览会，展示我市
住房城乡建设重要成果，推动重大项目孵化和科技成果转化。举办建筑产业现代
化工程观摩和高端论坛，促进现代建筑产业良性发展。二是加强国际交流合作。
以区域全面经济伙伴关系协定（RCEP）签署为契机，与"一带一路"沿线国家
和相关国家加强交流合作，深入开展海外工程建设市场调研，为我市企业拓展海
外业务、参与国际化合作、申报国际建筑奖项等提供服务和支持。

附件 1.4　江苏省装配式建筑政策梳理

江苏省住房和城乡建设厅日前发布消息称，《江苏省建筑业"十四五"发展规
划》已经出炉，在总结"十三五"成绩的基础上，规划从发展思路、目标任务、
重大举措等方面，为未来 5 年江苏省如何进一步推进建筑业改革发展、建设更高
水平建筑强省明确了方向。

"'十四五'是江苏建筑业提质增效、实现建筑产业现代化和建设更高水平建
筑强省的重要时期。"江苏省住房和城乡建设厅相关负责人表示，长三角一体化、
粤港澳大湾区、京津冀协同发展、国家级自贸区建设成为市场新引擎，新基建、
新业态发展带来新动力，为江苏省建筑业转变发展方式、实现效益变革带来重大
利好。另外，城市更新与城镇老旧小区改造为建筑业提供了崭新空间。

规划明确了"十四五"建筑业发展三大目标：一是在原有基础上构建更高水
平的建筑强省、建筑强市、建筑强县、建筑强企的"四强"标杆和示范体系。具
体来看，在产业规模上，"十四五"期间，全省建筑业总产值占全国比例保持在
13% 以上，建筑业增加值占全省 GDP 保持在 6.5% 左右。到 2025 年，国际市场
营业额力争达到 120 亿美元，力争实现建筑产业产值超 5000 亿元建筑强市 4 个，
产值超千亿元的建筑强县（区）12 个。二是打造更高水平的"装配式建造、智能
建造、绿色建造、精益建造"的江苏建造"四造"体系。新开工装配式建筑占同
期新开工建筑面积比例达 50%，成品化住房占新建住宅的 70%，装配化装修占成
品住房的 30%，绿色建筑占新建建筑比例达 100%。到 2025 年，江苏省新建建

筑全面按超低能耗标准设计建造。三是在"建筑铁军"品牌建设上，江苏省将塑造以"履约诚信、文化传承、科技创新、价值追求"为核心的江苏建筑铁军"四核"品牌，"江苏建造"品牌价值将进一步凸显。

附件 1.5　国务院办公厅关于大力发展装配式建筑的指导意见（国办发〔2016〕71 号）

扫码看《国务院办公厅关于大力发展装配式建筑的指导意见》

附件 1.6　关于加快新型建筑工业化发展的若干意见（建标规〔2020〕8 号）

扫码看《关于加快新型建筑工业化发展的若干意见》

附件 2　建筑产业信息化相关政策

附件 2.1　《中华人民共和国国民经济和社会发展第十四个五年规划和 2035 年远景目标纲要》

扫码看《中华人民共和国国民经济和社会发展第十四个五年规划和 2035 年远景目标纲要》

附件 2.2 《2016—2020 年建筑业信息化发展纲要》

扫码看《2016—2020 年建筑业信息化发展纲要》

附件 2.3 《关于推动智能建造与建筑工业化协同发展的指导意见》（建市〔2020〕60 号）

扫码看《关于推动智能建造与建筑工业化协同发展的指导意见》

附件 2.4 《国家信息化发展战略纲要》

扫码看《国家信息化发展战略纲要》

附件 2.5 《国家智能制造标准体系建设指南（2021 版）》

扫码看《国家智能制造标准体系建设指南（2021 版）》

附件 3 《国家标准化发展纲要》

扫码看《国家标准化发展纲要》

参考文献

[1] 李立. 基于信息技术的建筑整体设计 [D]. 北京交通大学，2015.

[2] 钢结构设计规范，GB 50017—2011[S].

[3] 钢结构工程施工规范，GB 50755—2012[S].

[4] 高层建筑混凝土结构技术规程，JGJ 3—2010[S].

[5] 贺晓燕. 住宅厨卫空间人性化设计研究 [R]. 西安建筑科技大学，2011.

[6] 住宅建筑设计规范，GBJ 96—1986[S].1987.

[7] 住宅设计规范，GB 50096—2011[S].2012.

[8] 国外住宅厨房卫生间设施现状与发展趋势 [EB]. 豆丁网 2012-2-5.

[9] 任冠华，宋刚. 智慧城市建设标准体系初探 [J]. 标准科学，2014（3）：14-17.

[10] 道路运输车辆卫星定位系统车载终端技术要求，JT/T 794—2011[S].

[11] 国务院关于进一步加强企业安全生产工作的通知（国发〔2010〕23 号）.

[12] 地理信息定位服务，GB/T 28589—2012[S].

[13] 建筑工人实名制管理办法（试行）（建市〔2019〕18 号）.

[14] 打赢蓝天保卫战三年行动计划国发（〔2018〕22 号）.

[15] 国务院办公厅关于促进建筑业持续健康发展的意见（国办发〔2017〕19 号）.

[16] 中国电子技术标准化研究院. 中国智慧城市标准化白皮书 [R]. 2013：26-35，39-41.

[17] 关于进一步加强建筑施工安全生产工作的紧急通知（建办质函〔2017〕214 号）.

[18] 关于印发《2016—2020 年建筑业信息化发展纲要》的通知（建质函〔2016〕183 号）.

[19] 关于印发推进安全生产监督检查随机抽查工作实施方案的通知（安监总政法〔2015〕108 号）.

[20] 建筑工人实名制管理办法（试行）（建市〔2019〕18 号）.

[21] 打赢蓝天保卫战三年行动计划（国发〔2018〕22 号）.

[22] 国务院办公厅关于促进建筑业持续健康发展的意见（国办发〔2017〕19 号）.

[23] 仇保兴. 中国智慧城市发展研究报告（2012—2013 年度）[M]. 北京：中国建筑工业出版社，2013：4-5，249-251.

[24] 国家智能制造标准体系建设指南（2021 版）（工信部联科〔2021〕187 号）.

[25] 住房和城乡建设部等部门关于推动智能建造与建筑工业化协同发展的指导意见（建市〔2020〕60 号）.

[26] 江苏省建筑业"十四五"发展规划（苏建管〔2021〕110 号）.

[27]　通风与空调工程施工质量验收规范，GB 50243—2002[S].

[28]　建筑给排水及采暖工程施工质量验收规范，GB 50242—2002[S].

[29]　陈思荣.建筑设备安装工艺与识图 [M].北京：机械工业出版社，2014.

[30]　蔡秀丽.建筑设备工程 [M].北京：科学出版社，2003.

[31]　建筑自动化和控制系统，GB/T 28847.2—2012[S].

[32]　工业控制系统信息安全第 2 部分：验收规范，GB/T 30976.2—2014[S].

[33]　自动测试系统验收通用要求，GB/T 37974—2019[S].

[34]　David V Gibson；George Kozmetsky；Raymond W Smilor. The Technopolis phenomenon smartcities，fastsystems，global networks[R]. Lanham，Md.：Rowman & Littlefield Pulishers，1992.

[35]　乔宏章，付长军.“智慧城市”发展现状与思考 [J].无线电通信技，2014，40（6）：1-5.

[36]　焦明连.推进连云港“智慧城市”建设的战略思考 [J].淮海工学院学报：自然科学版，2011（12）.

[37]　黄新光，魏进武，刘露，等.智慧城市建设与发展研究 [J].电信网技术，2011（9）.

[38]　邬贺铨.智慧城市、数字城市与智能城市 [J].创新视点，2011（5）.

[39]　侯纪勇，郭为.做“中国智慧城市专家”[J].中国民营经济与科技，2011（10）.

[40]　陈如明.多元异构网络的协同与融合助力智慧城市的务实发展 [J].中国无线电，2011（9）.

[41]　国家标准化管理委员会.关于成立国家智慧城市标准化协调推进组、总体组和专家咨询组的通知（标委办工二〔2014〕33 号），2014.

[42]　关于大力发展装配式建筑的指导意见（国办发〔2016〕71 号）.

[43]　关于加快新型建筑工业化发展的若干意见（建标规〔2020〕8 号）.

[44]　关于推进本市住宅产业化的指导意见（京建发〔2010〕125 号）.

[45]　关于在保障性住房建设中推进住宅产业化工作任务的通知（京建发〔2015〕18 号）.

[46]　关于加快发展装配式建筑的实施意见（京政办发〔2017〕8 号）.

[47]　上海市绿色建筑发展三年行动计划（2014—2016）（沪府办发〔2014〕32 号）.

[48]　2021 年建设科技与对外合作工作要点（渝建科〔2021〕19 号）.

[49]　李颖珠，尹伯悦.智慧建筑国际标准（ISO）编制的目的和路径 [J].住宅产业，2020（5）：52-55.

[50]　尹伯悦.磷石膏最新装配式建筑墙板技术及产业化 [M].北京：中国建筑工业出版社，2020.

[51]　唐梦莹，吴淑婷.模块化设计及其建筑装饰效果 [J].城市建筑，2021（12）：131.

[52]　蔡一睿，戚景韬，等.模块化建筑应急运用研究 [J].安徽建筑，2021（12）：10.